国家社会科学基金"十四五"规划 2022 年度教育学一般课题"职普融通中学习者流动的多元障碍与支持体系构架研究"(BJA220246)成果

21 世纪英国技能人才培养培训政策研究

Research on Skills Policy of England in the 21st Century

李玉静 著

北京理工大学出版社
BEIJING INSTITUTE OF TECHNOLOGY PRESS

版权专有　侵权必究

图书在版编目（CIP）数据

21世纪英国技能人才培养培训政策研究／李玉静著. --北京：北京理工大学出版社，2024.5
ISBN 978-7-5763-3951-2

Ⅰ.①2… Ⅱ.①李… Ⅲ.①技术人才-人才培养-政策-研究-英国-21世纪 Ⅳ.①G316

中国国家版本馆CIP数据核字（2024）第091852号

责任编辑：徐艳君	**文案编辑**：徐艳君
责任校对：周瑞红	**责任印制**：施胜娟

出版发行 /	北京理工大学出版社有限责任公司
社　　址 /	北京市丰台区四合庄路6号
邮　　编 /	100070
电　　话 /	（010）68914026（教材售后服务热线）
	（010）63726648（课件资源服务热线）
网　　址 /	http：//www.bitpress.com.cn
版 印 次 /	2024年5月第1版第1次印刷
印　　刷 /	廊坊市印艺阁数字科技有限公司
开　　本 /	787 mm×1092 mm　1/16
印　　张 /	14
字　　数 /	313千字
定　　价 /	89.00元

图书出现印装质量问题，请拨打售后服务热线，负责调换

序　言

进入21世纪以来，为应对来自经济社会发展等不同领域的挑战，从国家战略高度进行职业教育改革发展，培养经济社会发展需要的技术技能人才，成为世界各国经济社会发展及教育改革的核心关注点。作为一个以自由主义和精英主义为教育传统的国家，在20多年里，历届英国政府一直通过各种政策、战略及法律，描绘技能人才培养培训改革的宏伟蓝图，从不同角度、多个方面推进技能人才培养培训体系的提升和变革，把技能人才培养培训作为应对经济社会危机的关键策略，努力发展高技能、高附加值的经济。

从历史的角度来说，长期以来，英国社会发展中形成的人文主义、绅士教育、保守主义等文化传统在很大程度上抑制了英国职业教育的发展和技术技能人才的培养。在关于英国职业教育的比较研究中，也一直把英国作为低技能的代表。1882年，英国皇家委员会发布的《技术教育报告》就得出了英国技术技能发展薄弱的结论。第二次世界大战后，相关研究普遍认为这也是英国国际地位和竞争力逐渐衰落的原因。

作为一个自由主义和精英主义教育传统的国家，21世纪以来，英国为什么持续从国家战略高度推动技能人才培养培训政策的变革？变革的动因、特征和成效是什么？其对于我国的经验和教训是什么？

本书作者李玉静博士多年来一直从事职业教育研究和学术期刊编辑工作，长期追踪国际职业教育发展态势，对以联合国教科文组织、欧盟、经济合作与发展组织等为代表的国际组织以及以英国、美国、澳大利亚、德国等为代表的发达国家职业教育发展政策和战略进行了多向度的比较研究。在此基础上，进入博士阶段的学习后，她选择以英国作为研究对象，对其技术技能人才培养政策进行系统研究。

国际比较研究中，"不能简单地从其他背景中进行教育项目或政策的移植，而要具体学习和分析其他国家教育政策或项目中有效实施的因素和背景"。正是基于对比较教育研究这一原则的考量，为系统考察英国技能人才培养培训政策发展过程的多重影响因素及其特征，李玉静博士首先从历史的视角对英国职业教育改革发展以及技能人才培养的演变逻辑进行了分析，并运用美国政策学家约翰·金登提出的多源流理论框架，从价值选择、利益分配、权力运作三个维度，对英国21世纪以来技能人才培养培训政策的发展过程和本质特征进行了分析。研究认为，21世纪英国技能人才培养培训政策变革是其政治经济、历史传统、两党政治以及国际影响等多方面因素共同推动的结果，是对一种立足于作为人力资本内核的"技能"的大职业教育观开展的教育制度改革，其根本目标是通过提高技能人才培养培训水平实现提高国家生产力及社会包容性等宏观的经济社会发展目标。

比较教育研究的目的有三个层次："报道-描述"的目的、"历史-功能"的目的以及"借鉴-改善"的目的。本书在研究过程中，还客观总结分析了英国技能人才培养培训政策变革的经验及教训，在研究结论中明确提出技能人才培养培训是事关国家经济社会发展的重大战略问题，是终身化、全民性、层次完整性的人才培养制度安排，应采取利益相关者特别是行业企业广泛参与的治理机制，现代学徒制是技能人才培养培训的有效形式。这些观点对于我国建设技能型社会、深化产教融合、完善现代职业教育体系等都具有一定的借鉴价值。

本书即是作者在博士论文基础上整理完成的。作为指导教师，我对她顺利完成学业并整理成书表示祝贺。希望她以此为起点，再接再厉，继续强化问题意识，拓宽研究视野，提升研究素养和学术水平，严谨治学，务实做事，在学术研究道路上勇于追求，不断攀登新的高峰！

2024 年 6 月于东北师范大学田家炳教育书院

摘 要

自20世纪末21世纪初以来，技能人才培养培训逐渐成为世界各国经济社会发展及教育改革的核心关注点。作为一个以自由主义和精英主义为教育传统的国家，自21世纪以来，布莱尔领导的英国工党就把原先的教育与就业部改为教育和技能部，把"技能优先"作为经济社会发展的基本战略。自布莱尔政府之后，英国又经历了布朗、卡梅伦、特蕾莎·梅等几任首相的更替，但技能人才培养培训一直是英国经济社会发展及教育改革的核心议题。在近20年的时间里，历届英国政府倾其智慧，把技能人才培养培训放在国家发展战略的高度，从不同角度、多个方面推进技能人才培养培训政策的变革，努力为公民提供终身技能培训的机会，提升公民的资格水平及就业能力，增强整个国家的技能基础，以期通过技能人才培养培训实现经济发展、产业变革、社会包容和公民个体成长的目标。

作为一个自由主义传统的工业化国家，自21世纪以来，为什么英国持续从国家战略高度推动技能人才培养培训政策变革，变革的动因和特征是什么？围绕上述问题，本书以2001年英国建立教育和技能部为研究起点，以执政党和首相的更替为分界线，从教育政策现象—本质的分析视角出发，采用多源流理论的分析框架，从价值选择、利益分配、权力运作三个维度，对英国2001—2018年技能人才培养培训政策的产生过程和本质特征进行了系统分析，并在此基础上，对技能人才培养培训政策的实施成效及影响进行了总结分析，主要结论如下：

从政策变迁角度来看，以对自由主义历史传统的反思和修正作为逻辑起点，从2001—2015年，英国技能人才培养培训政策走过了一条渐进主义变迁之路，2016年开始的，以重建与学术教育均等认可的、高水平技术教育路径为目标的改革，实现了技能人才培养培训政策的范式变革。

从政策本质角度来看，21世纪英国技能人才培养培训政策呈现鲜明的特征：在价值选择上，始终把"技能人才"作为经济发展和社会公平的核心杠杆；在利益分配上，力图构建终身学习、服务全民、需求驱动的技能人才培养培训体系；在权力运作上，追求实现政府调控、企业主导、教育机构自主与个人选择间的平衡。

从政策变革动因来看，21世纪英国技能人才培养培训政策变革是其政治经济、历史传统、两党政治以及国际影响等多方面因素共同推动的结果。一是英国政府对其长期以来职业教育发展薄弱、技术技能人才培养制度不完善，以及由此造成的20世纪以来生产力水平低下、国际竞争力下降进行反思和吸取教训。二是在经济全球化，知识经济、新科技革命发展的背景下，通过学习其他国家的政策和制度设计，英国政府对于国际教育发展趋势的一种适应和创新。三是执政党基于新的执政理念，为应对生产力水平低、金融危机、产业结构失衡等国内社会经济压力，作出的积极政策选择，在这一过程中，新工党的"第三条道路"思想和卡梅伦的"大社会"理念发挥了重要作用。

从实施成效来看，自21世纪以来英国的技能人才培养培训政策变革在提高人口的总体技能和资格水平、建构完善的技能人才培养培训体系、提高国家生产力和就业率等方面取得了一些成效，但距离预期的政策目标还有一定差距，还有待持续、稳定推进相关改革。尽管如此，从比较教育的视野来看，21世纪英国持续从国家战略高度推进的技能人才培养培训政策变革为我们提供一些经验和反思，这主要体现在以下四个方面：技能人才培养培训是事关国家经济社会发展的重大战略问题；技能人才培养培训是终身化、全民性、层次完整性的人才培养制度安排；技能人才培养培训应采取利益相关者，特别是行业企业广泛参与的治理机制；现代学徒制是技能人才培养培训的有效形式。

关键词：技能人才；技能人才培养培训；教育政策；职业教育与培训

目 录

绪论 ……………………………………………………………………………（ 1 ）

 第一节　研究背景 ……………………………………………………………（ 1 ）

  一、技能成为经济社会发展的核心概念 …………………………………（ 1 ）

  二、制定综合性的技能人才培养培训政策是21世纪国际教育发展的重要趋势

  ……………………………………………………………………………（ 4 ）

  三、以职业教育为主体的技能人才培养培训是我国经济社会发展的重要战略

  ……………………………………………………………………………（ 5 ）

  四、21世纪英国持续从国家战略高度推动技能人才培养培训变革 ……（ 6 ）

 第二节　研究问题的溯源和阐释 ……………………………………………（ 8 ）

  一、研究问题的历史逻辑 …………………………………………………（ 8 ）

  二、研究问题的提出 ………………………………………………………（ 13 ）

  三、研究问题的分解 ………………………………………………………（ 15 ）

 第三节　相关研究综述 ………………………………………………………（ 15 ）

  一、关于英国技能人才培养培训政策发展历程和趋势的研究 …………（ 15 ）

  二、关于英国技能人才培养培训政策特征的研究 ………………………（ 22 ）

  三、关于英国技能人才培养培训政策现状和问题的研究 ………………（ 24 ）

  四、关于英国技能人才培养培训政策影响因素的研究 …………………（ 26 ）

  五、总结与评价 ……………………………………………………………（ 28 ）

 第四节　研究目的和意义 ……………………………………………………（ 29 ）

  一、研究目的 ………………………………………………………………（ 29 ）

  二、研究意义 ………………………………………………………………（ 29 ）

第一章　研究思路和框架设计 ………………………………………………（ 31 ）

 第一节　核心概念界定 ………………………………………………………（ 31 ）

  一、英国的技能人才 ………………………………………………………（ 31 ）

  二、英国的技能人才培养培训 ……………………………………………（ 32 ）

  三、英国的技能人才培养培训与职业教育的关系 ………………………（ 35 ）

  四、英国的技能人才培养培训与资格框架 ………………………………（ 36 ）

  五、英国的技能人才培养培训政策 ………………………………………（ 39 ）

第二节 研究分析框架的选择和构建 ……………………………………………（39）
　一、教育政策现象—本质分析框架的构建 …………………………………（39）
　二、基于多源流理论的政策现象分析框架 …………………………………（41）
　三、基于价值、利益、权力的政策本质分析框架 …………………………（42）
　四、英国技能人才培养培训政策的现象—本质分析框架 …………………（44）
　五、政策评估框架的选择 ……………………………………………………（46）

第三节 研究方法 …………………………………………………………………（47）
　一、文献分析法 ………………………………………………………………（47）
　二、访谈法 ……………………………………………………………………（48）
　三、因素分析法 ………………………………………………………………（49）

第四节 研究对象和内容 …………………………………………………………（49）
　一、研究对象范畴 ……………………………………………………………（49）
　二、研究阶段划分 ……………………………………………………………（50）
　三、研究内容结构 ……………………………………………………………（50）

第五节 研究难点和局限性 ………………………………………………………（51）
　一、研究难点 …………………………………………………………………（51）
　二、研究局限性 ………………………………………………………………（52）

第二章　布莱尔政府以《21世纪的技能》为核心的技能人才培养培训政策（2001—2007）……………………………………………………………………………（53）

第一节 布莱尔政府以《21世纪的技能》为核心技能人才培养培训政策的生成过程 …………………………………………………………………………………（53）
　一、问题源流：生产力提升亟须解决存在多年的"低技能均衡"问题 ……（53）
　二、政治源流：工党"第三条道路"的社会投资型福利制度 ……………（55）
　三、政策源流：教育优先战略及研究者对于高技能经济发展模式的倡导 …（59）
　四、政策之窗：以"第三条道路"执政思想为主的多种因素促进了《21世纪的技能》战略的产生 ……………………………………………………（65）

第二节 布莱尔政府以《21世纪的技能》为核心技能人才培养培训政策的特征
………………………………………………………………………………（66）
　一、价值选择：生产力提升和社会包容导向的人口技能水平的全面提升 …（66）
　二、利益分配：构建终身学习导向、覆盖全民的技能培训体系 …………（68）
　三、权力运作：基于明确权责的合作治理 …………………………………（72）

第三节 布莱尔政府技能人才培养培训政策的实施成效及影响 ………………（82）
　一、生产力提升导向的技能人才培养培训政策取得显著成效 ……………（82）
　二、确立了终身学习导向、需求驱动的技能人才培养培训体系发展方向 …（84）
　三、确立了合作性、参与性的技能人才培养培训治理框架 ………………（84）

第三章 布朗政府以《世界一流技能》为核心的技能人才培养培训政策（2007—2010）……（86）

第一节 布朗政府以《世界一流技能》为核心技能人才培养培训政策的生成过程……（86）
- 一、问题源流：金融危机引发的低技能人口失业问题……（86）
- 二、政治源流：偏向社会公平的"第三条道路"……（88）
- 三、政策源流：《里奇技能报告》及公平和文化建构导向的经济社会政策……（89）
- 四、政策之窗：《里奇技能报告》的建议促进了《世界一流技能》战略的产生……（94）

第二节 布朗政府以《世界一流技能》为核心技能人才培养培训政策的特征……（96）
- 一、价值选择：偏向社会公平的培训质量和层次提升……（96）
- 二、利益分配：更加关注重点领域及弱势群体的培训……（98）
- 三、权力运作：通过技能承诺实现雇主、个人和政府之间的责任共担……（101）

第三节 布朗政府技能人才培养培训政策的实施成效及影响……（107）
- 一、对"建设世界一流技能基础"目标产生了深远影响……（107）
- 二、以文化为核心的技能人才培养培训体系变革具有一定创新性……（107）
- 三、行业企业参与技能人才培养培训治理的制度设计产生良好效果……（108）

第四章 卡梅伦政府以《可持续增长技能战略》为核心的技能人才培养培训政策（2010—2016）……（110）

第一节 卡梅伦政府以《可持续增长技能战略》为核心的技能人才培养培训政策的生成过程……（110）
- 一、问题源流：金融危机背景下严重的技能短缺及失业问题……（110）
- 二、政治源流：大社会理念对于自由、公民责任和分权的追求……（113）
- 三、政策源流：《沃尔夫报告》和《理查德报告》的公布……（115）
- 四、政策之窗：经济复苏战略促进《可持续增长技能战略》的产生……（120）

第二节 卡梅伦政府以《可持续增长技能战略》为核心技能人才培养培训政策的特征……（123）
- 一、价值选择：基于公平的质量和自由……（123）
- 二、利益分配：全面关照和重点领域相结合……（126）
- 三、权力运作：基于自由、分权和质量的责任共担……（129）

第三节 卡梅伦政府技能人才培养培训政策的实施成效及影响……（137）
- 一、增加学徒制规模、提高学徒制层次取得积极成效……（137）
- 二、进一步强化了需求驱动的技能人才培养培训体系……（139）
- 三、形成更加明确的行业企业参与技能人才培养培训机制……（139）

第五章 特蕾莎·梅政府以《16 岁后技能计划》为核心的技能人才培养培训政策 (2016—2018) …… (140)

第一节 特蕾莎·梅政府以《16 岁后技能计划》为核心技能人才培养培训政策的生成过程 …… (140)
一、问题源流：国民劳动生产率低、技能基础薄弱 …… (140)
二、政治源流：由脱欧带来的各种不确定因素的影响 …… (142)
三、政策源流：《技术教育独立小组报告》等咨询报告的发布 …… (143)
四、政策之窗：再工业化经济政策促进了"重建技术教育"改革的推行 …… (148)

第二节 特蕾莎·梅政府以《16 岁后技能计划》为核心技能人才培养培训政策的特征 …… (152)
一、价值选择：以提高劳动生产率为核心目标的高质量技术教育 …… (152)
二、利益分配：建构与学术教育均等认可的技术教育体系 …… (154)
三、权力运作：以雇主为核心的强有力合作关系 …… (160)

第三节 特蕾莎·梅政府技能人才培养培训政策的实施成效及影响 …… (167)
一、培养高层次技术人才成为技能人才培养培训的核心目标 …… (167)
二、建构起从低级到高级的完整学徒制体系框架 …… (167)
三、从法律上确立了企业在技能人才培养培训中的责任并取得成效 …… (169)

第六章 21 世纪英国技能人才培养培训政策总体评析 …… (170)

第一节 政策轨迹：从渐进主义的路径依赖到政策范式的变革 …… (170)
一、21 世纪初到 2015 年：英国技能人才培养培训政策的渐进主义变迁 …… (171)
二、2016 年以来：精英主义导向的技术教育改革实现了政策范式转换 …… (172)
三、未来走向：通过重建技术教育体系解决职业教育弱势的问题 …… (172)

第二节 政策特征：努力实现基于大职业教育观的、经济社会发展驱动的技能人才培养培训体系变革 …… (173)
一、价值选择：把技能人才作为经济发展和社会公平的核心杠杆 …… (173)
二、利益分配：构建终身学习、服务全民、需求驱动的技能人才培养培训体系 …… (175)
三、权力运作：追求政府调控、企业主导、机构自主与个人选择的平衡 …… (176)

第三节 政策成效：经济社会成效明显，但改革仍然任重道远 …… (178)
一、获得职业资格及学徒制人数持续增长，但技能供需不匹配明显 …… (179)
二、技能在经济周期不同阶段对生产力增长发挥持续促进作用，但仍有很大提升空间 …… (181)
三、技能人才培养培训显著促进了就业率的提升和失业率的降低 …… (184)

第四节 政策动因：对于 21 世纪英国为什么持续从国家战略高度推进技能人才培养培训的回答 …… (186)

一、问题源流：英国21世纪技能人才培养培训政策是应对经济社会压力、实现经济社会发展愿景的主动选择 …………………………………………… (187)

二、政策源流：英国21世纪技能人才培养培训政策是对自由主义传统的超越及国际政策学习的结晶 ……………………………………………………… (188)

三、政治源流：英国21世纪技能人才培养培训政策是执政政府积极推动的结果 …………………………………………………………………………………… (190)

结语 借鉴与启示 ……………………………………………………………… (192)

  第一节 技能人才培养培训是事关国家经济社会发展的战略问题 ………… (192)

  第二节 技能人才培养培训是终身化、全民性、层次完整性的人才培养制度安排 …………………………………………………………………………………… (193)

  第三节 技能人才培养培训应采取利益相关者特别是行业企业广泛参与的治理机制 …………………………………………………………………………… (193)

  第四节 现代学徒制是技能人才培养培训的一种有效形式 ………………… (194)

中文参考文献 …………………………………………………………………… (195)

英文参考文献 …………………………………………………………………… (201)

附录 ……………………………………………………………………………… (210)

绪 论

一个思想的时代是怎样到来的，是什么促使一个思想的时代到来呢？这是美国政策学家约翰·金登试图解析政策产生"黑箱"时提出的问题。自进入21世纪以来，在经济全球化、知识经济发展的背景下，在教育政策领域内出现了很多普遍性、共同性的现象和问题，但是，这些问题在单个国家又呈现出民族特殊性。技能人才培养培训就是既具有国际普遍性又深受国家传统文化影响，同时对于经济社会转型发展非常重要的一个问题。

第一节 研究背景

一、技能成为经济社会发展的核心概念

自 20 世纪 60 年代以来，人力资本理论逐渐成为促进世界各国对教育发展进行投资的重要理论依据。传统的人力资本理论将人力资本简化为所受教育的基本表征——受教育年限。但自从 20 世纪 90 年代末 21 世纪初以来，在经济全球化及知识经济发展的推动下，随着世界各国教育普及程度的不断提高，人们日益发现，仅仅增加受教育年限不能直接带来更好的经济发展结果。在这一背景下，新人力资本理论开始关注人力资本的内核——技能。相关研究发现，技能作为一个动态变化的概念，既能反映学校教育的时长，也能反映学校教育的质量和结果，而且能够很好地表现个体一生之中人力资本不断消减和增长的过程[1]。因此，技能能够综合反映个体所积累的人力资本总和。

20 世纪 90 年代末 21 世纪初，在知识经济发展的推动下，世界各国的经济、政治和社会发展与支持创新、科技发展、创业、劳动力技能开发，以及信息通信技术的发展等各项政策逐渐紧密结合起来，技能已成为知识经济社会中宝贵的资源，并成为国家经济竞争的战略资产。在这一背景下，技能成为经济社会发展的核心概念。经济学家把技能定义为个体的人力资本，其主要通过个体获得的学历和教育年限来间接衡量。社会学家，特别是政

---

[1] 曹浩文，杜育红. 人力资本视角下的技能：定义、分类与测量 [J]. 现代教育管理，2015（3）：55–61.

治学家主要关注技能获得的制度框架及其在不同时间和背景下的差异。心理学家则把技能看作个体的学习过程[①]。在这一背景下，如何有效培训公民的技能，构建有效的技能形成体系，成为国际教育发展的重要关注点。国际社会对于技能人才在经济社会发展中的作用进行了深刻探讨，形成了如下共识：

1. 技能是增强国家竞争力的核心要素

相关研究普遍从人力资本理论的角度出发，把技能作为经济发展的关键因素。也有研究认为，作为人力资本的核心载体，对个体而言，只有掌握劳动力市场所需要的技能，才能获得就业、保证收入和维持生活；对社会而言，只有具备与劳动力市场需求相吻合的技能类型和水平的组合，才能保证就业、促进增长和维持稳定。一个经济体在一个特定时期可以获得的所有技能的总和组成了一个国家的人力资本，不同层次技能拥有者在从业人口中的分布状况就成为一国劳动力整体的技能构成形态，也就是人力资源结构。还有研究指出，从很大程度来说，技能开发将决定公民个体所在社区、社会及国家能否实现可持续发展。国家只有加强对公民技能开发的投资，才能确保从巨大的人力资源潜能中获益[②]。经济合作与发展组织（OECD）的相关研究认为，科学和知识是生产力，技术和技能同样是生产力，任何科学和知识都只有通过处于生产力第一线，直接为社会提供产品和服务的职业劳动者之手，才能转化为现实的生产力。正因为如此，欧盟把技能称为经济发展的金钥匙（golden key），OECD 把技能称为 21 世纪的通行证，各国和地区技能人才培养培训的核心目标就是通过开发全体公民的技能实现国家经济的繁荣。

2. 技能是减轻年轻人失业率的重要途径

日益严重的失业问题是全球面临的巨大挑战，促进就业是世界各国发展的核心议题。近年来，在经济危机及整体经济增速下降的影响下，年轻人失业成为世界各国面临的重要社会问题。但是，根据相关研究的显示，很多年轻人失业问题是由年轻人缺乏劳动力市场需要的适切技能引起的。OECD 开展的调查显示，技能缺乏会增加失业的风险。例如，在参与成年人技能调查的国家中，相比而言，对于没有接受过高中阶段教育但具有中等技能水平的成年人来说，其失业率为 5.8%；对于拥有同等教育水平但技能水平较低的成年人来说，其失业率为 8.0%。同样，在拥有高等教育背景的成年人中，技能水平较低的失业率为 3.9%；相比之下，那些技能水平较高的失业率为 2.5%[③]。在德国、奥地利、丹麦和荷兰等具有需求驱动和典型双元制职业教育与培训体系，以及工作本位学习比例较高的国家，年轻人就业率普遍较高，人口与技能供需匹配度也较高。因此，相关研究强调，教育与技能开发虽然不是解决年轻人失业问题的唯一办法——因为其还需要支持投资和就业创造的其他政策，但却是非常重要的一部分，如果相当多的年轻人缺乏工作所需的技能，创造再多的就业机会也不能解决问题。国际劳工组织（ILO）相关研究认为，技能发展是减

---

① 李玉静. 技能形成：内涵与目标 [J]. 职业技术教育，2019 (13)：1.
② OECD. Education at a Glance 2015：OECD Indicators [R]. OECD Publishing, 2015.
③ OECD. Education at a Glance 2015：OECD Indicators [R]. OECD Publishing, 2015.

少贫困与排斥现象,以及加强竞争力和就业能力的一个重要工具。富有成效的技能开发政策需要成为国家发展政策的有机组成部分,以便使劳动力和企业为迎接新的机遇做好准备并采取前瞻性的方法应对变革①。

3. 技能是实现经济和产业创新的关键路径

创新性、高质量和高科技是未来行业产业发展的根本特征和趋势。在未来一段时间内,世界将进入科技创新异常活跃期,这一时期创新的一个重要特点是,创新将更多集中在健康技术、ICT技术、生物技术、新能源技术等技术群,并较快进入商业化阶段。传统来说,人们普遍把研发(research and development)作为创新的基本途径。但从国际范围来看,创新正在从以研发为主要模式的创新走向更加关注其他的创新源泉,包括员工的技能水平、工作组织间的交流,以及个体和组织的学习与培训等。在这些因素中,劳动者的技能在创新过程中发挥的突出作用受到了重视,其主要原因在于:首先,创新的主要形式是渐进性的,这需要突出广大劳动者在技术和组织变化的产生、适应和传播等方面的核心作用。其次,一个企业劳动者参与创新的范围和程度很大程度上是由企业的特定工作组织实践决定的。具体来说,劳动者的技能在创新中的作用体现在促进和适应技术变革上,即通过运用现有的知识和技能不断改进生产和服务过程,促进创新的实现②。从长远来说,技能驱动的创新还可以增强生产的附加价值,激发高层次技能的聚集,塑造未来的劳动力市场。因此,技能开发和培训可以显著提升经济发展和生产过程的创新能力。2015年,英国就业和技能委员会(UK Commission for Employment and Skills, UKCES)专门发布题为"为了制造业创新的技能"报告,强调英国未来的创新体系要积极使企业,特别是制造业部门积极加入技能创新的设计和实施中来,以实现英国创新价值的最大化③。

4. 技能是实现社会包容和谐的重要驱动器

有研究者提出,个体的技能水平不仅与收入和就业相关,而且也和许多其他的社会结果相关。人际信任水平、参与志愿服务活动以及个人能够对政治进程产生影响的信念也都与受教育程度和技能水平密切相关。因此,低技能人群占比较大的国家同时面临社会凝聚力和幸福感降低的风险。当许多人都不能分享高技能人群在医疗、就业和安全方面的收益时,社会发展的长期成本就会被累积而越发变得势不可当。因此,改善人口的总体技能水平是社会进步之所需。从成人技能调查的数据分析中可见,当拥有各种技能水平的人们从接受更为广泛的教育中受益时,社会包容性也同样会受益。低技能成年人占比较小以及高技能成年人占比较大的国家,即在其技能分配方面拥有更高包容性的国家比那些拥有相似的技能水平但在整个人口的技能熟练程度方面差异更大的国家,在经济产出(人均国内生

---

① 国际劳工局. 关于有利于提高生产率,推动就业增长和发展的技能的结论[R]. 日内瓦:国际劳工大会,2008.
② TONER P. Workforce skills and innovation: An overview of major themes in the literature [R]. Organisation for Economic Co-operation and Development, 2011.
③ UK Commission for Employment and Skills. Evaluation of UK futures programme final report on productivity challenge 4: Skills for innovation in manufacturingbriefing paper [R]. 2016.

产总值）和社会公平性（基尼系数）方面，相比较起来做得更好①。因此，包容性社会需要以公平的方式促进技能的学习和习得。

二、制定综合性的技能人才培养培训政策是21世纪国际教育发展的重要趋势

自进入21世纪以来，在经济全球化和知识经济发展的背景下，技能人才培养培训逐渐成为各国教育改革发展的核心领域。特别是2007年，世界经济经历了自20世纪30年代以来最严重的危机。危机对全球经济和劳动力市场产生了巨大冲击，世界各国开始思考实现经济社会长期可持续发展的战略。在这一背景下，加强人力资本投资，通过教育与培训培养劳动力市场需要的技能型人才，已经成为国际社会的共识。近年来，包括发达国家和发展中国家在内的全球主要经济体和重要国际组织纷纷从提高全民技能水平的角度，制定技能人才培养培训战略和政策，并把其作为经济社会发展的根本战略。包括以英国、澳大利亚、美国等为代表的发达国家和发展中国家在内的全球主要经济体纷纷从提高全民技能水平的角度，制定技能人才开发战略和政策，并把其作为经济社会发展的根本战略。根据联合国教科文组织（UNESCO）对青年人口众多的46个中低收入国家的分析，有一半的国家曾经或正在制定一些侧重于技能培训的政策文件——要么是职业技术教育与培训战略，要么是更广泛的技能培训战略。

除了各主要经济体，相关国际组织也纷纷密集发布报告，引导各国制定国家技能战略。2008年，国际劳工组织召开的国际劳工大会通过了《关于有利于提高生产率，推动就业增长和发展的技能的结论》的报告，报告提出，富有成效的技能开发政策需要成为国家发展政策的有机组成部分②。2011年，世界银行发布报告《提升技能：实现更多就业机会和更高生产力》，报告提出，技能是改善个体就业结果及增强国家生产力的核心要素，这对于目前以追求持续快速增长为特征的发展中国家和新兴国家来说特别重要。欧盟自2010年发布《欧洲2020战略》以来，多次发布相关报告，强调技能人才培养培训的重要性。2013年发布报告《对教育进行重新定位：加强技能投资，实现更好经济社会发展成果》，报告提出，技能可以促进创新和经济增长，增强生产的附加价值，激发高层次技能的聚集，塑造未来的劳动力市场③。2015年，欧盟议会又建议，欧盟各国需发布综合性的技能战略，提高人力资本的总体水平和创新能力，并对此提出以下三个重要领域：把技能纳入综合性的政策领域中；把职业教育与培训和就业政策衔接起来；把青年就业作为技能战略的关键指标，使所有人都获得关键能力和技能；加强工作本位学习④。

2012年，OECD成员国部长级会议通过了《更好的技能、更好的工作、更好的生活：技能政策的战略途径》的战略报告，提出了一个整体、跨政府的技能战略框架，包括开发

---

① OECD. Education at a Glance 2014：OECD Indicators [R]. OECD Publishing, 2015.
② 国际劳工局. 关于有利于提高生产率，推动就业增长和发展的技能的结论 [R]. 国际劳工大会, 2008.
③ European Commission. Communication from the commission to the European parliament, the council, the European economic and social committee and the committee of the regions：Rethinking education：Investing in skills for better socio-economic outcomes [R]. Strasbourg, 2012.
④ SERVOZ M. Drawing up a comprehensive skills strategy [Z]. Social Agenda, the Skills Imperative, 2015.

适切性技能、刺激技能供给、有效运用技能等三个政策杠杆，目标是帮助成员国制定有效的技能政策，并把其转化成就业、经济增长和更好的生活①。2015年，欧盟就业政策处发布研究报告，强调技能政策对于应对经济危机及保持社会模式发挥着关键作用。报告强调，技能、创新和服务型市场改革是提高总体生产力的三个关键因素。为应对人口老龄化和全球竞争，欧盟需要发布综合性的技能战略，提高人力资本的总体水平和创新能力，战略的基本要求是：第一，把技能纳入综合性的政策领域，以开辟解决就业和社会问题的新途径。第二，把职业教育与培训和就业政策衔接。第三，把青年就业作为技能战略的关键指标，把关键能力和技能转化成工作或其他，每个人都要学习一系列软技能，并把其纳入课程中。第四，进一步加强工作本位学习在教育教学中的份额②。在此基础上，OECD 建立了专门的技能中心，并于 2016 年 6 月召开了各国部长技能峰会。会议提出，为实现 2025 年的经济社会发展目标，各国需要建立一个有效、前瞻性及全政府的技能政策战略框架，并在此基础上建立灵活、有弹性的技能开发体系，以有效应对未来经济社会发展面临的多元挑战③。具体要求包括：把技能政策置于国家政策议程的中心；启动对于技能的投资，实现国际经济和社会目标，即通过技能实现国家生产力创新性和包容性的提升；采用全政府路径，加强所有层次和类型部门间的协调，改善对于技能体系的治理；促进全社会的路径，激励所有利益相关者的参与④。其主要特征是在一系列广泛的部门间加强参与、合作和协作，这不仅仅涉及教育与就业部门，还有金融、税务、经济发展、创新、地区和行业发展等部门。因此要加强所有层次的政府与利益相关者团体（包括雇主、劳动、教育与技能提供者和学生）间的协调、合作及参与。

从整个国际教育发展的视野来看，技能人才培养培训已经成为世界各国经济社会综合发展战略的重要组成部分，成为应对经济社会、人口、环境挑战，实现高水平、可持续发展，以及促进就业和社会和谐的重要战略。尽管这些国家技能战略的发展基础和内容有所不同，但基本理念和方向是一致的，即充分发挥技能人才培养培训在促进就业、振兴经济、实现社会和谐与包容中的关键作用。

三、以职业教育为主体的技能人才培养培训是我国经济社会发展的重要战略

作为世界上最大的发展中国家，目前我国面临严峻的形势经济增速已进入新常态，人口快速老龄化。因此，全面提升人口的技能水平、解决技能人才短缺问题，是新时代背景下我国实现产业结构调整和经济高质量发展，应对建设教育强国、人才强国的挑战的关键。

我国于 20 世纪 90 年代提出科教兴国战略，在 21 世纪的第一个 10 年里提出并开始实施人才强国战略。在我国的人才强国建设战略中，技能人才队伍建设一直是重要组成部分。在国家人才战略的基础上，我国始终坚持大力发展职业教育的方针，强调把职业教育

---

① OECD. Better skills, better jobs, better lives: A strategic approach to skills policies [R]. OECD Publishing, 2012.
② SERVOZ M. Drawing up a comprehensive skills strategy [J]. Social Agenda, the Skills Imperative, 2015.
③ OECD. Skills summit 2016: Skills strategies for productivity, innovation and inclusion [R]. 2016.
④ OECD. Skills summit 2016: Skills strategies for productivity, innovation and inclusion [R]. 2016.

摆在突出的战略位置。国务院多次召开全国职业教育工作会议，强调发挥职业教育作为技术技能人才培养主阵地的作用。2014年，习近平总书记对职业教育作出重要指示，提出加快发展现代职业教育，努力培养数以亿计的高素质劳动者和技术技能人才。经过多年的发展，我国已经建立起世界上规模最大的职业教育体系，基本具备了大规模培养技术技能人才的能力。

然而，与国家未来经济社会的发展要求，特别是经济转型升级对于全面提高劳动力生产率的要求相比，我国技能人才培养政策及其实施还存在一些问题。首先，在理论和思想上，我国相关政策更为强调特定行业和职业岗位的技能人才，没有从人力资本内核的角度形成面向全民、终身导向的技能开发体系，这使我国没有形成全社会，特别是企业、个人及多元社会组织重视并积极参与技术技能人才培养的制度及文化氛围。其次，在技能开发的政策制定和实施上，我国面临的关键问题是现有技能政策制定和实施的协同性不强，关于技能人才培养的相关政策及其实施没有实现各部门间有效的统筹协调，特别是在教育、人社、经济、就业等部门间，各种技能人才培训政策缺乏联系及协调。最后，在技能人才培养、聘任和使用上，既没有形成紧密依据经济社会发展情况进行技能人才需求预测的制度，也没有形成技能人才得到普遍尊重、有效晋升的制度，这造成技能人才的整体利用效率不高、劳动生产率不高等问题[①]。

技能人才培养培训不仅仅是教育系统的问题，更是涉及整个国家经济社会综合发展的问题。从我国当前的经济社会发展形势来看，在未来一段时间内，通过经济转型升级全面推进社会主义现代化是我国经济社会发展的根本目标，通过全面开发所有人口的技能，把我国建成技能强国是实现这些目标的根本路径。

四、21世纪英国持续从国家战略高度推动技能人才培养培训变革

英国不仅是世界上第一个资本主义国家，也是世界上最早进入工业化和现代化的国家，还是现代大学的发源地，英国以私立公学为代表的普通教育和历史悠久的高等教育在世界上享有较高声誉，对世界教育理论和实践产生了深远影响。但是，在职业教育和技能人才培养领域，国际社会对英国的批评却远远大于对它的褒奖。从历史的角度来说，"率先完成工业革命的英国不仅职业教育起步晚，而且发展缓慢，职业教育的发展水平和其工业之间存在着巨大反差"[②]。1882年，英国皇家委员会发布的《技术教育报告》（也称《塞缪尔森报告》，*The Samuelson Report*）就得出了英国技术技能发展薄弱的结论，并认为这是英国竞争力削弱的原因。这也一度被认为是第二次世界大战后英国国际地位和竞争力逐渐衰落的原因。

在关于英国职业教育的比较研究中，也一直把英国作为低技能的代表。1988年，Finegold和Soskice在关于英国职业教育的研究中，提出了著名的"低技能均衡"（low-skill equilibrium）概念，其基本内涵是指"技能需求疲软，而供给侧的相应反应又导致体

---

① 谷峪，等. 技能战略的理论与实践[M]. 长春：东北师范大学出版社，2018：429.
② 翟海魂. 规律与镜鉴：发达国家职业教育问题史[M]. 北京：北京大学出版社，2019：9.

系陷入恶性循环，这造成一个自我强化的社会和国家网络，它们互相作用，限制了技能水平提升的需求，导致企业的主要员工和管理者很少参与培训，持续产生低质量的产品和服务。"[1] Finegold 和 Soskice 提出这一概念的主要依据是，与德国、法国及荷兰等国相比，英国相对较低的生产力。针对这一问题，Finegold 和 Soskice 的解释是，英国技能培训长期供给不足的情况，可归因为公共物品搭便车问题，由此导致的技能短缺促使企业追求立足于低水平技能的生产战略，这反过来又进一步阻碍了其对技能培训的投资。这是导致英国政府无能力或无意打破现有模式的背后动因[2]。近期，笔者就这一问题进一步对英国伦敦大学教育学院教授 Ken Spours 进行了访谈，他指出，英国的职业教育与培训模式具有以下特征：强调技能供给的传统观念；灵活的劳动力市场和自愿主义；较低的雇主参与；缺乏社会合作伙伴传统。其低技能均衡在当代的典型特征是：一些行业对于技能较低的需求；小微企业的经济/组织结构，金融主义及其作用；缺乏对于工作和就业性质的关注。

在此之前，关于英国劳动力技能水平较低的主流解释是文化因素，即在英国的阶级结构中内在地具有一种反教育和反行业的态度，这种态度阻碍了对现代经济技能需求的投资[3]。英国伦敦大学教育学院比较教育教授安迪·格林提出，"我们很晚才意识到，不列颠的教育，更确切地讲是英格兰和威尔士的教育，相对于西方其他发达国家而言要明显落后。职业培训有史以来都被认为是英国教育中最为薄弱的一块，其原因包括投资少、地位低等，这导致它所培养的合格人才比其国际竞争对手要少得多。"[4]

正是在这一背景下，自 20 世纪 90 年代末托尼·布莱尔领导的工党执政以来，英国一直把教育优先作为国家发展的基本战略，并在其执政的第一届任期里把大力提高基础教育质量作为改革着力点。进入 21 世纪以来，在布莱尔领导的工党第二届执政时期，为应对国家生产力水平低、缺乏活力等"英国病"，把技能优先作为经济社会发展的基本战略，其主要标志是，2001 年第二次大选胜利后，布莱尔领导的工党就把原先的教育和就业部改为教育和技能部。此后，英国又经历了戈登·布朗、戴维·卡梅伦、特蕾莎·梅等几任首相的更替，执政党也由工党变为保守党与自民党组成的联合政府，最后由保守党执政，但技能一直是英国经济社会和教育改革发展战略中的核心关键词。在 20 多年的时间里，历届英国政府一直倾其智慧，从不同角度、多个方面推进技能人才培养培训体系的提升和变革，通过各种政策、战略及法律，描绘技能人才培养培训改革的宏伟蓝图，并把技能人才培养培训改革与经济发展、产业变革、社会包容和公民生活幸福相互结合，把技能人才培养培训政策或战略作为政府应对经济和社会危机的突破口，强调发挥技能在经济社会发展

---

[1] FINEGOLD D, SOSKICE D. Britain's failure to train, analysis and prescription [M]//GLEESON D. Training and its alternatives. Open University Press, Buckingham, 1990.
[2] 凯瑟琳·西伦. 制度是如何演化的：德国、英国、美国和日本的技能政治经济学 [M]. 王星, 译. 上海：上海人民出版社, 2010：8.
[3] FINEGOLD D. Creating self-sustaining high-skill ecosystem [R]. Article for special issue of Oxford Review of Economic Policy, 1999.
[4] 格林. 教育与国家形成：英、法、美教育体系起源之比较 [M]. 王春花, 等译. 北京：教育科学出版社, 2004：2.

中的作用，其最终目标是发展高技能、高附加值的经济①。甚至有英国本土研究者将英国技能人才培养培训方面的改革称为"政策的天然实验室"②。

第二节　研究问题的溯源和阐释

一、研究问题的历史逻辑

> 没有任何一个民族把它的过去如此完整地带入现代生活。历史的联想对于我们绝不是在重大场合下进行修辞的参考，而是英国人做任何一件事都不能须臾离开的东西。历史的联想影响着英国人关于整个民族生活所赖以建立的权利和义务的概念③。
> ——曼德尔·克莱顿（《英国民族性格》，1896）

作为一个从历史深处走来的民族，传统文化和行为方式深刻影响着英国教育的发展，这是研究英国技能人才培养培训问题的逻辑起点。

从世界现代化的进程来看，英国是世界上最早进行工业化的国家。18世纪60年代到19世纪30—40年代，英国率先完成了第一次工业革命，是世界科技革命的引领者和先行者。但是，英国的职业教育和技术技能人才培养却没有和工业革命一样走在世界前列。相反，英国对于职业教育发展一直持消极、迟缓的态度。一直到19世纪后期，随着经济发展水平和国际影响力的下降，英国才逐渐意识到职业教育的重要性，开始从国家制度和体系建设的角度发展职业教育。

从起源的角度来看，英国职业教育起源于传统的学徒制。学徒制在英国有着十分深厚的发展基础。早在1562年，英国就颁布了《工匠、徒弟法》。该法规定，学徒年限一律为七年；有一定财产的城市自由民（不是工人和农民）的子弟才可以当徒弟；生活在城市里的师傅才有资格带徒弟，带三名徒弟就可以雇用一名工匠，超过这个数量后，每增加一名徒弟可多雇用一名工匠。这些规定促进了英国手工业的发展和城市的振兴。1601年颁布的《济贫法》规定，贫苦儿童必须做学徒，这也是教区负责人和保护人的义务。这两部法律在国家管理劳动力培养、实行学徒制问题上具有划时代的意义④。可以说，在进行工业革命之前，工业生产处于手工业和工厂手工业阶段，技术人才是依靠学徒制培养的，学徒制培养的手工业人才为英国工业革命奠定了重要的技术力量基础。但是，这一时期，学校教育所起的作用是非常有限的。技术人员的成长主要依靠个人的摸索和自身经验的积累，技术工人的培养主要依靠个人之间、师徒之间的技能和知识传授。

---

① FINEGOLD D. Creating self-sustaining high-skill ecosystem [R]. Article for special issue of Oxford Review of Economic Policy, 1999.
② HODGSON A, SPOURS K, WARING M, et al. FE and skills across the four countries of the UK new opportunities for policy learning [R]. UCL Institute of Education, 2018.
③ 布里格斯. 英国社会史 [M]. 陈叔平, 陈小惠, 刘幼勤, 译. 北京：商务印书馆, 2015：序言.
④ 翟海魂. 规律与镜鉴：发达国家职业教育问题史 [M]. 北京：北京大学出版社, 2019：45.

工业革命开始之后的18世纪60年代，工业革命所带来的城市人口急剧增加和工厂制度的确立，要求广大劳动群众子弟接受一定的教育和训练，成为合格的劳动力。但是，资产阶级对工人接受学校教育持怀疑和抵制态度，仍然倾向于通过把学徒当廉价劳动力的方式进行培养。而且由于英国长期以来的精英主义教育传统，英国的高等教育并未关注对于技术人才的培养。因此，基于上述两方面原因，英国的学校职业教育发展较为缓慢。直到1851年，英国政府才批准建立工业夜校，这时距离工业革命开始已经有90多年了。有研究专门将德国与英国的职业教育进行对比：

在20世纪最初10年里，多数职业继续教育在德国是强制性的，而那个时候英国的职业继续教育无论在普及程度还是在年轻人参与积极性上都不行。在德国，相关的制度安排获得了国家或地方政府的支持，以法律形式要求年轻人必须参加职业继续教育，而且雇主有义务保证学徒工有时间参与补习学校学习。而在英国，这些制度朝令夕改且所获得国家支持力度非常小[1]。

1986年的《英国工业年鉴》提出："我们都需要工业，但我们意识不到它对社会有价值的贡献。我们是一个工业国家，但有着反工业的经济。"[2]

这造成的结果是，一方面，由于继续教育缺乏强制性，学校无权强制要求年轻人入学，也没有规定年轻人学习时数的权力，因此能够获得培训的年轻人还是少数。这导致培训中的等级分层程度更高，因为一个年轻人能够获得的培训种类和培训数量，与其家庭负担培训服务的能力有很大关系。另一方面，由于缺乏强制的培训体系，企业对待培训的方式将会面临挖人问题的威胁。因此，企业参与职业培训的态度也是消极的。这两方面都成为英国技术技能人才培养中的难题。

轻视职业教育在工业发展中的作用，使英国在后期付出了巨大的代价。有研究者提出，19世纪后期英国钟表业的衰落和两次世界大战期间造船业的衰落都具有典型意义。我国有研究者提出，轻视技术教育在工业发展中的作用，短期内可能看不到严重后果，但在较长时期内，所造成的损失是难以估计的。《经济学家》1974年6月以《一个缺乏技工的国家》为题，惊呼英国在存在着大量失业者的同时，却缺乏某些为工业所迫切需要的技术工人[3]。

总体来看，自由主义、人文主义是英国教育的主流传统。在19世纪60年代之前，英国教育领域中的主导力量是保守的英国传统主义，不仅小学教育由英国国教控制，连中学和大学的文化准则也是英国传统主义。英国教育的一个显著特点是：它虽然对中产阶级的需求作出了积极响应，但其形式却完全不适应工业发展的需要。不管是公立学校、私立中学还是文法学校，都与工业发展的需求毫无关系，而颇以非功利主义精神为其地位的象征，这种现象一直维持到19世纪下半叶[4]。

---

[1] 西伦. 制度是如何演化的：德国、英国、美国和日本的技能政治经济学[M]. 王星，译. 上海：上海人民出版社，2010：126.

[2] 鲍尔. 政治与教育政策制定：政策社会学探索[M]. 王玉秋，孙益，译. 上海：华东师范大学出版社，2003：71.

[3] 罗志如，厉以宁. 二十世纪的英国经济："英国病"研究[M]. 北京：商务印书馆，1982：102.

[4] 格林. 教育与国家形成：英、法、美教育体系起源之比较[M]. 王春花，等译. 北京：教育科学出版社，2004：52.

英国学校职业教育体系的建立始于20世纪后期。1833年，英国首次对教育事业进行公款资助，标志着国家开始干预教育事业；1870年，议会通过《初等教育法》，形成了公立学校和教会学校并存的局面；1876年，英国议会通过《桑登法》，规定家长有义务使其子女接受足够的教育，否则将受到惩罚。1880年的《芒德拉法》规定实施全面的强制入学政策。截至1899年，义务教育年龄上限已提高到12岁。1902年，议会颁布《巴尔福法》，提出资助和开办不属于初等教育的教育，使英国的义务教育逐渐超出初等教育的范畴，开始进入中等教育阶段。1918年，议会又通过了《费希尔法》，规定将义务教育年限提高至14岁，受完义务教育儿童接受补习教育至16岁。1924年，工党执政，提出"人人接受中等教育"的口号；1926年，英国教育咨询委员会发表《青年教育》报告，在义务教育年限进一步延长的情况下提出学制改革的设想，提出以11岁为界将公立教育分为初等教育和初等后教育两个阶段，后者包括文法学校、现代中学、初级技术学校和商业学校。这标志着基本确立了中等教育的三轨制，其中，技术中学儿童的兴趣和能力明显表现在应用科学和应用艺术方面，技术中学和现代中学强调职业性和技术性课程，学制五年，以培养职业技术人才为主，学生毕业后直接就业[①]。但是，由于英国长期以来形成的崇尚古典教育、歧视科学和技术教育的传统，1938年的《斯宾斯报告》注意到聪明的小学生更喜欢通过文法学校走学术教育路径，以便在日后能够获得专业工作职位。在这种双元制体系下，即文法学校有学术倾向，而现代中学有职业和技术倾向，职业教育与培训被限定为"次等选择"。

第二次世界大战后，英国政府发布《教育改造》白皮书，对战后教育重建进行了总体规划。1944年，议会通过《1944年教育法》，法律规定公共教育体系由初等教育、中等教育和继续教育三个相互衔接的阶段构成。根据《1944年教育法》，继续教育是指为超过义务教育学龄的学生提供的全日制教育、部分时间制教育和业余消遣活动。地方教育当局负责向超过义务教育年龄的年轻人提供继续教育，并接受中央教育主管部门的监督和指导。第二次世界大战后，继续教育学院被称为"地方技术学院"（local tech）——一个与职业技能开发、实践资格和学徒制有关的场所。

英国的职业技能体系并不像德国那么普及，有一大部分年轻人直接从学校进入非技能型岗位工作；然而，尽管规模相对较小，但继续教育有着清晰的职业教育身份。其处于职业阶梯的较低层次，归地方政府管理。1945年，教育部正式确立了中等教育三轨制原则，一般情况下，现代中学应占70%~75%，剩下的25%~30%由文法中学和技术中学以适当比例开展。但是，进入文法中学的多为社会中上阶层子弟，而社会下层子弟大多进入现代中学和技术中学，这种不平等现象也使职业教育处于弱势地位。

自进入20世纪60年代以来，高等教育逐渐成为英国教育发展的中心议题。1963年，政府发布《罗宾斯报告》，成立了高等教育学位委员会，10所高级技术学院被升格为大学。1965年，英国正式提出了高等教育双轨制，将高等教育分为由大学和多科技术学院组成的公共高教机构两大部门，并对两者的地位和职能作出了明确区分。多科技术学院被明确定位为以技术和师资培训为主，重点放在职业培训方面。但是，两者在许多方面仍然存

---

① 吴文侃，杨汉清．比较教育学［M］．北京：人民教育出版社，1999：313．

在地位上的差异，重文轻理、重理轻工的传统仍没有得到根本改变。最初，继续教育机构的设立、教师的聘任及设备的购置均由地方负责，1992年，英国成立了继续教育基金委员会（FFFCE），在中央教育主管大臣指导下统一负责继续教育机构的拨款事宜。委员会的具体职责是为16~18岁青年接受全日制教育、超过16岁青年接受部分时间制教育，以及超过18岁青年接受指定的全日制教育提供足够的设施。基金会下设一个质量保证委员会，以评估和确保继续教育机构的教育质量。此外，地方教育当局有责任开办足够的不属于继续教育基金会管辖的继续教育机构，并对所属的继续教育机构的教育质量和资源使用进行监督。因此，英国继续教育目前基本上由中央和地方教育当局共同开办和管理。

20世纪60年代，当世界大部分国家都强调保留和加强中等职业教育的时候，英国却开展了中等教育综合化改革，取消了技术中学，学生初等学校毕业后统一进入综合中学，许多技术中学和现代中学合并为综合中学，到20世纪80年代这两类中学已经所剩无几。与英国形成鲜明对比的是，德国和日本等国家通过技术教育培养了技术娴熟的劳动力，促进了本国经济的飞速发展。

英国国内关于学校毕业生职业不适应性的批评急剧升温，以下教育研究中出现的话语深刻体现了这一点：

学校，特别是那些认同进步主义意识形态的学校，不能向学生传授习惯、态度和自我约束，这些正是雇主对员工的要求；他们忽视基本技能并教授其他不适宜的内容，这意味着学校毕业生对工厂的技术要求没有准备；他们不鼓励并培养好的工人。学校一般保留并永远存在一种对学术的偏爱而反对实用的、职业的或工业的内容，因此鼓励学生远离工程师或工厂中的职业生涯[①]。

总体来看，在职业教育与培训方面，英国政府长期以来一直没有制定比较明确的政策。直到1964年，政府颁布《工业训练法》，明确规定在全国建立23个工业训练委员会，负责提高职业训练效率，确保为工厂提供充足的、训练有素的、各种级别的工人。委员会有权向企业征税，用以支付训练费用[②]。

20世纪70年代的经济危机使英国进一步陷入困境，由持续衰退的经济和居高不下的失业率构成的双重压力使人们开始质疑教育对经济和社会发展的促进作用。新技术革命使产品的技术含量日益提高，工作范围逐步拓宽，科学技术日新月异的发展加快了职业变更的速度，更换职业已成为现代社会司空见惯之事。为应对这些变化，劳动者必须提高自身的知识和技能水平，这无疑对教育提出了更高的要求。随着第二次世界大战后英国对职业教育经济功能的认识日益深入，政府和雇主普遍认为对职业教育的投资和改革能够起到推动经济增长的重要作用。但精英教育的传统却使职业教育处在教育系统的最底层，无法满足英国社会和经济的需要，严重的社会分层和教育机会不平等使英国长期存在的"双轨制"受到教育民主化的挑战。重构一个符合现代社会与经济发展需要的全新教育体系成为迫切需要，于是新职业主义应运而生了[③]。从表面上看，新职业主义是一种职业教育思潮，

---

① 鲍尔. 政治与教育政策制定：政策社会学探索［M］. 王玉秋，孙益，译. 上海：华东师范大学出版社，2003：70-71.
② 吴遵民. 教育政策国际比较［M］. 上海：上海教育出版社，2009：73.
③ 翟海魂. 规律与镜鉴：发达国家职业教育问题史［M］. 北京：北京大学出版社，2019：199.

但实质上是英国在应对社会与经济发展中深层次问题的反应和措施。

新职业主义教育理念的核心是强调教育和培训要加强与产业之间的联系，满足经济发展的要求，同时也要注意学生的个人发展，特别是学生的可持续发展和终身发展，其目的是培养灵活的社会人，强调能适应迅速变化的经济状况，培养年轻人独立处理各种问题的能力，使学习者具有广泛的、平衡的知识，从而具备应对工作转换的能力和终身学习能力。

新职业主义的核心内容主要有三个方面：一是核心技能（core skill）理论，二是提高普通教育的职业性，三是职业教育与企业界的密切合作。新职业主义教育理念的基本内涵是强调核心技能和三项整合的教育理念，其中三项整合的教育理念包括职业教育与学术教育的整合、中学课程与中学后课程的整合、学校与工作的整合。新职业主义教育理念的实质是要打破学校与工作之间的传统隔阂，模糊职业教育与学术教育之间的界限，从而使教育制度发生根本变化，为职业教育毕业生提供升入大学和进入职业生涯的双重机会；注重培养学生的核心技能，从而使更多的人拥有在工作中自我学习的能力，并且在其一生的职业生涯中都能够不断构建知识体系，有能力接受新的工作岗位和新的工作要求所提出的挑战。

英国对于职业教育发展的自由放任态度一直持续到20世纪70年代末期。可以说，在此之前，英国颁布的专门的职业教育政策屈指可数。自1979年撒切尔领导的保守党执政以来，新自由主义取代凯恩斯主义逐渐成为英国经济社会发展的主导思想，这一思想主张通过市场机制来解决政府失灵带来的一系列社会经济问题。"自由的经济、强大的国家"成为这一时期英国经济社会发展的主要特征[①]。《1988年教育改革法》，一方面强调了中央政府对于教育的领导权和控制权，另一方面提高了学校的办学自主权，但与此同时，却大大削减了地方教育当局对于教育管理的权力，对地方教育当局仅保留了提供指导的权力。因此，根据我国学者的研究，自20世纪80年代早期以来，英国教育与培训的主要趋势就是中央政府在不同层次、更多方面制定、掌控和贯彻政策的权力不断增强，出现的强度随着时间的推移有盛有衰[②]。尤其是自1987年以来，变化的速度一直加快，规模也不断加大，这造成英国的职业教育开始向以非地区化、集权化和国有化为特征转变。自20世纪80年代以来，英国的教育管理呈现出从传统的地方自治到日益明显的中央集权化的发展倾向，政府的政策及其施行对教育发展日益发挥着举足轻重的作用，这是英国教育政策发展的重要趋势[③]。经过15年的发展，英国教育体系由世界上最松散的转变为中央集权程度最高的。

在新职业主义思想的影响下，从20世纪70年代开始，英国的职业教育确实取得了一些进步，形成了以"计划"或"项目"为主要推动模式的政策发展格局。英国政府发布了一系列职业教育计划，其中包括1976年的"统一职业准备"，1977年的"青年机会计划"，1982年的"技术和职业教育试点"项目，1983年的"青年培训计划"，后来于1988

---

① 何伟强. 英国教育战略研究 [M]. 杭州：浙江教育出版社，2013：21.
② 克拉克，温奇. 职业教育：国际策略、发展与制度 [M]. 翟海魂，译. 北京：外语教学与研究出版社，2011：174.
③ 吴遵民. 教育政策国际比较 [M]. 上海：上海教育出版社，2009：93.

年通过了《1988年教育改革法》，并于1992年通过了《继续和高等教育法》。前者将技术课程列为10门基础课程之一，着重强调与劳动生活相关的技能和价值观，并提出从中学开始推行技术和职业教育计划；后者宣布废除高等教育双轨制，继续教育学院和第六级学院都不再受制于地方教育当局，形成了英国继续教育体系的初步框架①。

但是从政策发展的角度来说，撒切尔执政时期的职业教育仍然是零散的、不系统的。正如英国教育政策专家斯蒂芬·鲍尔在研究中提出的，当时政府起草《1988年教育改革法》时，对于职业教育的认知是这样的：

教科部对职业教育要做什么不知所措。当它开始观望并且人们为职业教育议案唱赞歌时，技术和职业教育议案是所有人关注的全部问题。它有一套松散的规则，但实践是从一个主题转向另一个主题。那不是对职业教育的普遍观点，所以我不知道职业教育是什么。政府最近五年来所强调的，关于增加对职业教育的理解……其中对我来说特别缺乏的是我们不理解职业教育是什么，它的位置在哪里、应该在哪里这一事实……②（艾伦·安斯沃斯，继续教育部主席及英国工业联盟委员会成员）

从20世纪80年代后期开始，英国国内形成的普遍观点是，把教育和文化中的态度认同作为解释工业和经济衰退的主要因素，而政治和经济因素被认为不太重要③。因此，学校因没有教学生有关劳动领域或社会工业中的经济价值而受到指责，这些主张成为当时撒切尔政府领导的新自由主义改革的重要基础，并促进了新自由主义思想的发展。

但是，就职业教育发展而言，正如有研究者所提出的，撒切尔及其继任者约翰·梅杰虽然加强了国家对于教育改革的干预，促进了教育集权化趋势的发展；但是，对于职业教育或技术技能人才的培养来说，所采取的仍然是一种"消防灭火"般的干预策略，即制定一些有针对性的培训计划或改革举措，而并没有制定系统性、针对性的改革战略。

以上论述充分说明，从历史的角度来看，英国对于技能人才培养培训一直持自由主义的态度，不仅政府不重视职业教育和技能人才培养培训，而且整个社会都有崇尚精英主义的教育传统。如下事实深刻反映了这一点：到1899年，英国才建立起单一的教育管理机构，1902年，才建立起国立中等学校，比法国和德国整整晚了100多年，因此，教育机构的多样性和各教育部门间长期缺乏整合构成了英国教育体系的主要特征。这导致英国技术教育发展滞后、中等教育改革缓慢。第二次世界大战后，英国经济和综合国力逐步衰退，逐渐落在了美国、德国等国家的后面。

二、研究问题的提出

对英国职业教育或技能人才培养历史进程进行简要分析后，本研究把研究视野转向现代化的21世纪。我们发现，21世纪后，英国一改对职业教育和技术技能人才培养的自由

---

① 翟海魂. 规律与镜鉴：发达国家职业教育问题史[M]. 北京：北京大学出版社，2019：204-206.
② 鲍尔. 政治与教育政策制定：政策社会学探索[M]. 王玉秋，孙益，译. 上海：华东师范大学出版社，2003：110.
③ 鲍尔. 政治与教育政策制定：政策社会学探索[M]. 王玉秋，孙益，译. 上海：华东师范大学出版社，2003：73.

放任和"飞蛾扑火"的态度，开始从国家战略的角度对技术技能人才培养培训进行系统变革，改革力度和重视程度都是前所未有的。

2001年，英国把教育部改为教育和技能部，确立技能优先发展战略，此后，英国一直从国家经济社会发展战略的高度持续推动技能人才培养培训的变革。2003—2017年，每届政府都发布关于技能人才培养培训的国家战略，同时从多个角度发布相关的改革方案、实施计划，并进行相关的立法改革。根据本研究的不完全统计，自2001年以来，英国政府制定的有影响力的技能人才培养培训政策有50多个（见附录）。更值得引起注意的是，通过这些政策和战略，英国把技能人才培养培训提升到国家战略的高度，作为经济社会发展的基本战略。这可以从以下政策话语中得到深刻体现：

国民技能是国家的重要基础……维持一个具有竞争力且为全体国民实现发展和繁荣的经济体，需要不断增加具有专业技能和资格的劳动者①。（2003年英国首相布莱尔、教育和技能部国务大臣查尔斯·克拉克等为《21世纪的技能——实现英国的潜能》撰写的序言）

技能是推动生产力发展的最简单、最好、最直接路径……技能投资是维持生产力的最便捷和唯一的方式②。（行业技能发展署Mark Fisher 2006年10月2日在行业技能协议大会上提出）

过去，多种多样的自然资源、强大的劳动力以及一些灵感往往是国家成功的必备因素。但这些已经成为过去，在21世纪，我们将来的繁荣将取决于能否打造这样一个英国，她将为人们提供机会，鼓励他们最大限度地发展其技能和能力③（2007年英国首相戈登·布朗、财政大臣阿里斯代尔·达林等为《世界一流技能——英格兰实施里奇技能报告》撰写的序言）

我们国家面临的挑战，以及我作为首相的决心，不仅仅是领导世界第四次工业革命，而是要确保我们国家的每个人都能实现成功……通过更多杰出的学校、世界一流的大学和技术技能开发每个人的潜能——推动我国经济的发展④。（2018年英国首相特蕾莎·梅为《产业战略》撰写的序言）

正是基于上述认识，本研究试图回答以下问题：作为世界上最早进入工业化和现代化的国家，作为一个自由主义教育传统的国家，自21世纪以来，英国为什么持续从国家战略的高度推动技能人才培养培训政策的变革？

---

① Department of Education and Skills, Department of Work and Pensions, HM Treasury. 21st century skills: Realising our potential: Individuals, employers, nation [R]. Presented to Parliament by the Secretary of State for Education and Skill by Command of Her Majesty, 2003.

② KEEP E, MAYHEW K, PAYNE J. From skills revolution to productivity miracle: Not as easy as it sounds [J]. Oxford Review of Economic Policy, 2012, 22 (4): 9-20.

③ World class skills: Implementing the Leitch review of skills in England [R]. Presented to Parliament by the Secretary of State for Innovation, Universities and Skills by Command of Her Majesty, 2007.

④ Forging our future: industrial strategy: The story so far [R]. HM Goremment, 2018.

三、研究问题的分解

为系统回答上述问题，本研究试图将上述问题进行分解：

（1）21世纪英国技能人才培养培训政策是怎样产生、发展、变化的，其产生、发展、变化的动因是什么？

（2）21世纪英国技能人才培养培训政策的本质特征是什么？

第三节 相关研究综述

英国是第一个从整体上进入工业化的国家。作为老牌资本主义国家，关于英国教育思想和政策的研究一直是国内外教育研究的重要关注点。英国国内及很多国际学者都从历史发展、国际比较、未来趋势和影响因素的角度对英国职业教育及技能人才培养培训政策进行了研究。从国际视野来看，英国技能人才培养培训政策的改革发展一直是国际研究机构、英国国内研究者及相关研究机构的重要关注点；从我国来看，我国已有一些专门以英国作为研究对象的比较教育研究者，每一次英国重大教育政策战略的出台，都会引起我国比较教育研究者的极大关注。我国职业教育和比较教育研究者对于21世纪以来英国职业教育和技能人才培养培训政策进行了多角度、多视野的介绍和评析，这方面研究成果有近百篇，比较有代表性的有：许建美从两党政治的角度对英国中等教育政策的历史进行了研究[①]；翟海魂从问题的角度对英国中等职业教育发展历史进行了深刻分析[②]；何伟强采用了历时态和共时态相结合的分析思路，并借鉴安德烈·博弗尔的战略金字塔模型对英国第二次世界大战以来的教育战略进行了研究[③]。按照研究的核心关注点，本研究的文献综述主要从四个方面展开。

一、关于英国技能人才培养培训政策发展历程和趋势的研究

从历史的角度来看，目前对于英国教育政策研究已经形成了一些有影响力的成果。从英国技能人才培养培训政策的发展历程来看，当前很多关于英国经济及教育实践的研究都对其技术教育发展落后状况进行了批评。现在比较普遍的看法是其技术教育的落后，特别是国家对于技术教育的不干预造成了其经济地位的逐渐衰退。从历史的角度来看，英国是自由放任主义政府的典型代表。有英国研究者提出，"几乎没有哪个国家曾经像英国受自由放任主义控制一样，英国的政府规模很小，功能也相对较弱，随着时间的流逝，和其他

---

① 许建美. 教育政策与两党政治：英国中等教育综合化政策研究（1918—1979）[M]. 杭州：浙江大学出版社，2014：3.

② 翟海魂. 英国中等职业教育发展研究[M]. 北京：高等教育出版社，2005.

③ 何伟强. 英国教育战略研究[M]. 杭州：浙江教育出版社，2013.

国家相比，英国政府更显得无足轻重了。"① 18世纪，英国在自由主义政权的领导下实现了工业革命的成功。19世纪，英国人对自由主义原则持有独特的教条般信仰。20世纪，新自由主义进一步在英国盛行，这种信仰造成了英国缺乏对于教育发展的主动性，这在职业教育和技术技能人才培养上尤其明显。英国学者琳达·克拉克提出，英国职业教育与培训体系的特点是基于有限的、对工作所需技能的设想，以及建立在大量随意自愿原则及雇主意愿之上的发展②。有美国研究者对于20世纪初英国的职业培训进行了研究，提出20世纪20年代，英国培训故事的情节是这样的：

  几乎没有采取什么措施去建立培训标准，没有任何的协商谈判机制去鼓励企业投资工人培训，即使是类似于机械制造业的那些技能高度依赖型产业也是如此。技能形成是在没有任何指导规则的情况下，自由发展形成的③。绝大多数雇主对于所雇用工人的培训教育都漠不关心，在机械制造产业中，除了成立一些高度专业化的培训机构，雇主和工人之间就学徒工待遇条件没有明确的合同约定④。

  正是基于对英国培训制度的历史追溯，凯瑟琳·西伦把英国作为自由市场经济的代表，与之相对应的是以德国和日本为代表的协调性市场经济，这两种模式的差异使后者更有利于支持企业采取厂内培训的技能形成方式。凯瑟琳·西伦认为19世纪技能密集型行业中雇主、工匠以及早期工会所达成的制度安排差异是导致两者目前技能形成方式不同的重要原因⑤。还有研究提出，"令人窒息的英国人的守旧主义"和"贵族的、业务的且带有农民思想"的政治领导模式是英国的重要特点，这导致英国在非常出色地完成第一次工业革命之后，没能根据所有的工业革命第二阶段的资本主义世界新现实进行及时调整，并且英国还没能采用当时的新技术，从而逐渐落后于其他更活跃的竞争对手⑥。

  斯蒂芬·鲍尔从政策社会学角度对英国20世纪70年代至80年代撒切尔执政时期的教育改革，特别是《1988年教育改革法》进行了研究。他提出，在英国这样一个现代的、复杂的多元社会，政策制定也是难以处理的、复杂的。《1988年教育改革法》最好被理解为"不是反映某一个社会阶层的利益，而是对一个复杂的、异类的、多种成分的组合体做出反应"⑦。

  1990年，比较政治学家比尔（Peter A. Hall）从政策范式的角度对英国的经济政策进行了案例研究，他从比较政治学的角度提出以下核心主张：英国的行政、立法和司法机构对于其国家公共政策的性质具有重要影响，而且这种影响独立于有组织的社会利益群体及

---

① 格林. 教育与国家形成：英、法、美教育体系起源之比较［M］. 北京：教育科学出版社，2004：252.
② 克拉克，温奇. 职业教育：国际策略、发展与制度［M］. 翟海魂，译. 北京：外语教学与研究出版社，2011：9.
③ 西伦. 制度是如何演化的：德国、英国、美国和日本的技能政治经济学［M］. 王星，译. 上海：上海人民出版社，2010：141.
④ 西伦. 制度是如何演化的：德国、英国、美国和日本的技能政治经济学［M］. 王星，译. 上海：上海人民出版社，2010：125.
⑤ 西伦. 制度是如何演化的：德国、英国、美国和日本的技能政治经济学［M］. 王星，译. 上海：上海人民出版社，2010：4.
⑥ 格林. 教育与国家形成：英、法、美教育体系起源之比较［M］. 北京：教育科学出版社，2004：258.
⑦ 鲍尔. 政治与教育政策制定：政策社会学探索［M］. 王玉秋，孙益，译. 上海：华东师范大学出版社，2003：1.

政党联盟。因此,政策制定过程是一种政策学习的过程,前一阶段的政策是影响后一阶段政策的主要因素。政策制定过程受到三个变量的影响:总体目标、政策工具、工具环境。而政策变革有三个层次:第一层次是政策工具的水平或环境发生变化,而政策的总体目标和工具没有发生变化;第二层次是政策工具及其环境发生了改变,而政策的总体目标保持不变;第三层次是政策的三个变量都发生了变化,它们被称为第三层变革,在这种情况下,就发生了政策的范式转换。文章从政策学习的视角深入研究了英国 1970—1989 年的宏观经济政策制定,研究认为,经济政策制定是一个知识精深的过程,英国这一阶段的经济政策制定经历了一个从凯恩斯主义到货币主义模式的政策范式演变过程。研究认为,政党和利益群体不是把国家与社会联系起来的唯一渠道①。

英国学者安迪·格林撰写的经典著作《教育与国家形成:英、法、美教育体系起源比较》从国民教育制度起源的角度探讨了英国技术教育发展相对落后的原因。研究认为,英国教育的关键特征是国家和公共教育形式相对薄弱。这不仅制约了教育供给的总体水平,而且使英国教育的整个体系演化出了独特形式②。其在著作中提出,"英国政府一直抵制欧洲大陆借助国家发展教育的策略。英国主流的教育传统仍然是自愿捐助制,一种基于自愿捐助并且拥有独立控制权的学校组织形式。这种改革导致英国教育改革不能在目标和方法上达成广泛的一致。因此,在很长时间里,英国的教育一直处于一种僵持状态,许多重要改革一直到许多教育界人士都认识到其重要性之后很久才得以实施。"③

总体来看,关于英国职业教育发展历史的研究为解释英国技能人才培养培训的现状及改革动因提供了重要视角。在历史研究的基础上,英国还有一些研究者对于近年来技能人才培养培训的发展趋势进行了分析。

Anne Green 和 Terence Hogarth 的研究认为,近年来英国努力通过政策变革推动技能人才培养培训从政府驱动走向雇主的技能所有权,使雇主和学习者更多地参与到技能人才培养培训体系的设计和实施中来,努力创造一个地区技能市场,激励培训机构满足雇主和学习者的需求,同时伴随地方规划和协调,让雇主和学习者承担更多的责任,满足其技能需求④。

Lynn Gambin 和 Terence Hogarth 的研究认为,英国近几十年来技能人才培养培训政策改革的基本方向是创造一个培训市场,以改善人们获得的技能与经济需求间的匹配程度。20 世纪 90 年代到 21 世纪早期,英国培训市场的主要弊端在于其过多地关注培训机构⑤。

Mike Campbell 的研究认为,近年来英国技能人才培养培训政策的发展呈现以下趋势:所有层次的教育与培训机构、雇主、个人等都需要认识到近来、目前和未来的变化,努力适应这些变化,并把这些变化纳入规划和决策中;运用激励机制,鼓励利益相关者根据不断变化的市场需求采取行动;资源分配,要对于公共资源的有效利用作出更明确的决策,

---

① HALL P A. Policy paradigms, social learning and the state: The case of economic policy – making in Britain [R]. Estudio/Working Paper, 1990.
② 格林. 教育与国家形成:英、法、美教育体系起源之比较 [M]. 北京:教育科学出版社,2004:338.
③ 格林. 教育与国家形成:英、法、美教育体系起源之比较 [M]. 北京:教育科学出版社,2004:224.
④ GREEN A, HOGARTH T. The UK skills system: How aligned are public policy and employer views of training provision? [R]. 2016.
⑤ GAMBIN L, HOGARTH T. The UK skills system: How well does policy help meet evolving demand? [R]. 2016.

如从目标群体、需要的技能水平和类型出发，作出重要的政策选择；技能匹配，实现技能供给与需求间的有效匹配，采用相关工具实现培训机构、学习者和雇主对于技能需求的响应。①

英国华威大学的 Caroline Lloyd 和 Jonathan Payne 对 21 世纪以来英国政府努力建立高技能社会的目标和内涵进行了深入研究，认为英国应该从经济社会建设的角度把发展高技能社会作为一个长期计划，并认为德国和斯堪的纳维亚提供了高技能社会的建设典范。研究提出，建立由终身学习和学习型社会所驱动的高技能、高附加值、知识驱动的经济，是发达国家技能人才培养培训政策追求的普遍目标。这些国家第二次世界大战以后在国家、资本和劳动力之间建立的长期的新企业主义社会服务基础上，可以实现将高水平投资与公平慷慨的福利供给、有限的社会平等、强有力的劳动和社会权力，以及广泛的高技能分配有效结合②。

英国商业、创新与技能部从不同角度对英国技能人才培养培训政策的影响进行了研究。其对于技能社会流动性影响的研究表明，公民对于继续教育和技能的参与模式受到政府政策优先事项和拨款制度的影响。2004—2012 年，参与成人和社区学习以及雇主反映学习的人口数量得到显著增长。这一时期的政策转向需求驱动的体系，并努力增强雇主对于培训的主导权及投资③。

Ann Hodgson 和 Ken Spours 从经济和政治维度对英国继续教育 25 年的发展轨迹进行了分析。经济维度从公共、私立两个方面展开，政治维度从集权主义和分权主义两个方面展开。根据这一标准，他们将自 1993 年以来英国继续教育体系的发展分为六个阶段，具体框架如图 0-1 所示。第一阶段为 1993—2000 年的继续教育早期建立阶段，在国家继续教育拨款理事会（Further Education Funding Council，FEFC）的主导下，特别强调增强学校的自主性和竞争性，以减少办学成本。第二阶段为 2000—2004 年的基于学习和技能理事会（Learning and Skills Council，LSC）的继续教育第一发展阶段，这一阶段严重依赖于准自主、非政府组织，特别是学习和技能理事会，实施中央政府政策，降低了继续教育学院的自主性和竞争性。第三阶段为 2004—2010 年的基于学习和技能理事会的第二阶段，这一阶段尽管仍然是集权化，但学习和技能理事会更多地支持继续教育机构间的竞争性，并伴随一种温和的市场化回归。这一阶段同时见证了对于继续教育投资的增加——同时在经费投入和学院预算方面实现了增长。第四阶段为 2010—2015 年的联合政府——技能拨款阶段，这一阶段由保守党和自由民主党组成的联合政府执政。这一阶段见证了中央政府主导的加强，这主要是通过放弃国家督导机构——教育标准办公室（OFSTED）实现的，实施了 16 岁后教育机构的竞争性拨款，并最终导致继续教育学院的拨款危机，要求实现拨款的合理化，这促进了地方本位评估（area-based reviews，ABR）的产生以及继续教育学院的合并。第五阶段为 2016—2018 年的有限的权力下放阶段。自 2015 年保守党执政以

---

① CAMPBELL M. The UK's skills mix：Current trends and future needs [R]. 2016.
② LLOYD C，PAYNE J. "Idle Fancy" or "Concrete Will"? Defining and realising a high skills vision for the UK [R]. SKOPE Research Paper，2004：47.
③ GLOSTER R，BUZZEO J，MARVELL R，et al. The contribution of further education and skills to social mobility [R]. Department for Business，Innovation and Skills，BIS Research Paper，2015：254.

来，英国引进了地区本位评估，同时成人教育预算的权力下放、地方企业合作伙伴关系的加强与合理化，以及地方产业战略及地方协议的引进，预示着继续教育和技能机构间合作的加强，以及地方和地区间更加密切的协作①。第六阶段，自 2018 年以来，地区本位评估后续影响阶段，地区本位评估和其他政策一起推动继续教育体系实现更大的权力下放。

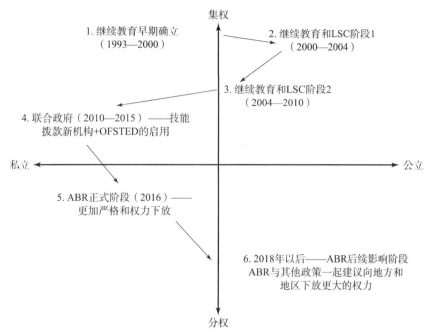

图 0-1　Ann Hodgson 和 Ken Spours 对于英国继续教育的分析框架

资料来源：HODGSON A, SPOURS K. Furher education in England: at the crossroads between a national, competitive sector and a locally collaborative system? [J]. Journal of Education and Work, 2019.

2010 年，Ewart Keep 等人对英国的技能人才培养培训政策进行了研究，研究认为，在过去的 20 多年中，英国的教育与培训政策实现了转型，从次等重要性成为政府活动的最优先领域。英国已经把技能人才培养培训作为经济繁荣和社会公平的核心驱动器。这反映在对于技能解决社会问题作用的无限扩大，这些作用包括：反社会行为、福利依赖、低水平的社会代际流动、贫困、不断扩大的收入差距、企业创新的不足、一些地区相关较低的经济成就、国际竞争力下降，以及生产力改革的低效。在所有的社会科学中，经济学成为最有影响力的政府政策，而人力资本开发成为现代经济学中的一个核心要素。对于人力资本开发的特定解释主导着政策话语，在这一背景下，人们对于教育与培训政策的结果给予了很高的期望。研究认为，英国目前的政策形成过程，有可能导致其他解决社会和经济问题的渠道堵塞，例如更有力的社会伙伴关系，更积极的经济发展和政策再分配②。

欧洲职业培训发展中心（CEDEFOP）从整个国际职业教育改革趋势的角度对英国的

---

① HODGSON A, SPOURS K. Furher education in England: At the crossroads between a national, competitive sector and a locally collaborative system? [J]. Journal of Education and Work, 2019.

② KEEP E, MAYHEW K. Moving beyond skills as a social and economic panacea [J]. Work, Employment and Society, 2010, 24 (3): 565-577.

技能人才培养培训政策进行了案例研究。研究认为，20 世纪 80—90 年代，随着时间的推移，越来越明显的一点是，职业教育与培训政策在更广泛的关于经济社会发展公共政策中的中心地位越来越突出。在英国等国家，有一个重要趋势是，更加重视通过高等教育提供技能，消除技能短缺问题，并确保实现年轻人从学校到工作的有效过渡，这一趋势也逐渐成为职业教育与培训体系的重要考虑。职业教育与培训的作用发生了五方面变化：一是使职业教育与培训对于年轻人更具吸引力，这主要通过加强中等层次后的继续学习机会来实现；二是确保职业教育与培训课程能够对劳动力市场的需求作出有效应对；三是改变职业教育与培训的结构，并特别对能力本位的职业教育与培训资格给予特别关注；四是在职业学校教育的基础上，更加重视工作本位学习；五是模糊初始及继续职业教育与培训之间的界限[①]。

20 世纪 90 年代初期，许多国家对职业教育与培训的供给进行了重要改革，奠定了 21 世纪职业教育与培训体系的基础。总体来说，20 世纪 90 年代以来的重要政策转型包括以下四个方面：一是创立大众化的职业教育与培训体系，并把职业教育与培训作为整个教育体系的关键因素；二是把职业教育与培训纳入更广泛的教育体系，并努力建立职业资格与普通教育资格间的均等认可；三是把之前分散、碎片化的体系合理化；四是在职业教育与培训的供给和需求间建立联系。以英国为例，1994 年，英国建立了现代学徒制，可以看作是增强职业教育与培训参与度以及提升技能对劳动力市场价值的重要方式[②]。

还有研究对自 20 世纪 70 年代以来英国技能人才培养培训政策在不同时期的特征进行了分析，认为 20 世纪 70—80 年代，英国技能人才培养培训政策的重心在于提高对义务后教育的参与水平。在政策层面形成的普遍认同是，雇主资助和实施的学徒制体系只能培训相对较少的人，影响了国家竞争力的提升。同时，较高的青年失业率及青年机会项目不能满足较高附加值劳动力市场对于技能的需求。在这一背景下，1994 年，英国引进了现代学徒制，主要在就业增长较高的行业开展具有相对较高生产力的技能培训，学徒接受培训后可以获得一个特定的国家职业资格，这一资格具有与普通教育分流资格均等的认可度。但是，由于劳动力市场的规范性不强，英国面临的另一个问题是雇主参与学徒培训的风险较高，如果政府没有对企业拨款进行补助，企业倾向于不对学徒培训进行投资。因为企业一旦对某个学徒进行培训，学徒接受培训后很可能为了获得更高收入到另一个没有参加培训的企业就业。这是英国学徒制发展中一直努力摆脱的问题。

关于英国未来职业教育和技能人才培养培训政策的走向一直是相关研究机构关注的重点问题。近年来，英国相关研究机构围绕 2030 年的技能人才培养培训政策发展发布了一系列研究报告。2017 年，英国公共政策与就业研究所发布报告《未来的工作：2030 年的工作与技能》，报告对未来劳动力市场面临的挑战与机会进行了系统评估，基于对包括企业、行业协会和学术研究者等关键利益群体的专家咨询，并通过对相关文献的综合评估，

---

① CEDEFOP. The changing nature and role of vocational education and training in Europe. volume 5：Education and labour market outcomes for graduates from different types of VET system in Europe ［R］. Luxembourg：Publications Office. CEDEFOP Research Paper，2018：69. http：//data. europa. eu/doi/10. 2801/730919.

② CEDEFOP. The changing nature and role of vocational education and training in Europe. volume 5：Education and labour market outcomes for graduates from different types of VET system in Europe ［R］. Luxembourg：Publications Office. CEDEFOP research paper，2018：69. http：//data. europa. eu/doi/10. 2801/730919.

从社会、科技、经济、生态和政治等在内的360°视角出发,明确了对于英国2030年的就业与技能情况具有重要影响的13个趋势,如图0-2所示。从这些趋势出发,报告指出,若要为未来的工作做准备,雇主、教育机构和政策制定者都要采取一定行动。从政策制定者的角度来说,要积极培育灵活、动态的投资环境,使个体和企业建立创新和竞争能力;鼓励雇主在教育与培训体系中积极发挥领导和控制作用,在企业、教育与培训机构间积极培育良好的战略合作关系,增强整个技能人才培养培训体系的灵活性和有效性;使个体获得高质量的职业生涯和培训信息及咨询,并鼓励个体对于技能开发的投资;发展系统、连贯、综合性的长期培训战略,确保低技能人口有效应对劳动力市场转型的挑战①。

图0-2 影响英国未来工作与技能的趋势全景

资料来源:DROMEY J, MCNEIL C. Skills 2030:why the adult skills system is falling to build an economy that works for everyone [M]. Institute for Public Policy Research, 2017.

从关于英国技能人才培养培训历史和趋势的研究可以看出,从历史和传统的角度来说,英国对于职业教育与培训持一种以"自由主义"为特征的消极态度;而自20世纪90年代以来,其从次等重要性成为政府活动的最优先领域,这也为解释本研究问题的价值提供了佐证。

---

① DROMEY J, MCNEIL C. Skills 2030:Why the adult skills system is falling to build an economy that works for everyone [M]. Institute for Public Policy Research, 2017.

二、关于英国技能人才培养培训政策特征的研究

作为一个具有悠久历史和文化特征的国家，与其他国家相比，英国的技能人才培养培训政策具有哪些独有特征，现有一些研究从不同方面对此作了回答。

欧洲职业培训发展中心从治理模式的角度研究认为，根据劳动力市场绩效以及初始职业教育与培训①的重要性，可以把相关国家分为以下几个群体：弱经济和劳动力市场成就，初始职业教育与培训相对不重要，如意大利、爱沙尼亚、希腊等；强经济和劳动力市场成就，职业教育与培训相对重要，如德国、挪威和荷兰；强经济和劳动力市场成就，初始职业教育与培训相对不重要，如法国和波兰。同时，英国也被纳入了分类，因为其代表了职业教育与培训发展的一种独特模式，即依赖市场引导职业教育与培训政策的发展。这一分类同时包括了从中央计划经济向市场经济转型的国家，一是中央集权和协调性的职业教育与培训供给，如德国、芬兰和挪威；二是分权化的职业教育与培训政策和实施体系，如法国、意大利和荷兰；三是多机构参与的体系，如希腊；四是市场驱动的途径，如英国②。

理查德·普林格通过对英国职业教育和学术教育政策的研究提出，英国一直采取界限分明的教育体系，一是学习某些特定课程，目的是获得智慧；二是提供职业路径，以及更现实的、与工作更相关的教育。这包含着两个不同的传统：一个被称为学术，另一个被称为职业。学术传统被认为是文科教育的标志，它追求智慧的卓越，体现对不同学科知识的精通，强调对抽象概念、原则的掌握，与学术教育相对照，职业教育的内容和课程源自不同职业，在职业教育过程中，学术的卓越让位于实用型，个人发展让位于个人的经济有效性③。

OECD、欧盟及相关英国学者都从不同角度对英国的技能人才培养培训体系进行了研究。Andy Green 和 Akiko Sakamoto 撰写的《高技能驱动国家竞争战略的模式》认为，高技能、高收入的经济模式是很多国家的发展目标，从这一角度出发，他们提出了"高技能社会"的概念，深入论述了国家竞争战略、生产力和技能之间的关系。他们以美国、德国、日本、新加坡、英国为例，对技能人才培养培训与生产力之间的关系进行了比较，认为与其他国家相比，英国总体的生产力水平较低，这主要是由于英国技能和资格的分布不均衡造成的。英国属于高技能精英/低技能群体分化模式，其主要特征是，技能形成体系产生了低技能群体和高技能精英的两极分化，主要表现就是收入的两极分化④。

欧洲职业培训发展中心的研究提出，自 20 世纪 90 年代以来，职业教育政策的转型在集权化和分权方面的变化是非常明显的，这主要表现为职业教育与培训管理机构的变化。

---

① 初始职业教育与培训的英文为 Innitial Vocational Education and Training，主要是指在高中教育阶段，针对没有就业的年轻人开展的职业教育与培训课程，相当于我国针对学龄人口的中等职业教育。

② CEDEFOP. The changing nature and role of vocational education and training in Europe. volume 5：Education and labour market outcomes for graduates from different types of VET system in Europe [R]. Luxembourg：Publications Office. CEDEFOP research paper，2018：69. http://data.europa.eu/doi/10.2801/730919.

③ 普林格. 14~19 岁教育和终身学习：学术教育和职业教育的区分 [M]//克拉克，温奇. 职业教育：国际策略、发展与制度. 翟海魂，译. 北京：外语教学与研究出版社，2011：136.

④ GREEN A，SAKAMOTO A. Models of high skills in national competition strategies [R]. 2001.

在一些国家，如荷兰、意大利和英国，对区域和地方各级机构（甚至是职业学校或学院及企业部门）给予了更大的自主权①。但这一过程并不是单向的，即使对职业教育与培训体系给予更大的自主权，使其能够更加有效应对劳动力市场的需要，但有时仍有一些力量往相反的方向发展，即朝着职业教育与培训体系中央集权的方向发展②。与欧盟其他国家相比，英国的教育与培训体系在英语国家中是中央集权最强的，因此，中央政府的决策倾向于依赖简单的全国统一目标，以及"放之四海而皆准"的干预措施，但是这些措施在满足不同行业、职业及部门的需求方面往往是无效的。

2015 年，Ewart Keep 等人又对 21 世纪以来工党政府和联合政府的技能人才培养培训政策进行了比较。研究提出，21 世纪初的工党政府时期，在劳动力市场和技能人才培养培训政策方面有两个互相联系的核心关注点：一是早期对于技能在提升国际竞争力中的作用的集中关注；二是对于低收入劳动者的关注。2010 年下半年，联合政府并没有改变政策的基本方向。建立在工党政府《为了增长的技能：国家技能战略》的基础上，联合政府的技能人才培养培训政策在战略目标方面与之前的工党政府政策具有一定的持续性，并开展了一系列减少支出、市场化以及拨款和治理方面的制度改革。然而，在技能人才培养培训政策的基本方向上，联合政府对于工党政府的技能人才培养培训政策还是出现了一定的偏离。首先就是对于"雇主和个人对于学习和技能投资"理念的认可，同时把公共投资从员工和个人转向雇主和机构。这一政策转型的一个重要考虑就是"特别是，我们必须关注那些具有较差工作前景或极有可能长期失业人口的需求，鼓励雇主、学院和培训机构在主流学习之内把其作为重要领域，并确保我们具有一系列多样化的学院和培训机构能够对他们进行支持。我们也希望技能人才培养培训体系能够恰当考虑弱势群体的需求"③。

琳达·克拉克认为，英国职业教育与培训体系的特点是基于有限的，对工作所需技能的设想，以及建立在大量随意资源的原则及雇主意愿之上的发展，同时其也有别于学术教育和专业教育。与德国相比，英国的技能培训只是提供原理学习而不是提供能够提高生产力的教育④。

从现有的研究可以看出，与德国、法国等其他欧洲国家相比，英国的职业教育和培训与技能人才培养呈现出独特的民族国家的特征。在现有研究的基础上，系统分析 21 世纪英国技能人才培养培训政策的特征，是本研究的核心目标之一。

---

① CEDEFOP. The changing nature and role of vocational education and training in Europe. The responsiveness of European VET systems to external change（1995－2015）［R］. Luxembourg：Publications Office. CEDEFOP Research Paper，2018：67. http://data.europa.eu/doi/10.2801/621137.

② CEDEFOP. The changing nature and role of vocational education and training in Europe. Volume 3：The responsiveness of European VET systems to external change（1995－2015）［R］. Luxembourg：Publications Office. CEDEFOP Research Paper，2018：67. http://data.europa.eu/doi/10.2801/621137.

③ KEEP E，JAMES S. A bermuda triangle or policy? Bad jobs skills policy and incentives to learn at the bottom end of the labour market［J］. Journal of Education Policy，2012，27（2）：211－230.

④ 克拉克. 英格兰职业教育所产生的阶级和性别的分化及强化［M］//克拉克，温奇. 职业教育：国际策略、发展与制度. 翟海魂，译. 北京：外语教学与研究出版社，2011：77.

三、关于英国技能人才培养培训政策现状和问题的研究

近年来，OECD 和欧盟都从不同角度对英国的技能人才培养培训体系进行了研究。OECD 教育研究与创新中心从不同角度发布了数 10 篇关于英国技能人才培养培训体系的相关研究报告。2009 年发布的《英格兰和威尔士为了工作的学习综述》总结了英国职业教育与培训体系的特征①。2013 年发布的《学校之外的技能：英国综述》对英国技能人才培养培训体系的优势、挑战进行了深入分析，并提出了未来改革的建议②。2015 年发布的《英国的就业和技能战略》提出，近年来，英国在就业、技能和经济发展政策方面进行了很重要的制度变革，包括撤销地区发展机构及建立企业主导的地方企业伙伴关系，雇主和学习者开始更多地参与技能人才培养培训体系的设计和实施。报告还提出四方面改革建议：一是把地区经济发展与技能和就业项目及政策更紧密地联系起来；二是增加技能的附加价值；三是有针对性地制定与地区就业部门相关的政策；四是发展更包容性的政策。2017 年发布《实现正确的技能——英国》，报告提出，开发正确的技能系列并充分利用技能是提高生产力、促进经济增长和社会包容的秘诀。从这一角度出发，报告深入分析了英国技能供需的驱动因素、英国技能人才培养培训体系的评估、英国解决技能供需不平衡的政策，以及未来的挑战和改革建议③。

2016 年，OECD 发布研究报告《培养全民技能：英国综述》，报告指出，据估算，英国有 900 万劳动年龄成人的读写能力和计算能力低，超过 16～65 岁成人总数的 1/4。这反映了英国在 OECD "国际成人能力测评项目"调研中的总体指标水平，即与调研中其他 OECD 国家相比，英国劳动年龄成人的读写能力约为平均值，而计算能力严重低于平均值。其中，年龄在 55～65 岁临近退休成人的基本技能水平比其他国家高很多，但是 16～24 岁年轻人的技能水平却严重落后于其他国家。如图 0－3 所示，在除英国以外的多数国家，16～24 岁年轻人的基本技能水平都明显高于 55～65 岁老年群体。这表明，尽管英国的教育机会迅速提升，但是青年群体的基本技能仍较弱。因此，英国要采取一系列重要举措来应对青年群体提升读写和计算能力的需求。第一，英国要优先采取早期干预，提升基础教育的标准，以确保所有年轻人都具备较强的基本技能。第二，维持当前针对 16～19 岁青少年群体技能提升和强化基础教育采取的改革措施，在此基础上，建立要求更高的高中阶段教育基本技能标准，提升 19 岁以下所有青少年的基本技能，从而赶上其他国家早已实现的技能水平。第三，提高基本技能的学费标准，并对不同基本技能水平的学生进行分流，进一步开发高等教育替代形式，引导基本技能较差的学生转入适合自己的中等后教育机构。而对于具备中等水平基本技能的学生，则由大学在培养其高水平学习能力的同时，培养其基本读写能力和计算能力。第四，通过为劳动年龄成人，尤其是没有或具有较

---

① HOECKEL K, CULLY M, FIELD S, et al. OECD reviews of vocational education and training: A learning for jobs review of England and Wales [R]. 2009.

② MUSSET P, FIELD S. OECD reviews of vocational education and training: A skills beyond school review of England [R]. OECD, 2013.

③ Getting skills right: United Kingdom [R]. OECD, 2017.

低等级资格证书的年轻人提供优质的学徒和培训机会，优化从学校到工作岗位的过渡。第五，利用研究数据来指导干预行为，开发教学方法，激发学习者动力，构建优质的师资队伍，充分利用职业和家庭等相关学习环境，为成人学习提供支撑①。

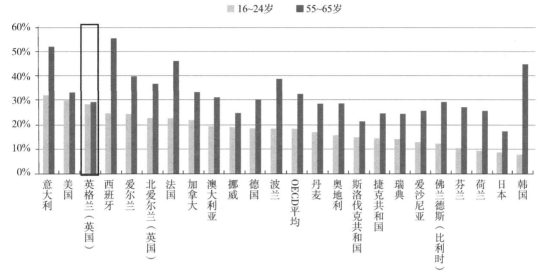

图 0-3　OECD 各国 16~24 岁、55~65 岁两个年龄段群体中低技能
（读写能力、计算能力低于 2 级）者占比

数据来源：基于 OECD "国际成人能力测评项目" 的调研数据整理

英国就业和技能委员会分别从劳动力市场、技能现状及未来技能需求的角度研究了英国技能人才培养培训政策的发展。关于劳动力市场的研究认为，经济危机之后，英国的技能和劳动力市场政策应努力应对如下挑战：支持失业率的下降，并确保长期失业及受到经济危机影响的年轻人能够重回劳动力市场；发展教育与培训机构，确保其支持劳动力从教育到就业的成功过渡；确保技能供需匹配，并努力促进生产力的提高②。

对于技能的现状及重要作用的研究认为，技能是英国生产力的驱动器和竞争优势的来源，通过增加对于教育的投资提高公民技能水平可以改善一个国家的经济潜能和生产力水平。英国的技能基础呈现两极分化态势，这表现在与其他 OECD 国家相比，其拥有中等层次技能人口的比例相对较少，而拥有中等以下及高等教育学历人口的比例都较高。而英国对于教育与培训的投资并没有与雇主需求实现有效匹配。在未来的政策发展中，英国需要确保把雇主置于技能供给和培训体系的核心，以减少技能供给和需求间的不匹配，并鼓励雇主在培训供给中发挥主动权，推动经济走向高价值、高技能发展路径③。

关于未来技能的研究认为，英国未来的技能需求受技术变化、竞争和全球化、人口变化等一系列因素的影响，充分的技能供给依赖于个人、雇主及国家对于初始和继续职业教育与培训的充足投资。英国经济面临由贸易自由主义和技术变化引起的不确定性的挑战，

---

① KUCZERA M, FIELD S, WINDISCH H C. Building skills for all: A review of England [R]. OECD, 2016.
② UK Commission for Employmeng and Skills. The labour market story: The UK following recession [R]. 2014.
③ UK Commission for Employment and Skills. The labour market story: The state of UK skills [R]. 2014.

因此其技能人才培养培训体系应该是适应性的。报告认为，多年来，英国的技能人才培养培训体系是供给导向的，这导致其不能充分满足雇主对于技能的需求。在过去的20年中，英国努力增强雇主对于职业培训的参与水平，包括学徒制，为离开学校的人才提供通过继续教育追求职业培训的机会，努力确保职业培训的内容能够对经济发展和雇主的需求作出有效应对。2010年以来的政策包括为继续教育学院提供更多的自主权，并使雇主更多地参与到学徒制设计中[①]。在三个子报告的基础上，就业和技能委员会还发布了总体分析报告，提出英国为充分实现其经济潜能，需要将技能置于经济政策的核心位置[②]。

2016年10月，英国政府专门设立了"未来的技能和终身学习"研究项目，专门探讨在新的技术变化背景下英国目前的技能现状和未来发展趋势，及其对生产力的影响。研究探讨的核心问题包括：当前的技能人才培养培训体系及其未来可能发生的变化；影响个体技能提升的关键因素；非正式学习的价值及其被认可的方式，等等。经过2年多的调查研究，到2017年年底，项目发布20余篇研究报告，明确了英国技能人才培养培训体系中存在的五个关键问题：与其他发达国家相比，英国年轻人的算术和读写水平较低；离开学校的人没有做好工作准备；有技能的人并没有充分运用其技能；某些地区和行业对技能的供给和需求较低，导致劳动生产率低下和增长缓慢；随着年龄的增长，人们参与学习的可能性越来越小[③]。

英国公共政策研究所（the Institute for Public Policy Research，IPPR）发布的《培训收益研究报告》深入探讨了英国雇主不愿意参加培训的原因。报告提出，雇主或企业不愿意对培训投资的根源在于其采取的竞争战略不需要高技能劳动力。对此，报告提出，在目前的企业发展模式下，对技能人才培养培训政策的改革不会取得理想的效果。为此，报告认为，应根据不同行业和地区特点采取渐进性的改革路径，要从制度的角度同时促进对于技能供需的完善；同时借鉴以德国为代表的高技能社会模式的策略：更有利的制度框架，企业的积极支持，技能政策与拨款中的社会合作伙伴关系[④]。

四、关于英国技能人才培养培训政策影响因素的研究

由于英国独特的发展历程，及其在世界现代化进程中的特殊地位，国内外研究者对于英国职业教育和技能人才培养培训发展的影响因素进行了深入研究，研究问题主要集中在：英国在18世纪是最开放、最自由的国家，同时又是工业革命的发祥地，为何在后来成为西欧文化程度最低、教育最不发达的国家？英国的职业教育为什么那么晚才发展，以及为什么以其特有的方式发生？对于上述问题，现有很多研究都把其归结于英国自由放任主义的历史传统。

---

① UK Commission for Employment and Skills. The labour market story: Skills for the future [R]. 2014.

② UK Commission for Employment and Skills. The labour market story: An overview [R]. 2014.

③ Depantment for Business, Innoration and Skills, Department for Education Future of skills and lifelong learning [EB/OL]. (2016 - 05 - 11) [2017 - 11 - 27]. https://www.gov.uk/government/collections/future - of - skills - and - lifelong - learning.

④ LANNING T, LAWTON K. No train no gain – beyond free – matket and state – led skills policy [R]. Institute for Public Policy Research, 2012.

维纳在《英国文化与工业精神的衰落》一书中指出,第一次世界大战之前英国教育的主导精神是前工业时期的、官僚主义和反工业化的,这种教育以贵族地主的利益和价值观为基础,它所培养的学生远离工业界,认为从事制造业、商业贸易、技术改进等是毫无价值的,而值得从事的光荣职业是政府官员、律师、军官、殖民地总督及主教等。正是这种传统的精英教育造成了英国工业精神的衰落。虽然英国最早进行了工业化,但由于长期重人文、轻应用传统的影响,英国科技教育和现代职业教育起步较晚、发展曲折[1]。

美国有学者从历史和比较的角度对英国技能形成进行了研究。研究认为,由于其劳动与管理双方激烈的直接对抗和国家介入不足,有效的管理控制在其工业中并没有形成,英国也无法建立起大规模、有效率的技能人才培养培训体系。这种协调失灵使英国在第二次工业革命后就逐步被美国、德国等国家赶超,甚至直到20世纪后半期都未能构建有效的工业技能体系[2]。

Steffen Hillmert对德国和英国技能形成体系的比较研究认为,技能形成很大程度上依赖于社会环境,技能形成的结构和成果很大程度上依赖于社会环境的多样性,特别是劳动力市场的结构,以及技能体系与这些环境之间联系的有效性。同时,技能形成具有明显的历史路径依赖,也就是说,技能体系某一方面的发展严重依赖于之前的情况或条件。因此,研究提出,鉴于义务教育后培训体系与其所处的更广泛社会背景之间的传统联系,自20世纪90年代以来英国技能人才培养培训政策发展的差异仍可理解为历史路径依赖的表现[3]。这一研究还认为,传统英国技能人才培养培训体系面临的主要问题是缺乏对相关中介结构进行协调的力量以及对技能进行投资的短期视角,同时,考虑到没有培训的早期就业的传统,在进入学徒制培训的年龄方面存在障碍。

欧洲职业培训发展中心以英国为例,深入分析了影响英国职业教育与培训演变的外部因素,研究认为,外部因素和内部因素的交互作用是影响英国职业教育与培训演变的根本原因[4]。研究提出,人口变化、技术变化、生产力挑战以及政府对职业教育公共支出的下降等外部环境因素,与近年来职业教育政策发展相互交织,共同作用于近年来英国职业教育的发展。该机构还从高等教育与职业教育相互关系的角度对英国高等层次职业教育的发展进行了深入研究,提出英国高等层次职业教育主要分为两部分,一是高等教育部门提供的职业教育;二是高等教育部门之外主要由继续教育部门,特别是继续教育学院提供的职业教育。然而,这两方面存在一些重叠,因为一些继续教育学院提供的本科层次职业教育是由高等教育机构授权或与高等教育部门合作提供的[5]。而且高等层

---

[1] 易红郡. 英国教育的文化阐释 [M]. 2版. 上海:华东师范大学出版社,2012:279.
[2] 西伦. 制度是如何演化的:德国、英国、美国和日本的技能政治经济学 [M]. 王星,译. 上海:上海人民出版社,2010:126.
[3] HILLMERT S. Skill formation in Britain and Germany:Recent developments in the context of traditional differences [R]. Program for the Study of Germany and Europe Working Paper,2005.
[4] GAMBIN L,HOGARTH T. External factors influencing VET:Understanding the national policy dimension:Country case studies focusing on England [R]. Prepared for CEDEFOP:European Centre for the Development of Vocational Training,2018.
[5] TERENCE H,LYDIA B(FGB). VET in higher education:Country case studies:Case study focusing on United Kingdom(England)[R]. Prepared for CEDEFOP:European Centre for the Development of Vocational Training,2018.

次职业教育与高等教育间的关系经历了深刻的演变过程，这主要是由学术漂移和职业漂移的趋势引起的。

欧洲职业培训发展中心的研究特别强调，职业教育与培训体系，或者这个体系的某些部分会周期性地受到下列因素的影响：时常摇摆不定的改革举措、课程的开发、新资格的推出、培训机构以及政府资助水平等。这是一个变化多端的体系，正如下面更为详细的探讨所指出的，体系内部还存在一种紧张关系：赋予培训机构自主权以满足他们所服务的劳动力市场的需要，而中央政府想要保留控制权，确保实现某种水平的教育目的[1]。

易红郡从文化的角度对英国教育进行了研究和阐释。他以文化分析作为研究范式，将国别教育与文化分析结合起来，认为英国文化中的经验主义、科学主义、自由主义和保守主义对于英国教育的发展具有深刻影响。英国国家与其文化传统之间具有千丝万缕的联系。他的结论在于，在教育现代化的进程中，保守主义、自由主义和经验主义文化传统可以部分解释英国科技教育落后的原因[2]。

我国有研究者专门从英国两党政治的角度对英国的技能人才培养培训政策进行了研究。研究认为，英国独特的两党轮流执政过程造成其职业教育政策改革具有明显的短期性。其主要原因在于，教育培训政策从制定、实施到取得成效需要较长的周期，执政党往往不愿意进行大幅度的改革，因为在有限的执政时期内这种改革难以取得显著效果。这在一定程度上可以解释为什么英国政府对激进或收效缓慢的技能人才培养培训政策持消极甚至抵制的态度。撒切尔政府将主要精力都放在失业培训上，因为失业政策的短期效果更为明显[3]。英国本土研究者 Richard Layard、Ken Mayhew、Geoffrey Owen 等人的研究认为，"自 20 世纪 80 年代以来，英国进行了无休止的改革，却没有制定高技能政策所必需的长期规划和发展策略。"[4]

五、总结与评价

从国内外学者的相关研究来看，英国技能人才培养培训政策的发展具有独特的历史背景与民族特征，从其发展历程、发展现状及未来趋势等角度看，都特别关注技能人才供需匹配、企业参与、学徒制及权责设置等核心要素，注重从广阔的经济、社会及科技发展背景的角度来考察技能人才培养培训政策的发展，关注技能人才培养培训政策与经济社会发展宏观战略之间的关系及其作用设计。英国技能人才培养培训政策所涉及的教育对象比较宽泛，不仅包括青少年的学龄人口职业教育，还涉及不同年龄人口的技能提升，是一种终身学习导向的教育政策安排。

---

[1] TERENCE H, LYDIA B (FGB). VET in Higher Education: Country case studies: Case study focusing on United Kingdom (England) [R]. Prepared for CEDEFOP: European Centre for the Development of Vocational Training, 2018.

[2] 易红郡. 英国教育的文化阐释 [M]. 2 版. 上海：华东师范大学出版社，2012：279.

[3] 王雁琳. 英国职业教育改革中市场和政府的角色变迁 [J]. 职业技术教育，2013（4）：84–89.

[4] LAYARD R, MAYHEW K, OWEN G. Britain's training deficit: The centre for economic performance report [M]. Avebury, 1994: 51.

现有研究还从文化、历史、政治等多方面探讨了英国职业教育及技能人才培养培训政策的影响因素,从社会学、政治学、历史学等不同角度提供了多种解释,这些研究都可以为本研究的开展提供多重视野。本研究试图在现有研究的基础上,从公共政策的视野,系统研究21世纪英国技能人才培养培训政策的发展历程及核心特征。

第四节 研究目的和意义

一、研究目的

(1) 从历时性及执政政府变迁的角度系统分析21世纪英国技能人才培养培训政策发展变化的过程。

(2) 通过多源流理论及政策动力学理论深刻阐释21世纪英国技能人才培养培训政策发展变化的内在动因。

(3) 从价值、利益、权力等教育政策本质属性的视角全面揭示21世纪英国技能人才培养培训政策的本质特征。

二、研究意义

1. 在理论上形成对于技能人才培养培训政策体系的深刻理解

21世纪英国技能人才培养培训政策的改革,一方面反映了国际职业教育改革发展的共同趋势;另一方面,也是英国政治经济、历史传统、两党改革等的产物。正如英国有研究者提出的,英国继续教育的发展在很大程度上是政府政策影响的结果——其他地方称为"极端的盎格鲁-撒克逊教育模式"(extreme Anglo-Saxon education model)的结果。从国际比较的角度来说,"盎格鲁-撒克逊模式"的概念主要基于一系列独特教育体系的特征。其主要特征是:标准化课程和测验占主导;自上而下的责任举措;制度性的竞争和选择[①]。在国际比较研究中,我们不能简单地从其他背景中进行教育项目或政策的移植,而要具体学习和分析其他国家教育政策或项目中有效实施的因素和背景。正是基于对上述两个因素的考量,为深入探析21世纪技能人才培养培训这一重要国际教育主题的实施模式和制度框架构建,本研究选择以英国作为样本国,一方面,有利于形成对国际技能战略的深刻理解;另一方面,试图分析出英国技能人才培养培训政策变迁过程中特定的体现民族国家特色的政策模式和政策风格。

---

① HODGSON A, SPOURS K. Furher education in England: At the crossroads between a national, competitive sector and a locally collaborative system? [J]. Journal of Education and Work, 2019: 1-4.

2. 为我国职业教育和技能人才培养培训政策发展提供镜鉴

进入 21 世纪以来，我国学者对英国的技能人才培养培训政策体系进行了深入研究，每一次英国重要的教育改革，都引起了我国学者的关注①。近年来，我国学者从不同角度和方面对英国职业教育改革进行了研究。正如有学者提出的，如果以恰当的方式运用，国际比较是政策制定的有利工具。英国是文艺复兴和工业革命的重要发祥地，在世界现代化进程中发挥着重要作用。但是，长期以来，英国社会发展中形成的人文主义、绅士教育、保守主义等文化传统深刻抑制了英国职业教育和技能人才的培养。这种传统的影响是深刻而持久的，英国本土教育学者对于其不同阶段教育历史的研究都深刻体现了这一点。1976年，詹姆斯·卡拉汉对他所关注的一些英国问题进行总结道：

"资方人员抱怨说一些毕业生缺乏基本工作能力，甚至从综合性大学和工业学校毕业的受过最好训练的学生也不想到工厂工作。为什么会这样？为什么在综合性大学和工业学校有 3 万个科学和工程学科的名额空缺，而人文课程则人满为患？"②

可以说，英国重视人文课程的文化传统与中国"学而优则仕"的传统文化具有一定的相似性。因此，选择以英国作为研究对象国，研究其 21 世纪技能人才培养培训政策变迁，也可以对我国职业教育改革发展起到一定的镜鉴作用。

---

① 何伟强.新工党执政时期英国教育战略研究［D］.杭州：浙江大学，2011：13.
② 鲍尔.政治与教育政策制定：政策社会学探索［M］.王玉秋，孙益，译.上海：华东师范大学出版社，2003：69.

第一章 研究思路和框架设计

第一节 核心概念界定

核心概念的界定是本研究的关键，也是本研究的一个难点。因为英国对于职业教育和技能人才的概念界定比较独特，与国际理解和我国实践存在较大差异。在访谈中了解到，关于职业教育术语的混乱是英国的一个特点。本研究涉及的核心概念包括技能人才、技能人才培养培训政策。英国的技能人才培养培训政策是在国际和国内综合背景下发展起来的，因此，国际社会关于技能的概念界定对于英国具有重要影响；同时，英国技能人才培养培训政策的实施涉及一系列不同主体。因此，本研究试图从国际比较的视野出发，同时立足于英国教育实践和政策发展的实际，从技能、技能人才培养培训、技能人才培养培训与职业教育的关系、技能人才培养培训政策、技能人才衡量标准等方面对核心概念进行界定和说明。

一、英国的技能人才

技能人才是本研究的核心概念。根据前面的叙述，21世纪英国技能人才培养培训政策的产生和发展具有深刻的国际背景和本国历史根源。技能人才作为技能人才培养培训政策的核心概念，也要从国际背景和英国国内界定两个角度来理解。

从国际的角度来说，自20世纪90年代末21世纪初以来，在经济全球化及知识经济发展的推动下，世界各国教育普及程度不断提高，国际社会开始从人力资本内核的角度关注"技能"，因为"技能"作为一个动态变化的概念，既能反映学校教育的时长，也能反映学校教育的质量和结果，而且能够很好地表现个体一生之中人力资本不断消减和增长的过程[①]。正是从新的人力资本理论的角度出发，在经济社会转型的背景下，国际社会普遍把"技能"作为人力资本的核心载体及经济发展的关键因素。在新的人力资本理论的影响

---

① 曹浩文，杜育红. 人力资本视角下的技能：定义、分类与测量[J]. 现代教育管理，2015（3）：55-61.

下,相关研究人员和国际组织从不同角度对技能的内涵进行了深入探讨。OECD 相关研究认为,技能是指一系列知识、态度和能力的结合,其能够通过学习获得,并可以使个体成功并持续地完成一种活动或任务,且能够通过学习得到加强和延伸①。UNESCO 提出了"能力通路"的概念,确定了所有年轻人都要具备的三类主要技能:基本技能、可转移技能以及技术和职业能力②。

在国际社会的影响下,英国国内也从多个角度对技能人才进行了研究和界定。从权威研究的角度来说,英国教育和技能部设立的"未来的技能和终身学习"研究项目从广域的理论视角和终身学习视野对技能的内涵进行了分析。研究认为,从广义的角度来看,技能指的是可能产生价值的任何个人特点,其可以通过某种形式的投资得到强化。这种对于技能的广义定义考虑到了决策者的愿景,从这一点出发,决策者要将技能视为促进经济繁荣及增进社会福祉的手段③。

英国理事会(British Council)2018 年发布的报告《英国技能体系概况》从政策的角度对技能人才的内涵及意义进行了明确界定。报告提出,英国技能人才培养培训政策主要关注那些需要在工作岗位上有效执行的技能,其主要包括三个核心要素:核心技能、就业技能和职业技能。核心技能是指个体所需要的、为在经济全球化背景下生活和工作做好充分准备的基本技能,这些技能包括交流、计算、识字和 ICT 技能;就业技能是指获得、坚持一种工作并在工作中取得成功所必需的技能,这些技能包括团队合作、问题解决能力、首创精神、规划和组织、创业思维、自我管理和学习能力;职业技能是个人在特定行业领域获得的经验和技能,这种技能通常来自实践经验,它们通常被定义为进入特定职业所需要的职业和技术技能,例如护士、机械师或厨师等④(如图 1-1 所示)。报告还对技能的核心作用进行了定位。报告提出,技能是经济繁荣的核心要素,技能可以为可持续的工作和经济发展做好准备,支持社会流动,促进社会更加平等,同时也有利于企业抓住新的机遇来推动经济增长、提高生产能力。报告强调,雇主和学习者需要适切、高质量的培训,以实现技能发展。

二、英国的技能人才培养培训

从上述英国对于技能人才的界定来看,英国的技能人才培养培训是一种立足于作为人力资本内核的"技能"的大职业教育观开展的教育制度改革。就英国本土的说法来看,普遍将其称为"技能战略"(skills strategy)或"技能政策"(skills policy),但就其本质而言,不仅是一种基于大职业教育观的人才培养制度改革,而且是一种重要的教育改革行为,其根本目标是通过提高技能人才培养培训水平实现提高国家生产力及社会包容性等宏

---

① OECD. Better skills, better jobs, better lives: A strategic approach to skills policies [EB/OL]. http://dx.doi.org/10.1787/9789264177338-en.
② 李玉静,刘娇. 青年与技能:拉近教育和就业的距离:UNESCO《全民教育全球监测报告 2012》解读 [J]. 职业技术教育,2012(30):26-43.
③ GREEN F. Skills demand, training and skills mismatch: A review of key concepts, theory and evidence [R]. Government Office for Science, 2016.
④ British Council. The UK skills system: An Introduction [R]. 2016.

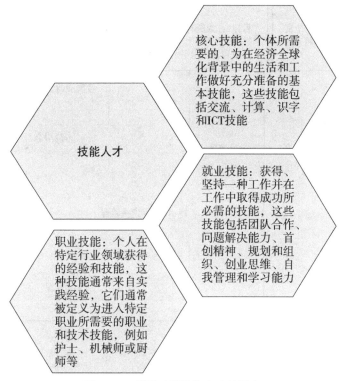

图1-1 英国对于技能人才的界定

资料来源：British Council. The UK skills system：an introduction [R]. 2016.

观的经济社会发展目标。因此，在研究过程中，考虑到与我国概念的相通性和可理解性，并从政策实质的角度出发，本研究采用了"技能人才培养培训"的说法。

在具体范畴上，从政策的角度来看，2003年，英国教育和技能部颁布的第一个技能人才培养培训战略《21世纪的技能——实现英国的潜能》对于技能人才培养培训的范畴作出了明确规定，如图1-2所示。从教育层次来看，英国技能人才培养培训涉及了中等教育阶段之后的所有教育；从教育对象来看，技能人才培养培训涉及14岁后一直到成人甚至65岁以上老人所有年龄阶段的教育；在教育目标上，主要涉及两个方面：一是为所有青少年提供提高生活和工作所需要的技能、知识和素质水平的机会；二是鼓励成年人不断学习新技能、提高原有技能及丰富自身生活[①]。由此可以看出，英国的技能人才培养培训具有教育对象的终身化、全民性等特征。

从图1-2可以看出，从实践的角度来说，英国的技能人才培养培训主要是由继续教育体系来实施的。英国的公立教育制度由初等教育、中等教育、继续教育和高等教育四个部分组成。1992年，英国又明确将16~18岁全日制教育、16岁以后部分时间制教育和18岁以后修习除大学学位课程之外文凭的全日制教育，全部划归继续教育范畴，并统一由继

---

① Department of Education and Skills, Department of Work and Pensions, HM Treasury. 21st century skills: Realising our potential: Individuals, employers, nation [R]. Presented to Parliament by the Secretary of State for Education and Skill by Command of Her Majesty, 2003.

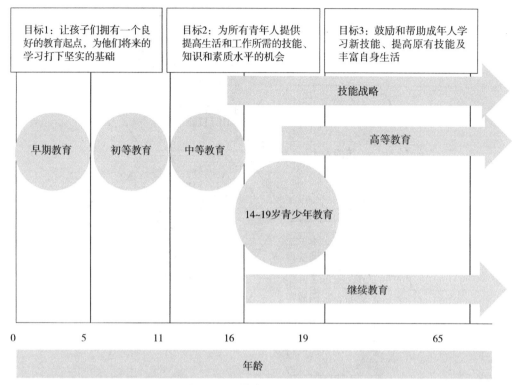

图1-2 英国技能人才培养培训涉及的教育类型和层次

资料来源：Department of Education and Skills, Department of Work and Pensions, HM Treasury. 21st century skills: Realising our potential: Individuals, employers, nation [R]. Presented to Parliament by the Secretary of State for Education and Skill by Command of Her Majesty, 2003.

续教育基金委员会负责拨款。因此，继续教育是指义务教育结束后进行的除高等教育以外的所有教育。继续教育实施的主要机构有：公立中学附设的第六学级、第六学级学院、城市技术学院、第三级学院以及继续教育学院。第六学级是英国特有的教育组织形式，最初出现于文法学校，招收16~18岁学生，专门以升大学为目的，是中等教育与大学连接的一个重要环节。在20世纪60年代的中等教育综合化运动中，第六学级教育不再以升学作为唯一目的，开始设置其他职业文凭课程，第六学级学院也开始在这一时期出现①。第三级学院最初出现于1970年，大部分是由中学第六学级或第六学级学院与继续教育学院合并而成的，主要将16岁后教育集中在一起实施。

依据上述分析，英国以继续教育学院为主体的继续教育体系是技能人才培养培训的主体。截至2018年10月，英国有266所继续教育机构，其中包括179所继续教育学院、61所第六级学院、14所地方本位学院、10所专业学院，以及2所艺术、设计和表演学院（如表1-1所示）。2015—2016年，英国继续教育体系总的经费预算为70亿英镑，有220万人在学院中学习，其中19岁以上学习者有140万，共有12万全职的教师员工。继续教育机构提供的教育非常多样化，除了针对16~18岁青少年的全日制和非全日制的学术和

---

① 王桂. 当代外国教育：教育改革的浪潮与趋势 [M]. 北京：人民教育出版社，1995：32.

职业课程，还包括 313 000 名在学院学习的学徒、16 000 名 14~15 岁在高中阶段教育机构学习者和 151 000 个在继续教育学院学习高等教育课程的人①。

表1-1　2018年英国开展技能人才培养培训的主要机构及其数量

机构名称	数量
继续教育学院（General Further Education College）	179
第六级学院（Sixth Forth College）	61
地方本位学院（Land-based College）	14
专业学院（Specialist Colleges）	10
艺术、设计和表演艺术学院（Art, Design and Performing Arts College）	2
总计	266

数据来源：HODGSON A, SPOURS K, WARING M, et al. FE and skills across the four countries of the UK: New opportunities for policy learning [R]. 2018.

三、英国的技能人才培养培训与职业教育的关系

我们普遍把职业教育与培训体系作为技能人才培养培训的主体。本研究也需要明确，我们为什么要研究英国的技能人才培养培训政策，而不是其职业教育政策？英国技能人才培养培训与其职业教育的关系是什么？

从国际比较的视角来看，对英国的职业教育与培训进行界定是非常复杂和困难的。因为职业教育与培训（VET）这一术语并不常用，而职业学习和资格（vocational learning and qualifications）是最常用的术语，继续教育和技能（further education and skills）是政策语境下的常用术语。继续教育是指 16 岁之后且获得学位之前的学习或培训类型，其可以是全日制或非全日制，学术或职业导向的教育，也被称为 16 岁之后教育或 16 岁之后学习②。通常情况下，在欧洲国家，职业教育与培训分为初始职业教育（IVET）和继续职业教育（CVET），但是，在一些国家被认为是初始职业教育的项目在英国却通常被视为继续职业教育。最为明显的例子就是学徒制，在一些经济部门中，它实际上就是继续职业教育形态，企业（有时还是历史悠久的企业）的现有雇员都通过学徒制进行培训③。

欧盟在对于英国的国别报告中提出，职业教育和职业教育与培训这一术语在英国的应用并不广泛，"职业资格"是一个应用更广泛的术语④。此外，英国教育体系内对于"中等后职业教育与培训""初始职业教育与培训"及"继续职业教育与培训"的运用都不普

---

① HODGSON A, SPOURS K, WARING M, et al. FE and skills across the four countries of the UK new opportunities for policy learning [R]. 2018.

② UK Commision for Employmeng and Skills. OECD review: Skills beyond school - background report for England [R]. Briefing Paper, 2013.

③ Wolf Review of Vocational Education [R]. 2011.

④ United Kingdom: VET in Europe: Country Report [R/OL]. http://www.cedefop.europa.eu/EN/Information-services/browse-national-vet-systems.aspx.

遍。因此，从比较教育研究的角度来说，在这一框架内对于英国职业教育、资格和制度的研究和比较都有些困难①。对此，欧洲职业培训发展中心在对英国职业教育发展历程的案例研究中指出，考虑到英国的职业教育与培训没有被正式的定义，为实现与其他国家的比较，需要为英国职业教育与培训发展一个操作性的定义。该研究从教育对象的角度，把英国职业教育与培训的范围界定如下：14~15岁的义务教育；16~19岁高中阶段教育；19~24岁在继续教育中努力学习职业资格的人；25岁以上的成人②。可以看出，这一界定与图1-2中英国技能人才培养培训的关注范畴是一样的。

就英国本土的研究来说，2011年的《沃尔夫评论》涉及对英国职业教育与培训体系的定义。报告提出，"职业教育与培训这一术语主要应用于两个不同的情境：一是应用于具有较高选择性、竞争性和高需求的学徒制，这些学徒制一般由大的企业提供；二是应用于招收学术成绩较低的年轻人的培训。大部分人都认为第二种说法是错误的，而且有损于第一种模式。还有人坚持低学习成就者需要职业教育项目和职业资格，需要保护他们这一方面的权利。"③

鉴于英国职业教育概念的复杂性，同时参照国际上的做法，本研究把英国的职业教育与培训体系、继续教育与技能体系、技术与职业教育和培训（TVET）及技能人才培养培训体系视为同等的概念。但与我国相比，英国对于技能人才培养培训的界定更为宽泛，其更强调从一种终身性、全民性的视角开展培训，是一种大职业教育观视野下的技能型人才培养制度。

四、英国的技能人才培养培训与资格框架

为深入了解英国的技能人才培养培训政策，需要了解技能和资格之间的关系，因为资格是衡量技能人才培养培训层次的根本标准④。

英国国家资格框架（NQF）的早期发展，可以追溯到1997年资格和课程委员会（QCA）的成立乃至更早20世纪80年代中后期国家职业资格证书（NVQ）制度的建立。但直到21世纪之前，英国的资格种类繁多，包括高级水平证书（A Level）、普通中等教育证书（GCSEs）、国家职业资格、普通国家职业资格等。为了对不同资格进行比较，英国在2000年建立了国家资格框架（National Qualifications Framework，NQF），将所有资格纳入这一框架中，当时这个框架被分为5级。到2004年，为了使国家资格框架与高等教育资格框架（FHEQ）对接，对资格框架进行了修订。修订后的国家教育资格框架将原来5级学历资格（入门级~4级）发展成为9级（入门级~8级）。其中入门级~3级保持不变，原来的4~5级分解为5个级别，成为4~8级。NQF已经基本能够对所有资格进行较

---

① UK Commission for Employmeng and Skills. OECD review: Skills beyond school – background report for England [R]. Briefing Paper, 2013.
② Terence Hogarth and Lydia Baxter (FGB). VET in higher education: Country case studies focusing on United Kingdom (England) [R]. Prepared for CEDEFOP: European Centre for the Development of Vocational Training, 2018.
③ Wolf review of vocational education [R]. 2011: 23.
④ Leitch review of skills: Prosperity for all in the global economy: World – class skills [R]. 2006.

为明确的定位，并使各类资格有了比较的平台。

2011年10月，英国政府在国家资格框架的基础上全面推行了资格和学分框架（Qualification and Credit Framework，QCF），旨在进一步增强资格对于教育实践的促进作用，打造一个更具灵活性、全纳性和个性化的资格框架。新的资格与学分框架在框架体系、结构要素、运行管理等多方面进行了改革创新，其最大的特点是全纳性，即把英国所有的资格包括高等教育资格都纳入新框架中，形成了一个完全统一的资格框架体系。

如图1-3所示，这一新的框架包括9个不同层级，涵盖中等教育、继续教育、职业养成（如学徒制）以及职业和专业高等教育，并与高等教育资格框架建立了广泛的联系，从而使各层次教育成就都能进行互相比较。教育机构所提供的课程必须得到认证，并成为国家资格框架的一部分，才能获得政府拨款，如学徒制资格①。这从客观上保证资格框架的有效实施。

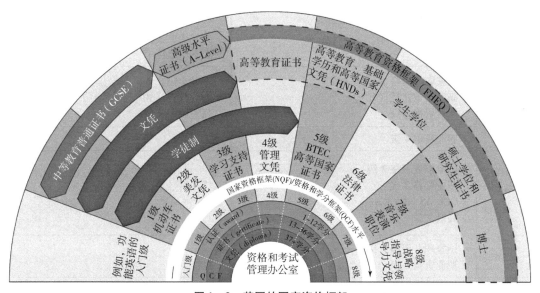

图1-3 英国的国家资格框架

资料来源：JAMES S, MAYHEW K, LACZIK A, et al. Report on apprenticeships, employer engagement and vocational formation in England [R]. Oxford University Consulting, 2013.

从图1-3可以看出，英国的资格层次主要包含在三个资格框架中：一是国家资格框架，包括英格兰、北爱尔兰和威尔士所有的普通和职业资格，该框架一共包含从入门级到8级的9个层级；二是资格和学分框架，包括英格兰、北爱尔兰和威尔士可以获得的职业或与工作相关的资格，该框架从2005年得到发展；三是高等教育资格框架，包括所有由大学或高等教育学院提供的高等教育资格，其与NQF和QCF中的4~8级相对等。总之，从严格定义的角度来说，技能人才培养培训主要包括QCF中3、4、5层级的教育②。近年

---

① 谷峪，李玉静. 国际资格框架比较研究 [J]. 职业技术教育，2014（24）：84-89.

② UK Commision for Employmeng and Skills. OECD review: Skills beyond school - background report for England [R]. Briefing Paper, 2013.

来，英国逐渐发展出了以学位学徒制为主体的包括6、7层级的技能人才培养培训，如表1-2所示。

表1-2 英国QCF和NQF中的职业资格

层级	资格和学分框架/英国家资格框架	高等教育资格框架
8	职业资格8级	博士学位
7	国家职业资格（NVQ）5级 职业资格7级	硕士学位 整合硕士学位 研究生文凭 研究生教育证书、研究生证书
6	职业资格6级	荣誉学士学位 学士学位 专业大学教育证书 大学毕业文凭 大学毕业证书
5	国家职业资格（MQ）4级 高等国家文凭（HND） 职业资格5级	基础学位 高等教育文凭 高等国家文凭
4	职业资格4级	
3	国家职业资格3级 职业资格3级 GCE AS 和 A Level 高级文凭	
2	国家职业资格2级 职业资格2级	
1	国家职业资格1级 职业资格1级 GCES D~G ESOL生活技能 基础文凭 功能性技能（英语、数学和ICT）1级	
入门级	入门证书（分1~3级） ESOL技能证书 功能性技能入门水平（英语、数学和ICT）	

资料来源：UK Commision for Employmeng and Skills. OECD review：Skills beyond school - background report for england [R]. Briefing Paper, 2013.

2015年10月，英国又引进了注册资格框架（Regulated Qualifications Framework, RQF），代替之前的资格和学分框架、职业资格框架，注册资格框架包含所有的普通和职业资格，这些资格由资格和考试规范办公室（Qualifications and Examinations Regulation, Ofqual）及课程考试和评估规范委员会（Council for Curriculum Examinations and Assessment

Regulation，CCEA）管理。改革的最显著变化是提升了对于资格设计的标准要求。注册资格框架是一个描述性框架，其运用与资格和学分框架相同的 8 个层级①。注册资格框架增强了资格授予机构的自由度和灵活性，使其能够满足特定的劳动力市场需求。

五、英国的技能人才培养培训政策

本研究属于教育政策的研究范畴。教育政策源于公共政策的范畴，因此从这一视角出发，本研究属于典型的公共政策研究。目前，国内外学者对于公共政策没有明确统一的定义。但是普遍认为，以下三个要素是公共政策所必备的：一是公共政策是由政府或其他权威人士所制订的计划、规划或所采取的行动；二是公共政策不只是一种孤立的决定，是由一系列活动所构成的过程；三是公共政策具有明确的目的、目标或方向；四是公共政策是对全社会有价值之物所作的权威性分配，即涉及人们的利益关系。陈振明将公共政策界定为国家（政府）、执政党及其他政治团体在特定时期内为实现一定的社会政治、经济和文化目标所采取的政治行动或所规定的行为准则，它是一系列谋略、法令、措施、办法、方面、条例等的总称②。教育政策又是在教育这个特殊的社会领域实施的公共政策，调整的是教育领域的社会关系，解决的是教育领域的社会问题③。从上述概念的角度出发，本研究把英国技能人才培养培训政策界定为英国国家（政府）、执政党在特定时期内针对技能人才培养培训所规定的行为准则，是一系列谋略、法令、措施、办法、条例等的总称。具体来说，作为一个君主立宪制的资本主义国家，英国国家政策的表现形式主要有各种形式的白皮书、绿皮书、议会通过的法案，以及各种政府报告。

需要明确的是，本研究中同时出现了"技能战略"和"技能人才培养培训政策"的表述，这主要也是遵照英国关于技能人才培养培训政策的实际，其很多政策本身就称为"战略"。从两个词本身的意义来说，两者都是宏观政策的范畴，但"战略"属于一般政策的上位层次。

第二节 研究分析框架的选择和构建

一、教育政策现象—本质分析框架的构建

克朗提出，教育政策是对一个国家教育与政治关系的集中反映④。关于教育政策的研

---

① Vocational education and training in Europe：United Kingdom ［EB/OL］. CEDEFOP ReferNet VET in Europe Reports 2018. http://libserver. cedefop. europa. eu/vetelib/2019/Vocational_Education_Training_Europe_United_Kingdom_2018_CEDEFOP_ReferNet_pdf.
② 陈振明. 公共政策学：政策分析的理论、方法与技术 ［M］. 北京：中国人民大学出版社，2018：4.
③ 王举. 教育政策的价值基础：基于政治哲学的追寻 ［M］. 北京：科学出版社，2016：5.
④ 克朗. 系统分析和政策科学 ［M］. 陈东威，译. 北京：商务印书馆，1985：45.

究，相关学者提出了不同的研究范式和方法。刘复兴提出，应从现象形态、本体形态、过程特点和特殊性质四个视角来全面认识和理解教育政策的含义。在现象形态上，教育政策是教育领域政治措施组成的政策文本及其总和；在本体形态上，教育政策是关于教育利益的分配；在过程特点上，教育政策是一个动态连续的主动选择的过程；在特殊性质方面，教育政策在活动过程和利益分配方面具有不同于一般公共政策的特殊性①。孟卫青提出，教育政策分析的三个基本因素包括价值分析、内容分析和过程分析。价值分析体现了教育政策的政治性，包括教育政策本身的价值取向和以价值分析作为研究工具；内容分析体现了教育政策的目的性追求和"实质理性"，属于静态性质的教育政策研究；过程分析体现了教育政策的"程序理性"，表现为政策活动的全程程序和规范②。林小英提出，在每种教育政策现象中，都可以发现四个重要因素：政府、需求、冲突和价值。他从这四个角度提出了教育政策的四个核心内涵：教育政策是为了解决政策问题而提出的准公共产品的解决方案，是多视角的或多重利益相关的，教育政策的制定和执行是公共性的活动，教育政策是价值负载的③。还有研究提出，事实分析、价值分析和规范分析是政策分析的三个主要领域和三类主要方法。价值选择、合法性、有效性是描述教育政策基本价值特征的三个基本向度。教育政策的价值选择是教育政策制定者在自身价值判断基础上作出的一种集体选择或政府选择。其蕴含着政策制定者对于政策的期望或价值追求，体现了政策系统的某种价值偏好，表达着教育政策追求的目的与价值④。

综合教育政策的相关研究维度和范式，本研究采用教育政策的现象—本质分析框架。现象与本质是反映世界普遍联系的辩证图景的一对哲学范畴，其主要反映事物内在规定性和外在表现之间的相互关系。根据目前的理解，教育政策现象是指教育政策中一切被人们日常观察、接触和感知的外在表现形态，而教育政策本质是指教育政策决定自身并区别于其他事物的根本属性⑤。根据政策现象的外在特征和表面属性，可以将教育政策现象分为政策文本、政策活动、政策产出、政策舆论四种表现形式。其中，政策文本是一种静态的表现形式，是政策现象的基础；政策活动及其过程是政策文本的外化，是政策现象的动态存在；政策产出是静态文本和动态过程互动的实际结果；政策舆论由政策文本、政策活动和政策产出引发，是政策文本、政策活动和政策产出在人们观念、语言及各种媒介中的反映⑥。

有研究提出，教育政策存在的现象形态主要分为两大方面：一是教育政策是由各种规划、法令、规章、计划、策略等组成的有关教育发展的政治性、公共性、静态的文本表述和意义阐释。二是以教育活动中主体的认识和实践活动为主要内容，以主动追求价值和意义实现为根本目标的动态过程⑦。根据政策现象的四个阶段，本研究选择将政策文本及其动态生成过程作为考察对象。

---

① 刘复兴. 教育政策的四重视角 [J]. 清华大学教育研究, 2002 (4): 13-19.
② 孟卫青. 教育政策分析的三维模式 [J]. 教育科学研究, 2008 (8/9): 21-23.
③ 林小英. 理解教育政策：现象、问题和价值 [J]. 北京大学教育评论, 2007 (4): 42-52.
④ 褚宏启. 教育政策学 [M]. 北京：北京师范大学出版集团, 北京师范大学出版社, 2011: 71.
⑤ 陈学飞. 教育政策研究基础 [M]. 2版. 北京：人民教育出版社, 2018: 44.
⑥ 陈学飞. 教育政策研究基础 [M]. 2版. 北京：人民教育出版社, 2018: 46.
⑦ 王举. 教育政策的价值基础：基于政治哲学的追寻 [M]. 北京：科学出版社, 2016: 26.

教育政策本质是指教育政策决定自身区别于其他事物的根本属性。陈学飞等提出从利益分配、价值选择、理性分析、权力运作和政治输出五个视角来考察和探究教育政策的本质属性和运行机制。基于技能人才培养培训政策的特征，本研究选择利益、价值、权力三个方面作为分析英国技能人才培养培训政策的核心维度。这一分析框架及关照维度如图1-4所示。

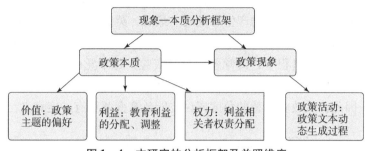

图1-4 本研究的分析框架及关照维度

二、基于多源流理论的政策现象分析框架

本研究将政策文本的动态生成过程作为教育政策现象的分析对象。根据斯蒂芬·鲍尔的研究，在英国这样一个现代的、复杂的多元社会，政策制定是难以处理的、复杂的。教育政策不只是对上层利益作出直接的反应，即不是反映某一个社会阶层的利益，而是对一个复杂的、异类的、多种成分的组合体（包括残留的或新兴的，也包括当今占主流的意识形态）作出反应①。从上述表述可以看出，英国教育政策的动态生成过程非常复杂，有多重影响因素。为系统考察英国技能人才培养培训政策发展过程的多重影响因素及演变动因，本研究选择金登提出的多源流理论框架。

多源流理论框架认为，一项提案被提上议程是由在特定时刻汇合在一起的多种因素共同作用的结果，而并非其中的某一种因素单独作用的结果。他将政策过程看作由三股源流构成的过程，这三股源流分别是问题源流、政策源流和政治源流。其中，问题源流由关于各种问题的数据以及各种问题定义的支持者组成；政策源流包含政策问题解决方案的支持者；政治源流由选举和民选官员组成②。在关键的时间点上，当三大源流汇合到一起时，问题就会被提上议事日程，这个时间点被称为"政策之窗"。在"政策之窗"被打开后，就会促进一系列相应政策的产生。多源流理论分析框架被认为"为1984年以后所有关于政策制定过程的学术研究成就奠定了重要理论基础"。该理论框架是在对政策议程的"黑箱"进行系统研究的基础上提出的，对解读公共政策的出台具有强大解释力，同时，对于理解公共政策的发展变革也具有很好的指导作用③。

---

① 鲍尔. 政治与教育政策制定：政策社会学探索[M]. 王玉秋, 孙益, 译. 上海：华东师范大学出版社, 2003：1.
② 金登. 议程、备选方案与公共政策[M]. 丁煌, 方兴, 译. 北京：中国人民大学出版社, 2004：9.
③ 霍丽娟. 深化产教融合政策的多源流分析：匹配、耦合和发展[J]. 职业技术教育, 2018（4）：6-13.

本研究选择把多源流理论框架作为英国技能人才培养培训政策产生过程的分析框架，试图揭示不同时期影响英国技能人才培养培训政策的动因（如图1-5所示）。首先，在英国技能人才培养培训政策的产生和发展过程中，着眼于解决经济社会问题是根本动因，英国技能人才培养培训政策的发展具有明确的问题驱动性。其次，英国技能人才培养培训政策的产生和发展过程特别重视来自研究领域的证据，英国每一轮技能人才培养培训政策改革之前，都会委托相关人士开展专门研究，提出新的政策建议，这些新的政策建议与旧有的政策问题共同推动了新的政策的产生和发展。最后，英国是一个典型的两党制国家，自第二次世界大战以来，工党和保守党轮流执掌英国政权，两党各自有改造社会的指导思想和执政方案，在轮流执政过程中，两党各自展开实验，将本党的改造蓝图付诸实践[①]。而且，从英国技能人才培养培训政策的实践来看，每一次政党的更替都会带来对于技能政策的新一轮改革，因此，从政党轮替的角度探讨技能政策变革具有一定意义。

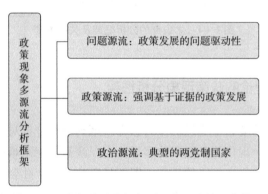

图1-5　多源流理论框架对于本研究的适应性

在对各种源流进行分析的基础上，本研究试图综合各种因素，找出影响每一阶段重大技能人才培养培训政策产生的"政策之窗"。

三、基于价值、利益、权力的政策本质分析框架

在对英国技能人才培养培训政策的动态发展过程进行考察的基础上，本研究转向系统分析英国技能人才培养培训政策的本质特征。技能人才培养培训与基础教育、高等教育等其他教育类型相比，其在教育对象、教育目标、教育机构、利益相关者等方面呈现更加多元、复杂的特点，因此，对其本质特征的分析也面临严峻挑战。依据教育政策的现象—本质分析框架，本研究选择把价值、利益、权力作为分析框架。其中，利益关系是教育政策问题的实质，价值选择是对利益冲突进行协调时的一种优先选择；但对政策分析人员提供的不同备选方案的最终选择，取决于政策制定者内部及其与目标群体之间的权力关系[②]。

价值是人在选择和行动中显露出来的强烈偏好。按照《公共政策辞典》的解释，政策

---

① 谢峰. 政治演进与制度变迁：英国政党与政党制度研究[M]. 北京：北京大学出版社，2013：3.
② 陈学飞. 教育政策研究基础[M]. 2版. 北京：人民教育出版社，2018：61.

价值观是指政策制定者及其他涉及决策过程的人共有的偏好、个人愿望和目标。教育政策价值观是关于教育政策活动价值取向模式的总的规范性引导和调节，是教育政策价值主体对教育政策活动中关系、政策活动方式及其结果的认识与选择①。在教育政策中，价值选择反映的是政策主体对如何解决教育问题的不同认识倾向与政策主张，核心是关于教育利益分配的不同主张。也有研究提出，政策价值是关于教育资源如何分配和利益关系如何协调的一种认识倾向和政策偏好，即政策主体对教育活动的目标和标准、教育者、受教育者、教育内容、教育方式方法、教育条件等问题的不同看法②。在教育政策活动中，政策价值观的确立是首要和必需的条件和前提，它决定了教育政策活动中政策主体、政策客体及其政策过程的活动意义③。教育政策价值分析是教育政策分析的核心领域和方法。教育政策分析者可以从教育政策的价值选择、合法性、有效性等三个价值向度的视角，从教育政策实质价值、程序价值等两类价值内容的视角，从经验研究、规范研究和超伦理研究等三种具体方法的视角，具体研究教育政策的价值关系和价值问题，三个视角及其关系构成了教育政策价值分析的三维模式④。从英国的教育传统来看，"那些保守的和反实用主义的价值观，至少部分造成了英国长期以来缺少技术培训、学校教育相对轻视科学和带有职业性质的学科"⑤。"英国——这个欧洲工业化程度最高的国家——不够重视科技的原因，其中部分是因为统治精英们保守、反工业的价值观在传统的教育机构里深深渗透。"⑥ 这是英国本土学者对于其教育传统的深刻总结。在21世纪，英国试图通过政策变革修正轻视技术技能教育的价值体系，确立技能优先的发展定位。因此，其技能人才培养培训政策的价值选择是本研究的一个重要关注维度。本研究主要选择从政策改革目标的角度来分析英国技能人才培养培训政策的价值取向。

教育政策源于公共政策的范畴，是教育乃至整个社会领域中政治活动和教育活动的形式和结果，是政治行为在教育领域的体现。政治学认为，利益和利益关系是政治关系和政治行为的基础，对政治关系和政治行为具有根本性和决定性的意义⑦。从这一要求出发，教育利益和教育利益关系是教育活动和教育政策活动的本质和核心内容所在⑧。教育政策活动本质上是对相关利益主体的教育利益进行分配、调整的过程，从价值走向来看，在对教育利益关系、教育利益内容和教育利益格局的审视、分配和调整中，公共教育利益的最大化是教育政策活动的首要价值。教育利益机制是教育政策价值基础构建的本质机制⑨。

从理论上看，教育政策对于教育利益的分配和调整主要基于两个层次：一是对受教育权力和机会进行分配，这是一种权能的分配；二是对教育资源的分配，提供教育服务，这一层次提供了利益主体获得利益的充分条件。单纯从受教育者出发，教育政策的利益分配

---

① 王举. 教育政策的价值基础：基于政治哲学的追寻 [M]. 北京：科学出版社，2016：71.
② 陈学飞. 教育政策研究基础 [M]. 2版. 北京：人民教育出版社，2018：61.
③ 王举. 教育政策的价值基础：基于政治哲学的追寻 [M]. 北京：科学出版社，2016：71.
④ 王举. 教育政策的价值基础：基于政治哲学的追寻 [M]. 北京：科学出版社，2016：26.
⑤ 格林. 教育与国家形成：英、法、美教育体系起源之比较 [M]. 北京：教育科学出版社，2004：247.
⑥ 格林. 教育与国家形成：英、法、美教育体系起源之比较 [M]. 北京：教育科学出版社，2004：318.
⑦ 刘复兴. 教育政策的价值分析 [M]. 北京：教育科学出版社，2003：38.
⑧ 王举. 教育政策的价值基础：基于政治哲学的追寻 [M]. 北京：科学出版社，2016：28.
⑨ 王举. 教育政策的价值基础：基于政治哲学的追寻 [M]. 北京：科学出版社，2016：185.

可分为发展机会分配、发展条件分配和发展水平、资格的认定[①]。具体来说，利益分配重点分析对公共教育利益的分配。一是如何分配，即分配的理念、方式和手段；二是分配给谁，即重点教育对象。然而，与其他教育类型不同，技能人才培养培训作为一种政府提供的公共产品，充斥着复杂的利益关系和利益冲突[②]。基于技能人才培养培训的特殊性，职业教育与培训体系都具有多元利益主体的特点，其不仅涉及学生、教育机构、教师和政府等常见的"教育"利益主体，还包括雇主和工会组织以及政府内负责不同职业培训的部门。鉴于英国技能人才培养培训利益相关者的复杂性，本研究将英国技能人才培养培训政策的利益分配机制作为重点进行分析，在很多情况下，技能人才培养培训的关照群体和资源分配、体系建设等方面是联系在一起的，本研究在特定情况下也会对其进行综合分析。

权力运作重点指教育政策制定者内部及其与目标群体之间的关系。目前，在教育政策研究中，关于政策运行中的权力因素，主要从权力类型和权力关系两个方面开展。基于职业教育及技能人才培养培训利益相关者复杂的特点，从英国技能人才培养培训政策的实践来看，长期以来，英国都把政府、个人和企业三者作为技能人才培养培训中的三个核心主体，强调实现三者明确的权责分配。在此基础上，本研究把教育机构这一主体也纳入进来，主要从政府、行业企业、教育与培训机构、学习者四个角度分析英国技能人才培养培训政策中的权力配置。从政府的角度来说，主要从加强集权与分权等方面来衡量；从教育机构的角度来说，主要从加强管控与扩大办学自主权以及提高质量与重视规模等维度来考量；从学习者或教育对象的角度来说，主要从增强教育的选择性和全面成长的角度来衡量。

四、英国技能人才培养培训政策的现象—本质分析框架

本研究将教育政策的现象—本质分析框架与本研究的核心研究问题相结合（如图1-6所示），一方面，采用多源流理论框架对21世纪以来英国持续从国家战略高度推进技能人才培养培训政策的发展过程和动因进行系统分析；另一方面，基于政策文本，从价值、利益、权力三个维度对英国技能人才培养培训政策的本质特征进行阐释。通过现象与本质的相互作用，从国际比较的视野，在研究的综合评析部分，实现对于研究问题的回答。

在构建分析框架的基础上，基于对英国职业教育政策的历史考察，本研究确立了具体的关照维度，如图1-7所示。从政策现象的角度来说，在问题源流上，英国每一时期的技能人才培养培训政策都是着力于解决当时的经济或社会问题；在政策源流上，每一轮新的技能人才培养培训政策都是建立在已有政策的基础上，并参照新的政策建议产生的；在政治源流上，执政党的性质及执政领袖的执政思想对于政策的具体内容及特征具有深刻影响。作为典型的两党执政国家，英国技能人才培养培训政策的价值取向深受其执政党的影响，因为两党执政差异的最主要表现是其所持的价值导向。传统来说，保守党把自由作为

[①] 王举. 教育政策的价值基础：基于政治哲学的追寻[M]. 北京：科学出版社，2016：28.
[②] 王雁琳. 英国职业教育改革中市场和政府的角色变迁[M]. 职业技术教育，2013（4）：84-89.

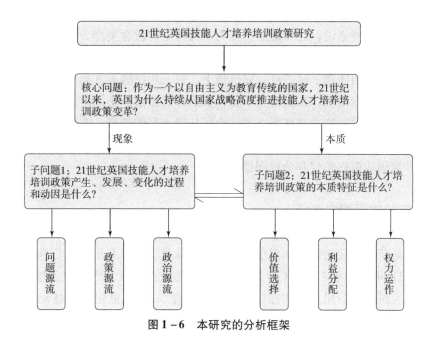

图1-6 本研究的分析框架

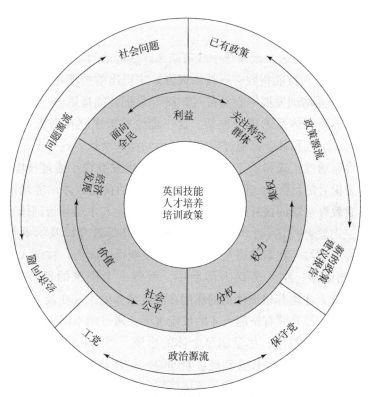

图1-7 本研究的核心关照维度

其首要价值,而工党以追求平等为主要目标。而如何处理好政府力量与市场力量、社会公平与市场效率之间的关系,以促进社会稳定和经济增长,一直是摆在英国历届执政党面前的重要课题①。

从政策本质的角度来说，在价值上，作为一种特定的教育类型，技能人才培养培训政策的价值总是在一定的张力范围内，效率与公平是教育政策的核心价值选择，英国的技能人才培养培训政策鲜明体现了这一点；在价值上，每一轮技能人才培养培训政策都在经济发展和社会公平范围内徘徊；在利益上，受价值选择的影响，不同时期技能人才培养培训政策的侧重点有所差异，这表现在要么关注全民技能水平的提高，要么把重心放到提高特定群体、特定行业的技能水平上；在权力上，受政治源流和政策源流的影响，不同时期的技能人才培养培训政策在集权和分权间摇摆。

五、政策评估框架的选择

政策评估是依据一定的标准和程序，对政策的效益、效率及价值进行判断的一种评价行为②。在对21世纪英国技能人才培养培训政策的生成过程及其内容特点进行系统分析的基础上，本研究试图从阶段成效和总体成效两个角度，对21世纪英国技能人才培养培训政策的实施成效及影响进行分析。

在阶段成效上，主要从政策目标实现情况、技能人才培养培训体系构建、行业企业参与技能人才培养培训治理及制度建设三个视角分析每一阶段技能人才培养培训政策的实施成效及影响。

在总体成效上，在借鉴公共政策学中政策结果评估理论的基础上，主要从定量和数据的角度利用《2018年欧洲技能指数——技术报告》中提出的技能评估指标框架进行分析。2019年3月，欧洲职业培训发展中心发布《2018年欧洲技能指数——技术报告》，提出一个国家技能人才培养培训体系的理论框架。这一理论框架建立在新人力资本理论的基础上，这一理论认为，个人和社会都通过投资技能驱动经济增长。这一框架明确了技能的不同维度，它们都可以通过正式和不正式学习获得，其出发点在于通过技能提升实现就业、社会包容和生产力提升的目标③。报告提出，一个国家的技能人才培养培训体系主要通过义务教育和义务后教育与培训提升人口的技能水平。技能人才培养培训体系包括一系列多样化的正式和不正式教育与培训、中等教育、继续和高等教育以及学术和职业教育与培训，也包括通过终身学习、在职培训及工作岗位积累获得的能力。技能人才培养培训可以把不同群体的技能激活，纳入劳动力体系中，增强一个国家的经济和技能基础（如图1-8所示）。技能人才培养培训体系的作用在于：培养国家现在及未来需要的技能，包括培养新的技能人才，提升原有技能人才的技能水平；通过向不同人口群体提供足够的工作机会激活劳动力市场的技能；尽量满足个体的愿望、兴趣和能力以及劳动力市场的需求。换言之，技能提升的结果是社会和经济兼顾的。在对于英国技能人才培养培训政策总体成效的评价部分，本研究主要采用这一评估框架，从技能人才数量、技能人才对于英国

---

① 何伟强. 英国教育战略研究 [M]. 杭州：浙江教育出版社，2013：24.
② 陈振明. 公共政策学：政策分析的理论、方法与技术 [M]. 北京：中国人民大学出版社，2018：283.
③ CEDEFOP. 2018 European skills index technical report：European skills index (unedited proof copy) [R]. 2018.

经济发展和生产力提升的影响,以及技能人才对于就业的影响等三个维度考察21世纪英国技能人才培养培训政策的总体实施成效。

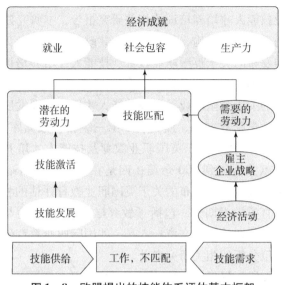

图1-8 欧盟提出的技能体系评估基本框架

资料来源:CEDEFOP.2018 European skills index technical report:European skills index(unedited proof copy)[R].2018.

第三节 研究方法

教育政策是一种理想和现实的观照。在具体研究过程中,为逼近英国技能人才培养培训政策制定过程及价值追求的现实,本研究运用了以下方法:

一、文献分析法

文献分析法是通过对文献进行系统的提取、归纳及演绎而获得事物本质属性的一种方法。文献分析法是本研究的主要方法,本研究主要通过对大量一手政策原文、相关研究性文献的分析,对21世纪英国技能人才培养培训政策的发展过程及其特征进行分析。作为比较教育研究的成果,本研究主要采用文献分析法,即通过大量分析国外一手和二手相关文献,获得研究结果。在文献分析的对象上,本研究侧重于两个方面:一是对于技能人才培养战略、政策及相关咨询报告原文的分析;二是国外学者和相关研究报告关于英国技能人才培养培训、技能形成、教育发展、职业教育、技能政策等相关领域的已有研究。

本研究的文献主要来自两个方面:一是从英国政府网站上下载的关于技能人才培养培训或职业教育的政策文件,相关政策文本原文共计50余个;二是相关研究报告或政策评论。已有的研究报告、学术文章或政策评论主要来自六个领域：一是OECD、欧洲职业培训发展中心、世界银行、UNESCO等重要国际组织发布的关于技能人才培养培训的相关研究报告，特别是OECD教育研究与创新中心、欧洲职业培训发展中心从不同角度发布了大量关于英国职业教育及技能人才培养培训的相关研究报告，本研究搜索到的研究报告有50余个；二是英国国内的重要研究机构，包括英国公共政策研究所、英国伦敦大学学院教育研究院等重要研究机构发布的关于英国职业教育、技能人才培养培训政策发展、经济社会背景等领域的研究报告，本研究共搜集到相关研究报告30余个；三是一些国际教育和社会科学研究数据库收集的关于英国职业教育或技能人才培养培训发展的研究报告或学术文章，主要有英国伦敦大学学院数据库、澳大利亚第三级教育数据库、Springer出版集团数据库、ResearchGate数据库收集的关于英国职业教育及技能人才培养培训政策的学术论文及研究报告，这方面文献共搜集到100余篇；四是在英国政府网站上搜集到的英国教育部、就业和技能委员会等政府部门发布的关于英国职业教育评估的相关报告，有50余篇；五是英国有代表性的教育类学术期刊，包括《教育与工作》《教育与培训》等发表的关于职业教育及技能人才培养培训的学术文章；六是一些国际职业教育研究人士出版的关于英国技能人才培养培训政策分析的相关研究专著。

教育政策的产生和发展不仅仅是纯粹的理论分析过程，更是不同利益相关者间博弈的过程，具有深刻的场域性和情境性特征。斯蒂芬·鲍尔提出，教育是一个话语和实践的领域，是一个竞技场和奋斗目标[①]。话语为理解政策的形成过程提供了一个特定的、贴切的途径，因为政策是关于实践的正式声明——事物可能及应该如何（应然状态），它们依据并来自关于世界的表述——事物实际如何（实然状态）[②]。因此，在对文献的研究过程中，本研究借鉴了国外学术专著中普遍运用的话语分析的研究方法，通过呈现和系统分析相关的政策原文及政策制定者、研究者的话语，力图反映和推演出英国技能人才培养培训政策发展的真实过程、核心特征及演变轨迹。

二、访谈法

为深入了解英国技能人才培养培训政策的发展历程，本研究专门对英国伦敦大学教育学院终身教授Ken Spours进行了访谈。Ken Spours教授多年来一直致力于教师专业发展、高等教育政策咨询、职业教育、培训与就业的关系等领域的研究，可以说，他是英国职业教育和技能人才培养培训政策的研究者和观察者。围绕核心问题，本研究主要从以下六个方面对Ken Spours教授进行了访谈：

（1）影响英国技能人才培养培训政策发展的主要因素是什么？
（2）英国技能人才培养培训政策发展的理论基础是什么？
（3）英国技能人才培养培训政策的主要特征是什么？

[①] 鲍尔. 政治与教育政策制定：政策社会学探索[M]. 王玉秋, 孙益, 译. 上海：华东师范大学出版社, 2003：98.

[②] 鲍尔. 政治与教育政策制定：政策社会学探索[M]. 王玉秋, 孙益, 译. 上海：华东师范大学出版社, 2003：19.

(4) 自 21 世纪以来英国最有影响的技能人才培养培训政策是哪个？

(5) 21 世纪英国技能人才培养培训政策变化的主要推动力量是什么？

(6) 21 世纪英国技能人才培养培训政策与经济社会发展之间呈现什么关系？

在具体的分析和论证过程中，本研究将把对于 Ken Spours 教授的访谈结果作为重要的论据。

三、因素分析法

英国是一个具有悠久历史文化传统的国家，"英国教育从产生的那一刻起就与不列颠岛的文化结下了不解之缘。"① 因此，在本研究的问题提出部分，就把对于英国职业教育发展历史的考察作为研究的逻辑起点。从比较教育的角度来说，在比较教育学的发展史上，历史分析和因素分析曾经一度是比较教育学的主流研究范式。1900 年，英国学者迈克尔·萨德勒（Micheal Sadler）发表了题为《我们从对别国教育制度的研究中究竟能学到什么有价值的东西？》的演讲，系统阐明了比较教育的因素分析方法。因素分析方法反对片面、孤立地看待教育问题，提倡将特定时期的教育现象纳入所处的社会文化背景中，探索民族性和国民生活中各种因素对教育制度的影响②。美国比较教育学者康德尔进一步强调采用因素分析方法分析教育与民族国家发展的关系。施耐德进一步提出，各民族与国家的教育制度是各种因素交互产生的，一个民族的教育制度与实施是内在和外在动力因素共同促成的③。

本研究在对英国技能人才培养培训政策的分析过程中，借鉴金登的多源流分析框架，从经济社会、政党和政策发展的角度来解释英国技能人才培养培训政策发展变化的过程和动因，从比较教育研究的角度来说，就是对于因素分析方面的运用。

第四节 研究对象和内容

一、研究对象范畴

1997 年 5 月，工党在英国大选中以压倒多数的选票击败连续执政达 18 年之久的保守党。年仅 44 岁的布莱尔出任政府首相，成为 20 世纪英国最年轻的首相。2001 年 6 月，布莱尔在大选中再次获胜，连任首相，成为英国历史上首位连任的工党首相。实现连任后，布莱尔随即将教育和就业部改为教育和技能部，技能成为英国教育改革发展的核心领域。自 2001 年以来，为了增强在全球范围内的竞争力，英国积极在职业教育与培训领域发布相关的政策和战略，通过为公民提供在整个就业和工作过程中需要的技能、资格水平及就

---

① 易红郡. 英国教育的文化阐释 [M]. 2 版. 上海：华东师范大学出版社，2012：2.
② 胡瑞，刘宝存. 世界比较教育二百年回眸与前瞻 [J]. 比较教育研究，2018（7）：78-86.
③ 陈时见，刘揖建. 比较教育方法论的变革与反思 [J]. 全球教育展望，2007（1）：15-18.

业能力，增强整个国家的技能基础，实现提升英国经济生产力和竞争力的目标。本研究即以此为研究起点，对英国政府2001—2018年颁布的有关技能人才培养培训的相关政策进行分析。

另外，从地域范围来说，根据英国法律的界定，英国是一个分权的国家，在教育、继续教育和技能领域，英国没有统一的体系。因此，除非特别说明，本研究中相关政策涉及的范围仅限于英格兰。除非另有说明，本研究中所有事实、数字、政策和行动指的都是英格兰。

二、研究阶段划分

从研究阶段划分的角度来说，前面已经述及，英国是一个典型的两党制国家，自20世纪以来，英国逐渐形成了工党与保守党轮流执政的局面，教育政策和战略的演变过程具有明显的政党政治痕迹。工党和保守党轮流执掌英国政权，两党各自有改造社会的指导思想和执政方案，在轮流执政过程中，两党各自展开实验，将本党的改造蓝图付诸实践[①]。而且，从英国技能人才培养培训政策的实践来看，每一次政党的更替都会给技能人才培养培训政策带来新一轮改革，现有关于英国相关政策的国内外研究，普遍从政党轮替的角度进行具体分析。

在政党轮替的基础上，为进一步对21世纪英国技能人才培养培训政策的变革过程进行更深入的分析，本研究选择以执政首相更替为依据，对不同执政政府的技能人才培养培训政策进行系统分析。通过对英国社会发展历史及技能人才培养培训政策的考察发现，首相及执政党的变更往往意味着新的政策循环[②]的开始。2001—2018年，在政党轮替的基础上，英国经历了四任首相的更替，分别是2001—2007年由布莱尔领导的工党政府，2007—2010年5月由布朗领导的工党，2010年5月—2016年7月由戴维·卡梅伦领导的保守党/自民党联合内阁及保守党，以及2016年7月—2018年由特蕾莎·梅（Theresa May）领导的保守党政府。基于这一点，本研究以执政政府的更替为标准，将英国技能人才培养培训政策的发展和实施分为四个阶段：一是2001—2007年，布莱尔执政时期的技能人才培养培训政策；二是2007—2010年，布朗执政时期的技能人才培养培训政策；三是2010—2016年，卡梅伦领导的联合政府时期的技能人才培养培训政策；四是2016—2017年，特蕾莎·梅领导的保守党执政时期的技能人才培养培训政策。

三、研究内容结构

基于研究问题和分析框架，本研究在内容结构上主要由三大部分组成，如图1-9所示。

---

① 谢峰. 政治演进与制度变迁：英国政党与政党制度研究[M]. 北京：北京大学出版社，2013：3.
② 政策循环是政策学家迈克尔·豪利特在《公共政策研究：政策循环与政策子系统》中提出来的一个概念，其主要是指简化公共政策制定的一种方式，是将政策过程分解为一系列不连续的阶段和子阶段，由此产生的阶段序列称为政策循环。

图1-9 本研究内容结构

第一部分包括绪论和第一章，详细阐明了本研究的宏观背景、研究问题、核心概念、分析框架、研究方法和研究设计。

第二部分包括第二章到第五章，针对研究问题，从历时性的角度，分别对2001年以来布莱尔、布朗、卡梅伦和特蕾莎·梅政府的技能人才培养培训政策进行系统分析。

第三部分包括第六章和结语，是对于研究问题的回答。首先，借鉴英国政策学家彼得·鲍尔对于政策范式变迁的三层级理论，对21世纪英国技能人才培养培训政策发展变化的历程进行了分析和判断；其次，基于教育本质的分析视角，对21世纪英国技能人才培养培训政策的本质特征进行了总结归纳；再次，基于欧盟的技能评价框架，通过多方面、多角度的数据，对21世纪英国技能人才培养培训政策的总体实施成效进行了分析；最后，基于多方面的政策动力学理论，对21世纪英国技能人才培养培训政策的发展动因进行了阐释；在结语部分，基于比较教育功能的视野，从四个方面总结归纳了21世纪英国技能人才培养培训政策对我国的借鉴和启示。

第五节 研究难点和局限性

一、研究难点

本研究在研究过程中的难点包括三个方面：一是核心概念的界定。由于文化背景差异，本研究在对于核心概念的界定上面临较大困难。由于英国独特的民族和文化背景，其对于技能、职业教育、继续教育与培训等概念的理解与我国及国际社会都存在一些差异；对英国学者Ken Spours的访谈也表示，英国在关于职业教育的术语运用方面非常复杂。二是由于英国技能人才培养培训政策涉及众多复杂的利益相关者，他们之间的关系错综复杂，因此对于其政策本质特征的分析也是一个难点。三是英国的技能人才培养培训政策内容较为庞杂，涉及众多的机构和主体，在综合分析处理方面面临一定的困难。

二、研究局限性

本研究仅仅从政策文本分析的角度对 21 世纪英国技能人才培养培训政策的生成过程、本质特征及影响和实施成效进行了初步分析,并试图从政策动力学和政策变迁的角度对英国技能人才培养培训政策的演进轨迹及发展动因作出阐释。但从政策研究的角度来说,对于政策工具等方面的研究还没有涉及。

第二章 布莱尔政府以《21世纪的技能》为核心的技能人才培养培训政策（2001—2007）

英国是典型的两党制国家。1997年，英国结束了多年来保守党执政的历程，由布莱尔领导的工党政府开始执政。工党上台后，为解决保守党执政遗留下来的高失业率、贫富差距大问题，并积极应对经济全球化及知识经济发展的挑战，以"第三条道路"的社会投资理论为指导思想，推行教育优先发展战略。在2001年布莱尔执政的第二届任期内，把教育和就业部改为教育和技能部，推行技能优先战略，经过多方调查咨询，于2003年发布《21世纪的技能：实现国家的潜能》（以下简称《21世纪的技能》）白皮书，并随后颁布多个政策促进战略的有效实施，开启了21世纪技能人才培养培训改革的序幕。

第一节 布莱尔政府以《21世纪的技能》为核心技能人才培养培训政策的生成过程

一、问题源流：生产力提升亟须解决存在多年的"低技能均衡"问题

根据金登的理解，在政策形成和发展过程中，问题的呈现及政治家的重视是问题进入政策议程的关键一环。布莱尔在执政时期，为什么会在第二届任期内关注技能问题，这还要详细阐明英国当时的经济社会状况。

英国是世界上最早实现工业化的国家，"世界工厂"的地位曾经是英国经济的骄傲。从18世纪后期开始，英国以"日不落帝国"头号霸主的身份领导世界发展长达100多年，19世纪后期，随着对世界经济垄断地位的逐渐丧失，英国逐渐失去这一殊荣。但是自进入20世纪以来，特别是第二次世界大战后，英国开始从巅峰逐渐走向没落。1945—1975年，英国的年均国内生产总值被法国、德国、意大利和日本超过。从整体来看，20世纪的英国经济呈现一种病态，"停停走走的经济""通货膨胀——失业并发症与国际收支危

机的交织，收入分配与经济效率之间的矛盾"等就是"英国病"的主要症状①。进入20世纪70年代以后，英国经济基本停滞不前，经济增长率不仅放缓，而且若干年份甚至是负数。停滞的经济使失业人数一直呈增加趋势，失业率相当高。尽管由盛转衰是多种因素合力作用的结果，但是，职业教育相对落后、学校数量不足，不能为经济发展提供充足的技术技能人才是其中一个重要原因②。英国国内的研究也提出，英国教育的发展似乎与技术需求没有关系，因为即使有了技术需求，学校也不能及时满足。教育准备的不足，似乎是导致不列颠在1860年后无法维持其经济霸主地位乃至走向经济相对衰弱的原因之一③。

1979年，撒切尔夫人领导的保守党开始执政，她以新自由主义思想为指导，主要采取四项措施治理"英国病"：一是强调发挥市场经济作用，减少国家干预；二是紧缩开支，降低税收，削减福利开支；三是调整工业结构，取消外汇管制；四是大力推行私有化和货币主义政策④。在上述政策的推动下，英国经济状况有了很大改善。1979—1989年，英国的人均生产增长率超过美国和德国，在七国集团（G7）中位列第3；全员生产率超过OECD成员国平均水平，仅次于日本和法国。英国与欧洲主要竞争对手德国之间的差距大大缩小了⑤。

1997年，布莱尔领导的工党上台后，面临两方面重要问题：一是保守党政府遗留下来的高失业率与贫富差距扩大等问题；二是如何在全球化、新科技革命与知识经济等宏观国际背景，以及国内社会结构变迁背景下，切实提高英国的国际竞争力⑥。为从根本上实现英国提高生产力及建设公平社会的目标，布莱尔政府推出了"教育优先"的发展战略，在1997—2001年的第一届任期内推出了一系列提高教育质量和水准的政策。在此基础上，在2001年的第二届任期内，仍然将教育优先作为第一执政原则，但在重心上进行了转移，把技能作为教育改革的核心关注点，将原来的教育和就业部改为教育和技能部，将教育改革的重心转移到了终身学习导向的技能人才培养培训上，并对技能人才培养培训及其面临的挑战进行了反思。反思认为，多年来，受英国文化及社会等多种因素影响，英国一直面临国家技能基础薄弱的问题。太多的年轻人在17岁之前从教育和培训体系中脱离，太多的成年人缺乏基本的识字、语言和计算能力，缺乏更广泛的技能和资格，来支撑可持续性的、富有成效的就业，太多社区密集地容纳了低技能的成年人。与法国、德国等国家相比，在技术人员、高级工艺、熟练贸易和助理专业工作方面，人才短缺明显。

根据金登的解释，通常问题并不是通过某种政治压力或对人的认识的重视而得到关注的，问题引起政府决策者关注的原因常常在于某些指标完全表明那本来就有一个问题存在⑦。在布莱尔政府技能人才培养培训政策的发展过程中，指标因素也发挥了重要作用。

为更加明确地阐明英国在技能人才培养培训方面的问题，英国政府于2003年年初发布国家技能状况总体评估报告，公布了对技能挑战进行分析的结果，结果显示，英国在开

---

① 罗志如，厉以宁. 二十世纪的英国经济："英国病"研究 [M]. 北京：商务印书馆：导论.
② 翟海魂. 规律与镜鉴：发达国家职业教育问题史 [M]. 北京：北京大学出版社，2019：53.
③ 格林. 教育与国家形成：英、法、美教育体系起源之比较 [M]. 北京：教育科学出版社，2004：52.
④ 张爽. 英国政治经济与外交 [M]. 北京：知识产权出版社，2013：110.
⑤ 钱乘旦. 评布莱尔执政 [J]. 北京大学学报：哲学社会科学版，2018（3）：124-132.
⑥ 何伟强. 英国教育战略研究 [M]. 杭州：浙江教育出版社，2013：39.
⑦ 金登. 议程、备选方案与公共政策 [M]. 丁煌，方兴，译. 北京：中国人民大学出版社，2004：90.

发技能的方式及其对提高生产力的贡献方面仍存在严重不足。法国、德国和美国工人每小时工作产出比英国工人多 1/4～1/3，法国工人的人均生产产出比英国工人的人均生产产出高 16%，而美国工人的人均生产产出比英国工人高 31%。英国技能人才培养培训及学习计划尚未惠及整个社会，政府及其各部门没有把技能培训和提升生产力联系起来，雇主、政府和个人在经费资助、组织培训和资格认证方面扮演的角色和承担的责任不明确①，这些问题可以从三个层面来理解。

从全国范围来看，在高附加值商品或服务层面，要确保本国劳动力具备全球市场竞争所需的技能，英国面临着重大挑战。主要问题归结为雇主感觉自己没有招聘到具有适当技能的人才。技能缺口尤其出现在几方面：基本技能（包括读写技能、语言技能和计算机技能），这是进一步学习的基础；中等技能水平的劳动力（准专业人员、学徒、技师或技能熟练的工艺和贸易人员等）；数学技能，这是进行进一步专业技术培训必不可少的基础；领导和管理技能；大多时候，雇主与个人的需求与学院和培训机构提供的课程和资格不匹配；企业对于技能人才的重视和需求不足，很多雇主往往会低估一名技能熟练且接受过良好培训的高素质劳动力对提高生产力的作用。

在企业层面上，许多雇主长期以来都担心无法招聘足够的具备企业所需技能和素质的员工。一些雇主认为，从公共资助培训的设计到实施，没有充分考虑到现代工作场所的需要。缺乏技能，使雇主更难引进创新模式、新型产品和新工作方法来促进生产力的提高。这就产生了"低技能均衡"（low skills equilibrium）的风险，即雇主需要技能但往往不开展培训，因为他们向低技能员工支付低工资，就可以生产出低价值的商品或服务。

在个人层面上，很多人都没认识到高超的技能、良好的培训和权威资格认证能够帮助他们实现个人目标，如获得更好的工作机会和更高的收入，拥有更强的经济实力来保证家庭生活，为其所在社区作出更大贡献或获得更好的发展。缺乏技能和资格条件，使许多成年人无法发挥自己的潜力。许多人都在寻找更好的工作待遇、更好的生活水准，以及更充实的生活条件，但是，对于各种各样的课程设置、资格要求、培训机构和资助方案，他们发现很难理解透彻。哪种方法能将培训和工作联系起来，从而最能满足他们的需求，对他们也是一个难题。

二、政治源流：工党"第三条道路"的社会投资型福利制度

政治源流是指国民情绪的摇摆不定、行政或立法机构的调整，以及利益集团的压力活动对于政策制定过程的影响，其中，政府的变更及关键人员的利益调整发挥着最大的影响②。而对于英国这样一个典型的两党制国家来说，政治源流的影响也是最大的。

第二次世界大战之后，英国经历了工党和保守党轮流执政的历程。从第二次世界大战到 20 世纪 70 年代末期，以凯恩斯主义为指导的社会民主主义是英国经济社会发展的指导思想，这一思想以混合经济、福利国家、充分就业为主要内容，以凯恩斯国家干预和社会

---

① Developing a national skills strategy and delivery plan: Progress report [R]. 2003.
② 金登. 议程、备选方案与公共政策 [M]. 丁煌, 方兴, 译. 北京: 中国人民大学出版社, 2004: 25.

保障制度为支柱,以社会平等为目标。英国学者安东尼·吉登斯对这种模式做过总结,他认为这一模式包括以下内容:国家普遍而深入地介入社会和经济生活;国家对公民社会的支配;集体主义;凯恩斯模式的需求管理,加上社团主义;限制市场的作用;混合经济或社会经济;充分就业;强烈的平等主义;多方位的福利国家、保护公平、"从摇篮到坟墓";线性现代化道路;低度的生态意识;国际主义;属于两极化世界①。第二次世界大战后的30年里,这一模式取得了巨大成功,促进了战后英国经济的重建和稳定发展。

    但是,自20世纪70年代以来,特别是1973年的石油危机导致英国经济停滞以及严重的通货膨胀问题,在这种背景下,以国家干预为手段,以建立福利国家、充分就业和社会平等为追求目标的执政模式逐渐显示出其弊端,甚至出现无法运行的情况。伴随着凯恩斯主义模式的失灵,1979年,撒切尔领导的保守党在大选中获胜,英国进入撒切尔主义时代。从这一时期一直到20世纪90年代,撒切尔提出的以自由市场经济、货币主义、私有化、小政府为特征的经济自由主义成为主流的经济指导思想;在政治领域,其思想强调国家权威、议会主权和爱国主义,尊重现有秩序和传统道德,尊重法治,强调法治性的个人自由发展,建立自主的公民社会,培育公民的责任意识以及自尊、自立、自助的社会价值,这种经济自由主义和政治保守主义相结合,构成了撒切尔主义的主要内容。安东尼·吉登斯将这一模式总结为以下几方面:小政府;自治的公民社会;市场原教旨主义;道德权威主义加上强烈的经济个人主义;与其他市场一样,劳动力市场也是清楚明晰的;对不平等的认可;传统的民族主义;作为安全网的福利国家;线性的现代化道路;低度的生态意识;关于国际秩序的现实主义理论;两极化世界②。

    1997年,布莱尔领导的工党上台后,把"第三条道路"作为执政的基本思想,提出了"新工党、新英国"的目标,并在竞选期间发布《新英国——我对一个年轻国家的展望》,提出要从根本上改变英国多年来像一个年迈老人一样缺乏发展活力的"英国病",强调要建设一个年轻的国家。布莱尔强调,"在过去50年中,两种主要的政治模式主宰了英国及许多其他西方民主国家的政治舞台——新自由主义和一种高度中央集团色彩的社会民主主义……英国经历了这两种模式的典型形式。这就是为什么'第三条道路'对英国来说具有特别的意义。"③ "第三条道路"在总结社会民主主义历史经验教训的基础上,主张放弃传统"左派"的教条主义立场,淡化意识形态上的对立和分歧,倡导超越"左"与"右"的基本价值取向。在政策取向上大量吸收新自由主义的具体主张,以应对新时代、新问题的挑战;在政治观上,主张放弃制度替代的传统政治目标,力主对资本主义制度进行改革改良,以更好地适应当前的社会变化;在经济观上,主张放弃对生产资料私有制进行彻底改造的传统目标,改变传统"左派"对市场的不信任态度,力主建立一种在政府与市场之间寻求平衡的、充满活力的"新型混合经济";在社会观上,主张用"积极的福利制度"取代"消极的福利制度",对传统的社会福利制度进行大刀阔斧的改革,强调教育和培训,大力促进就业④;在价值观上,倡导一种个人价值平等、机会平等、个人责任和

---

① 谢峰.政治演进与制度变迁:英国政党与政治制度研究[M].北京:北京大学出版社,2013:19.
② 谢峰.政治演进与制度变迁:英国政党与政治制度研究[M].北京:北京大学出版社,2013:55.
③ 布莱尔.新英国:我对一个年轻国家的展望[M].北京:世界知识出版社,1998:25.
④ 侯衍社."超越"的困境:"第三条道路"价值观述评[M].北京:人民出版社,2010:24.

社会意识的价值观。基于上述执政理念,布莱尔提出了"第三条道路"的四个目标:一是建立在个人授权和机会基础经济上的、以知识为基础的有活力的经济,政府为经济提供条件而非指挥经济,并利用市场的力量服务于公共利益;二是建立一个铭记权力与责任的公民社会,构建政府与公民社会的伙伴关系;三是建立一个基于伙伴关系和权力下放的现代政府,推进政治民主化发展;四是奉行国际合作的外交政策,积极参与国际事务[①]。英国学者马丁·鲍威尔将"第三条道路"的政治观点进行了总结,如表2-1所示。

表2-1 "第三条道路"主要政治主张及其与传统"左派"和新"右派"的比较

主要方面	传统"左派"	第三条道路	新"右派"
方式	平均主义	投资者方式	放松控制
结果	平等	包容	不平等
公民的权利与义务	权利	权利和责任兼有	责任
混合的福利经济	国家	公共/私有部门;公民社会	私有
模式	命令和控制	合作/伙伴关系	竞争
开支	高	务实的	低
福利	高	低	低
责任	中央政府/向上	两者兼有	市场/向下
政治主张	左	中左/后意识形态	右

资料来源:鲍威尔. 新工党,新福利国家? 英国社会政策中的第三条道路[M]. 林德山,李姿姿,吕楠,译. 重庆:重庆出版社,2010:19.

在"第三条道路"的思想指导下,工党提出了实现经济重振、社会重振和政治重振的全国振兴目标。其中,教育是重要的改革领域,其改革理念是:创建一个真正全民的社会,在其中寻求让每个人都实现自己的潜力。在教育方面,布莱尔提出:"我们追求把所有人而不只是少数人培养成才,因为英国的问题一直是精英教育。学校应自由管理自己的事务。我们要培训和教育我们的人民,教育将是政府的工作重点。"[②] 在1997—2001年的第一届执政期内,工党政府把提高所有对象的教育水准作为核心目标。布莱尔在1996年的竞选纲领中提出:"使教育成为伟大的解放者,提高学校标准;拓宽A级;将职业教育和学术研究更加紧密地结合起来;确保不会有人因贫苦而不能接受高等教育;改革过时的技能和培训方式,使所有人获得终身教育。"[③] 布莱尔提出,教育是现有的最佳经济政策,正是教育和技术的结合才是未来所在。教育是终身的,要将私营部门、政府、大学、研究中心和实验室联系在一起,建立一个继续教育的高级体系[④]。

在经济战略上,新工党倡导培养长期力量的微观经济战略。布莱尔强调,为了提高经济的基本增长率,必须认识到微观经济政策和宏观经济政策以及两者之间关系的重要性。

---

① 谢峰. 政治演进与制度变迁:英国政党与政治制度研究[M]. 北京:北京大学出版社,2013:86.
② 布莱尔. 新英国:我对一个年轻国家的展望[M]. 北京:世界知识出版社,1998:96.
③ 布莱尔. 新英国:我对一个年轻国家的展望[M]. 北京:世界知识出版社,1998:65.
④ 布莱尔. 新英国:我对一个年轻国家的展望[M]. 北京:世界知识出版社,1998:81.

在微观经济政策领域，要区别哪些领域由政府来做最为合适，哪些领域由私营部门来做最为合适，以及哪些领域才是提高企业业绩和生产能力的最佳方式。必须通过与工业和商业进行合作的方式来培养英国的长期经济力量。从这个角度出发，布莱尔领导的工党提出在七个领域寻求合作：通过教育和培训，释放人力潜力；发展现代化基础设施；利用和传播新技术；鼓励投资和更为长期的思维；解决长期就业；为英国企业打开世界市场；鼓励中小型厂商。他提出，在后面的六个领域里，真正的关键在于教育，抓对了教育，其余自然正确归位，抓错了教育，可预见经济衰落，社会状况恶化[1]。他特别关注微观经济政策的三个特别方面：劳动力市场的灵活性，处理长期失业问题，进行更加长期的投资。而提升劳动者的技能水平被认为是有效应对这三个问题的关键策略。布莱尔提出，关键的因素是，要创造一支得到完全教育的、实施新技术的劳动力队伍，要扩大并改进职业培训，确保英国劳动力队伍的技能水平不落后于国外企业可雇用到的劳动力技能水平。

在福利制度上，"第三条道路"提出建立社会投资型的福利制度。这种福利制度不应该只发放各种救济金，而应该增加对劳动力的需求，创造更公平的劳动分配，提高劳动报酬。只有提供更多的就业机会，才能从根本上解决福利问题，让每个人做到真正对自己负责。从这一点出发，社会投资型福利制度离不开对教育的投资，它要求把国家福利制度的重点放在对社会人力资本的投资上，因为"授人以鱼，不如授人以渔"。"我们必须使每所学校都达到高标准，来保证每个儿童的天赋之权得以实现……进一步普及高等教育已经成为工党的政策。"而且在知识经济时代到来的背景下，"第三条道路"还强调终身教育的重要性，使人们获得就业所必需的特殊技能[2]。

2001年，英国迎来了新一轮大选。工党在2001年的竞选纲领《英国的雄图大略》中，将教育视为政府第一要务。但是，与第一届执政期强调提高总体教育质量不同，在2001年开始的第二届执政期，技能成为工党政府施政纲领的核心关键词，这表现在其将投资于技能与创新作为四大优先战略举措的首位，并于2001年大选成功后，将原来的教育和就业部改为教育和技能部，更加强调了技能的重要性[3]。这为21世纪英国技能人才培养培训政策的推进和实施奠定了重要基础。在2001年施政纲领中，把教育作为工党的第一优先事项，并提出建立高质量的核心课程，帮助14岁以上学生获得更有效的学习途径，包括新的中等教育证书和以A水平为基础的高质量职业教育途径。在2005年教育纲领中，提出要提高职业教育的地位和质量，把普通中等教育证书和A水平作为该系统的基础，给每个学生提供高质量的职业教育，与用人单位合作，在关键领域设立专门文凭，实施各类教育与培训；扩大第六级学院、大学和学徒学习场所，确保16～19岁学生都能得到就业培训；增加投入，实现继续教育学院的转型，每所继续教育学院都要建立开展职业教育的卓越中心，建立新的由企业家和有关用人单位牵头的技能学院[4]。此外，纲领还提出要实

---

[1] 布莱尔. 新英国：我对一个年轻国家的展望[M]. 北京：世界知识出版社，1998：141.
[2] 曾令发. 探寻政府合作之路：英国布莱尔政府改革研究（1997—2007）[M]. 北京：人民出版社，2010：85.
[3] 何伟强. 英国教育战略研究[M]. 杭州：浙江教育出版社，2013：60.
[4] 何伟强. 英国教育战略研究[M]. 杭州：浙江教育出版社，2013：235.

施两年制职业教育基础学位①,提高高等教育的入学率,到 2010 年实现 50% 的年轻人都能接受高等教育的目标。

三、政策源流:教育优先战略及研究者对于高技能经济发展模式的倡导

根据金登的多源流政策理论框架,政策源流是由一系列政策企业家提出来的备选方案或政策建议。政策企业家包括各种各样的学者、研究人员和咨询团队,他们开展的研究或提出的政策建议对于政策的产生发挥着重要作用②。本部分主要从先前政策、相关研究及政策建议三个角度来考察布莱尔执政时期技能人才培养培训政策的政策源流。

1. 工党第一届政府的教育优先战略

1997 年执政后,布莱尔领导的工党出于对国内外各种形势的综合判断,将教育提升到国家优先发展的战略高度,从提高基础教育水平和质量做起,逐步落实其施政纲领,将提高教育水准、扩大教育机会、推进全民终身学习作为核心改革策略。1997 年 7 月,公布《追求卓越的学校教育》白皮书。从 1997 年到 2010 年,英国在工党政府的领导下,把技能作为一个重要政策杠杆,强调在一个灵活的劳动力市场中实现经济增长和社会包容的目标,国家的作用主要是帮助个体提升其技能,政府资助的成人培训主要关注资格框架中 2 级和 3 级的培训。在这一时期,政府的主要作用在于塑造教育与培训体系的方向和管理。

1997 年,英国政府出台了以大范围技能培训和成人学习改革为宗旨的白皮书,致力于解决雇主、工会和培训机构之间错综复杂的各种问题,构建一个连贯的政策框架,建立一个注重雇主和学习者需求的教育及培训体系。1998 年,发布题为《学习时代:新英国的复兴》的绿皮书,强调建立面向所有人的终身学习体系。在此基础上,1999 年,又发布题为《学会成功:16 岁以后学习的新框架》的白皮书,该白皮书于 2000 年完成立法程序,其不仅成为正式的《学习与技能法》,而且成为英国继续教育改革的基本框架③。1998 年,英国建立了国家技能工作小组(national skills task force),旨在发展全国技能议程,确保劳动力能够具备实现高水平就业所需要的技能,为所有个体提供学习和就业机会,提高在全球的竞争力。受教育和就业部委托,国家技能工作小组在 2001 年发布《知识驱动下的机会和技能:国家技能工作小组最终工作声明》,报告提出了加强学习与就业联系,创造卓越的职业学习机会,为成年人提供第二次学习机会,确保男性和女性具有公平的就业技能发展机会,并使雇主参与到技能议程中。

2001 年 3 月,英国政府发布《生活技能:提升成年人读写技能国家战略》。战略提出,要确保工作年龄的成年人能够获取获得工作及充分参与社会的技能,到 2004 年,要

---

① 基础学位英文为 Foundation Degree,于 2001 年设立,是英国专门对继续教育学院开展的两年制高等职业教育设立的学位。该学位区别于学术性学位,其教育旨在让学生掌握劳动力市场所需特别的技能,提升社会对于职业教育的认可度。
② 刘复兴. 国外教育政策研究基本文献讲读 [M]. 北京:北京大学出版社,2013:93.
③ 何伟强. 英国教育战略研究 [M]. 杭州:浙江教育出版社,2013:57.

帮助 75 万名成年人提升读写、语言和计算技能①。2001 年，英国贸易和行业部与教育和就业部共同发布《变革世界中的全民机会：创业、技能和创新》白皮书。白皮书提出，未来的关键需要是提高人口的教育与技能水平，开发更加合理的职业资格制度，进一步拓宽新的研究和科技发展的效益，发展世界一流行业，发展公民的信息交流技能，并从四方面概括出政府未来的行动：发展更加高技能的劳动力；建立更加强有力的地区和社区；确保更有效和公平的市场；提升英国在欧盟和全球贸易中的位置②。

2002 年 3 月，教育和技能部发布《教育与技能：面向 2006 年的战略》，提出了教育战略发展框架。战略提出，为实现建立一个高竞争力经济和包容性社会的目标，需要在三个方面实现突破：为每个人创造发展其技能的机会；释放每个人的潜能，使每个公民都能充分发挥其价值；实现教育水准和技能水平的卓越。为实现这一愿景，战略提出三个目标：给予儿童卓越的教育开端，使他们为未来学习奠定良好基础；使所有的青少年都发展并培养生活和工作所需要的技能、知识和个人素质；鼓励并使成年人学习、提高其技能并丰富其生活。2002 年 12 月，教育和技能部与学习和技能理事会（LCS）发布《实现所有人的成功：改革继续教育与培训》，提出建立一个更加高效、反应性的学习和技能部门，改革主要基于四个原则：扩大机会；促进分权；增强体系灵活性和对于成功的激励；高标准和责任机制③。改革包括四个要素：通过增强继续教育与培训供给的反应性和质量满足学习者、雇主和社区的需求，扩大公民的教育选择；建立新的标准单元，明确和传播最优实践，引导学习和培训项目的发展；通过建立领导学院，培养高层次师资，开发人力资源；创立规划、拨款和责任制度框架，保证继续教育质量。

2. 内生经济增长理论的发展及相关研究的推动

经济理论及其发展范式的转型对于英国技能人才培养培训具有深刻影响。20 世纪 40 年代，宏观经济学中出现了凯恩斯主义革命，与此同时，微观经济学出现了从部分均衡分析到一般均衡分析的转型。20 世纪 70 年代，凯恩斯主义被货币主义取代，理性预期假说（rational expectations hypothesis）成为经济理论的核心要素，这一理论与 20 世纪 80 年代的思想变化相结合，产生了新自由主义。同时，经过发展演化，微观经济学逐渐转化成博弈理论、实验和行为经济学。这种经济学发展范式的转型揭示出变化导致的重大差异。20 世纪 30—40 年代，变化非常缓慢，而且这种变化是由政治精英驱动的，而到了 20 世纪 70 年代，这种变化变得非常迅速，而且是由外部因素驱动的。一是旧有范式不能解释，二是新的理论和政策假定相结合，构成了新的发展范式④。从英国的情况看，第二次世界大战以来，英国在经济社会发展中深受经济发展范式转型的影响。第二次世界大战以后，凯恩斯经济学在英国奠定了正统地位，成为英国政府制定经济政策的基本理论依据。凯恩斯主

---

① Skills for life: The national strategy for improving adult literacy and numeracy skills: Delivering the vision 2001 – 2004 [R]. Department of Education and Skills, 2004.

② Opportunity for all in a world of change: Enterprise, skills and innovation [R]. Department of Education and Skills, 2004.

③ Success for all – reforming further education and training – final report: Analysis of responses to the consultation document [R]. Consultation Unit Department for Education and Skills Castle View House Runcorn Cheshire, WA7 2GJ, 2002.

④ DOLPHIN T, NASH D. All change: Will there be a revolution in economic thinking in the next few years? [R]. 2011.

义与费边派思想的结合、需求管理与福利国家措施的并用,又成为第二次世界大战后英国经济政策的特征。

自 20 世纪 80 年代以来,英国国内多个学者都从国际比较的角度对英国职业教育及技能人才弱势的问题进行了研究,形成了一系列有影响的成果,其中一个特别有影响的观点就是 Finegold and Soskice 提出的英国面临的"低技能均衡"困境在一定程度上造成了国家经济及整体影响力的衰退[①]。在此基础上,英国又有多名学者对这一问题进行了阐释和强化。从 20 世纪 90 年代到 21 世纪初,英国国内和西方学者关于英国如何应对"低技能均衡"问题开展了很多研究,提出了很多有影响力的观点。David Finegold 在 1999 年的研究中提出,为有效解决"低技能均衡"问题,英国需要努力创建"可持续的高技能生态系统"(self-sustaining high skill ecosystems),在这一系统中,英国需要借鉴德国技能人才培养的模式,在技能人才培养培训方面进行系统化及全面化的改革,发展高技能型经济模式[②]。

追溯经济学理论的发展,20 世纪 60 年代的新古典经济增长模型就提出,技术进步是经济增长的根本源泉,不存在技术进步时,经济将陷入停滞状态。同一时期的人力资本理论进一步提出,蕴含于人身上的各种生产知识、劳动与管理技能等是促进经济发展的核心要素。20 世纪 80 年代的内生经济增长理论进一步提出,一国的经济增长是由人力资本、知识或技术进步等内生变量决定的。知识和技术进步推动经济增长,一个经济系统内如果能够通过资本或劳动投入内生出更多的技术,那么这一经济体就可以保持长期增长,其增长率依赖技术进步率。总之,内生增长理论认为,一国经济增长主要取决于内生化的知识积累和专业化的人力资本水平。资本积累和技术创新不应该被认为是增长过程的两个不同驱动因素,而是同一过程的两个方面。因为新的技术几乎总是体现在新的物质资本和人力资本形式中,而如果要使用这些新技术,就必须积累这些资本。并且这些内生变量对政府政策是敏感的,因而合适的政府政策在长期增长中发挥着重要作用[③]。

由此来看,内生经济增长理论明确阐释了经济增长、技术进步与知识积累之间的关系,强调特殊的知识和专业化的人力资本可以产生递增收益,并使整个经济的规模收益递增。从国际实践的角度来说,近年来,随着各国日益重视以新型制造业为主体的实体经济的发展,以投资并开发公民技能为主要目标的技能战略成为世界各国经济社会发展的核心战略之一,特别是 OECD、世界银行、国际劳工组织、欧盟等重要国际组织等发布了一系列引导性政策及行动。究其根源,这些政策及行动也在很大程度上受到了内生增长理论的深刻影响,其背后的逻辑在于,建立一种普遍的全民高技能—高技术—高劳动生产率—高经济竞争力的模式,能实现经济发展水平的普遍提高[④]。而且在这一过程中,强调两个关键环节,一是实现技能供给,也就是教育与培训体系提供的技能,与劳动力市场和经济发

---

① FINEGOLD D, SOSKICE D. Britain's failure to train: Analysis and prescription [M]//GLEESON D. Training and its Alternatives. Buckingham: Open University Press, 1990.
② 克拉克,温奇. 职业教育:国际策略、发展与制度 [M]. 翟海魂,译. 北京:外语教学与研究出版社,2011:17.
③ 李小胜. 创新、人力资本与内生经济增长的理论与实证研究 [M]. 北京:经济科学出版社,2015:30.
④ 李玉静. 技术技能人才是现代化经济体系的核心要素 [J]. 职业技术教育,2018 (31):1.

展对技能需求间的高效匹配；二是普遍提高全民的基础技能水平，重视弱势人口的技能开发，在提高经济发展水平的同时提升社会包容性。

内生经济增长理论把劳动者知识和技能作为经济发展内生力量的观点为技能人才培养培训政策的发展提供了重要启迪，即把技术技能人才作为现代化经济体系的核心要素之一，并为此制定相关的政策体系框架。在内生经济增长理论的影响下，自20世纪90年代末期以来，发展高技能、高收入、高竞争力的经济已经成为世界各国经济发展的重要目标。各国对于技能人才的开发和利用差异较大。有研究以美国、英国、德国、新加坡、日本等国家为样本，将技能人才的开发和利用分为四种模式：一是高技能精英与技能两极分化的国家，主要是英国和美国；二是高技能精英、广泛的技能分配和收入平等的国家，如德国；三是广泛的技能分配、相对收入平等、劳动力集中与合作的国家，如日本；四是快速但不平均的技能形成，但高度的劳动力集中和分化的国家，如新加坡。在这些模式中，德国被公认为是世界上的高技能经济体（high skills economy），其技能开发的独特模式——双元制职业培训建立在紧密合作的行业协会网络基础上，所有社会合作伙伴都支持技能的提升，实现了技能在劳动力市场各行业比较平均地分配，这成为其增强实体经济竞争力的重要基础（Andy Green and Akiko Sakamoto，2001）[①]。而英国作为技能两极分化和低技能均衡国家的代表，为解决这一问题，发展高技能经济成为21世纪英国技能人才培养培训政策改革的重要目标。英国国内有学者专门对高技能经济模式进行了研究，提出了高技能经济的具体标准：相对较高比例的中等层次和高技能工作，同时伴有较大的自主性及对工作的参与；更加公平的收入分配；更好、更公平地获得福利、健康和教育机会；更有力的劳动和社会权利；相对较高的工资。根据这一描述，高技能愿景可以被认为是更好、更公平及更加人性化社会的代表[②]。高技能经济模式的发展愿景如图2-1所示。摆脱低技能均衡、发展高技能型经济对于21世纪初期英国技能人才培养培训政策产生了深远影响。

3. 一系列政策咨询报告的发布

2001年，英国教育和技能部专门成立研究小组，对国家技能状况面临的问题进行调查，2003年年初，小组发布《国家技能战略开发和实施计划：进展报告》。报告明确阐明了英国技能人才培养培训改革的理论基础、原则和目标，并从英国当时的经济政策出发，强调技能是实现经济可持续发展的重要因素，如果与企业和创新等其他因素以正确的方式结合，就可以促进实现经济成功、社会公正，实现个人生活充实等目标[③]（如图2-2所示）。报告强调，由于英国的主要竞争对手都在技能方面进行投资，因此英国需要改革培训体系，提高培训质量，并与雇主和学习者的需求更紧密地保持一致。

2003年，教育和技能部委托麦克·汤姆林森专门对14~19岁学生的技能发展情况进行评估。2004年，评估小组发布题为《14~19岁课程与资格改革报告》。报告建立在麦克·汤姆林森主持的对14~19岁学生的教育改革工作评估报告的基础上，提出对14~19

[①] 李玉静. 经济高质量发展与职业教育：基本逻辑 [J]. 职业技术教育，2018（19）：1.

[②] FINEGOLD D. Creating self-sustaining high skill ecosystems [J]. Oxford Review of Economic Policy. 1999-03. DOI：10.1093/oxrep/15.1.60 · https://www.researchgate.net/publication/5216056.

[③] Developing a national skills strategy and delivery plan: Progress report [R]. 2003.

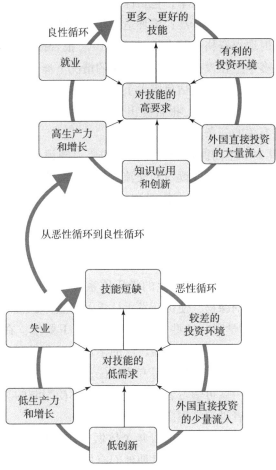

图2-1 高技能经济模式的发展愿景

资料来源：MAROPE P T M, CHAKROUN B, HOLMES K P. Unleashing the potential transforming technical and vocational education and training [M]. UNESCO, 2015: 174.

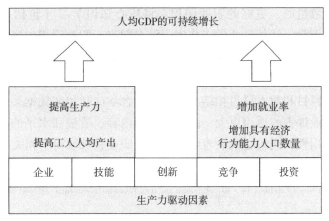

图2-2 21世纪初英国政府的经济政策

资料来源：Developing a national skills strategy and delivery plan: Progress Report [R]. 2003.

岁学生的教育体系进行一次彻底的改革,包括课程、评价和所提供的机会范围,并提出了对教育体系改革的建议:更关注高标准;更加适合年轻个体的才能和愿望;对于"学习什么、在哪儿学习以及何时取得资格有更大的灵活性"[①]。报告提出,英国14~19岁学生的教育面临严峻挑战:太多学生在没有获得基本技能的情况下离开了学校教育;职业教育供给碎片化;外部对于学生和教师的评估负担太重;教育体系没有为学习成绩较高的人提供进一步发展的空间[②]。针对这些问题,报告提出了六方面改革建议,在这里呈现与职业教育和技能人才培养培训有关的三条建议。

第一,针对14~19岁学生的课程应包含核心和要点知识。核心知识学习应确保实现以下目标:达到功能性数学、功能性读写和交流、ICT方面特定的成就水平,完成与文凭相适应的扩展项目;形成一系列共识、技能和品质(CKSA),如个人意识、解决问题能力、创造力、团队合作意识以及道德和伦理意识;享有参与更广泛活动的权利,支持学生进行知识学习规划和复习,指导他们作出继续学习和职业选择[③]。所有14~16岁学生都应继续遵照国家法定的课程要求。

第二,文凭框架。现有14~19岁学生的学历体系应以入门、基础、中级和高级文凭体系取代。成功修完某一级别课程,便可获发承认学习者整体课程成绩的文凭。在这一文凭框架内,应该有多达20门学科。这些学科必须满足以下要求:在实施时反映各部分和学科界限,但要灵活,并且经常更新;涵盖广泛的学术和职业学科,在适当情况下,将之结合起来,并允许在个别学科内进一步获得专业学位;确保相关性,并通向高等教育、就业或两者兼而有之;包含一门认可学习者在其选择相对不受限制的"公开"课中所取得成绩的学科;透明且易于学习者理解掌握。

第三,改进职业课程。职业学习在使青年个体做好接受特殊培训和就业准备的同时,不仅为他们提供丰富自身经验的机会,而且使他们有机会获得雇主以及国家经济发展需要的技能。要做好良好的职业准备,以提高整体就业素质,并以与学术研究同样的方式,为学生提供取得成就和发展的机会。这并不意味着要将职业课程"学术"化,而是要认识到职业学习的独特性和价值,并确保职业学习本身受到推崇和重视。改进后的职业课程有以下特征:提供足够数量的、更好的职业课程,将核心知识学习(包括基本技能和就业技能)与专业的职业课程、评估和相关工作实习结合起来;职业课程由雇主参与设计,并且只应配备适当的机构教授;合理的职业路径,能够在文凭框架内提供晋升至高级或更高水平的机会,并在适当情况下与国家职业标准挂钩,以提供就业途径;一系列职业选择,可与综合课中的一般科目和学术科目相结合;通过整合学徒制和文凭框架,更好地开展工作本位学习;修学职业课程的诱因更大,因为对学习内容、数量和水平的共同要求,意味着所有文凭都具有通用性,同时也代表着学生在特定职业领域取得了相关成就。

---

① Working Group on 14 – 19 Reform. 14 – 19 curriculum and qualifications reform final: Report of the working group on 14 – 19 reform [R]. 2004.

② FINEGOLD D. Creating self – sustaining high skill ecosystems [J]. Oxford Review of Economic Policy,1999 – 03. DOI:10.1093/oxrep/15.1.60.

③ Working Group on 14 – 19 Reform. 14 – 19 curriculum and qualifications reform final report of the working group on 14 – 19 reform [R]. 2004.

第二章 布莱尔政府以《21世纪的技能》为核心的技能人才培养培训政策（2001—2007）

四、政策之窗：以"第三条道路"执政思想为主的多种因素促进了《21世纪的技能》战略的产生

金登认为，在关键的时间点，问题源流、政策源流和政治源流汇合在一起，问题就会被提上议事日程，这样的关键时间点就是"政策之窗"①。"政策之窗"是政策企业家提出的政策建议受到采纳或重视的机会。21世纪初，在对英国低技能均衡问题的反思、知识经济的发展、终身学习理念的推进及国际社会新的经济发展理念的推动下，为扭转多年来对技能人才培养培训的自由主义政策，在第一届执政期"教育优先"战略的基础上，"技能优先"成为布莱尔政府第二届执政期的重要指导思想。在多方力量的共同推动下，特别是在工党政府"第三条道路"的社会投资理论的影响下，2003年7月，英国教育和技能部、贸易和工业部、财政部及就业和养老金部发布《21世纪的技能》。该白皮书提出，国民技能是国家的重要资产，并提出一系列全面、系统化的改革举措。这是英国第一个以技能为核心的改革战略。布莱尔及四个国务大臣同时为战略撰写序言。他们在序言中提出，技能战略的目标是确保雇主具有支持其企业和组织取得成功的合适技能，以及个人拥有所需的实现就业和自我成长的技能。使雇主、雇员和个人学习者将技能、培训和资格视为帮助他们实现自己的生活和工作目标的途径②。为推动《21世纪的技能》战略的落实，2003—2006年，布莱尔政府接连发布《14~19岁教育与技能》《技能：在企业中进步，在工作中提高》《继续教育：提升技能，改善生活机会》三个白皮书，分别针对14~19岁群体、成年人及继续教育与培训机构提出具体的改革策略，这些策略互相协调补充，形成了21世纪初英国技能人才培养培训政策的基本框架，致力于使英国成为世界上教育与培训程度最高、技能水平最高的国家。这一时期的具体政策文本如表2-2所示。

表2-2 布莱尔政府发布的技能人才培养培训相关政策

时间	政策或战略名称	颁发部门
2003年	《21世纪的技能：实现英国的潜能》(21st Century Skills: Realising our Potential)	教育和技能部、贸易和工业部、财政部、就业和养老金部
2005年	《技能：在企业中进步，在工作中提高》(Skills: Getting on in Business, Getting on at Work)	教育和技能部、财政部、就业和养老金部
2005年	《14~19岁教育与技能》(14-19 Education and Skills)	教育和技能部
2006年	《继续教育：提升技能，改善生活机会》(Further Education: Raising Skills, Improving Life Chances)	教育和技能部

---

① 霍丽娟. 深化产教融合政策的多源流分析：匹配、耦合和发展[J]. 职业技术教育, 2018 (4): 6-13.

② Department of Education and Skills, Department of Work and Pensions, HM Treasury. 21st century skills: Realising our potential: Individuals, employers, nation [R]. Presented to Parliament by the Secretary of State for Education and Skill by Command of Her Majesty, 2003.

第二节　布莱尔政府以《21世纪的技能》为核心技能人才培养培训政策的特征

一、价值选择：生产力提升和社会包容导向的人口技能水平的全面提升

受内生经济增长理论的深刻影响，为解决英国长期以来存在的"低技能均衡"问题，布莱尔政府把通过增强国家的技能基础，进而提升国家生产力水平和社会包容作为最根本的价值选择。教育政策学家卡特·尼尔认为，在复杂的西方后工业化国家中，政策、政府和教育之间的关系正在发生改变，这种改变呈现五个趋势，其中前两个就是：通过加强学校教育、就业、生产和贸易间的关系来改善国家经济；努力提高学生的就业技能和能力[①]。布莱尔政府的技能人才培养培训政策鲜明体现了这一趋势。同时，以"第三条道路"的积极福利观为基础，布莱尔政府力图通过提升人们的技能水平实现积极的社会包容。一方面，通过全面提升公民的整体技能水平，提升国家生产力；另一方面，通过个体技能的提升，促进其积极的社会融合。

《21世纪的技能》开篇即提出，国民技能是国家的重要资产。技能能够帮助企业实现竞争所需要的生产力创新和收益率；帮助公共服务部门提供公民需要的服务品质和选择；帮助个人提高就业能力，并实现他们的个人、家庭和社区理想。维持一个具有竞争力和生产力且为全体国民实现发展和繁荣的经济体，需要不断增加具有专业技能和资格的劳动者。如果不能缩小在技能丰富群体和技能薄弱群体之间的差距，就不能形成一个更加公平、包容的社会。白皮书提出，战略的目的是保证全国的雇主都能够具备支撑商业和组织成功的合适技能，保障每个人具备就业和自身发展所需的必要技能。具体目标包括：一是提高生产力和生活水平。即提高各地区的可持续增长率，同时也有利于实现经济的进一步繁荣和生活质量的普遍提高，并为所有人创造改善经济状况的就业机会。二是帮助在各私营企业、政府资助企业和公益性机构工作的人们掌握提高工作效率所需的技能，提供人们需要的产品和服务，并以此构建一个较为理想的社会环境。三是帮助人们掌握并不断提高能够维持持久可雇佣性、获得丰厚回报并为其所在社区作出更多贡献的技能。

白皮书强调，技能越高的劳动者工作效率越高。为了能在全球市场竞争中取得胜利，必须提高生产力及可持续发展能力。单纯地提高技能并不足以推动生产力的提高，其需要与企业、竞争、投资和革新等各方面因素相结合。然而，在这些因素中，技能的提高起着至关重要的作用[②]。白皮书提出，尽管技能很重要，但是作为一个国家，英国在技能方面

---

① 鲍尔. 大政策小世界：教育政策的国际视角 [M]//刘复兴. 国外教育政策研究基本文献讲读. 北京：北京大学出版社，2013：91.

② Department of Education and Skills, Department of Work and Pensions, HM Treasury. 21st century skills: Realising our potential: Individuals, employers, nation [R]. Presented to Parliament by the Secretary of State for Education and Skill by Command of Her Majesty, 2003.

的投入并没有达到应有水平。与其他国家相比,在有些领域表现强劲,但在其他领域也有很大不足。例如,人口中技能分布不平均,有太多的青少年和成年人由于缺乏技能,很难获得稳定的、报酬优厚的工作。为此,需要全体公民共同努力,雇主和个人学习者共同将技能、培训和资格视为帮助他们实现自己生活和工作目标的途径。技能战略的目标是完成这个挑战,确保雇主具有支持其企业和组织取得成功的合适技能,个人拥有实现就业和生涯发展的技能。

要实现这个目标,需要在五个主要领域采取行动:一是把企业对技能的需求放在中心位置,并据此进行管理培训、技能和资格认证,以直接对需求作出积极响应。二是提高对技能需求的抱负。只有当更多的雇主和雇员得到鼓励和支持,对技能进行必要的投资,才能实现更高的生产力和竞争力。三是鼓励并支持更多的学习者再次投入学习。四是必须让学院和培训机构对雇主和学习者的需求作出迅速反应,对他们因材施教。创建真正以需求为导向培训方法意味着改革资格认证、改革资助方式、改革提供培训的方式。五是必须实现跨政府和公共服务部门的协同合作。这不仅是教育和技能部的一个战略,而且是贸易和工业部、就业和养老金部、财政部,以及涉及培训、技能、业务支持和生产力等多个机构的共同战略。

《14~19岁教育与技能》提出,要努力实现两个目标:社会公平和具有竞争性的经济。改革的主要目的是给予青少年和成年人需要的技能,让他们有就业能力并能在今后的生活中取得成功。这两份白皮书让雇主有机会为职业教育的长期性转变作出贡献,以支持高生产力与灵活的经济。白皮书提出,教育与培训体系应该围绕学习者的需要来制定,应反映雇主的需要,转变中等教育和高等教育,以便使所有青少年能够继续学习到至少18岁为止。改革的具体目标是:解决16岁后教育参与人数低的问题——在今后10年,让17岁青少年的入学率从75%提高到90%;保证每个青少年在英语和数学方面都能有良好的基础,在就业所需的技能方面也有一个良好的基础;提供更好的职业路径,以满足他们在进修和就业方面的需求;让所有青少年充分施展才能;并且重新覆盖没有覆盖到的人群[①]。

《技能:在企业中进步,在工作中提高》进一步提出了通过技能的提升促进社会公平和经济发展的双重目标。白皮书提出,无论对个人、家庭还是社区来说,技能对于实现国家发展愿景都至关重要,其可以帮助企业创造财富,帮助人们认识到自己的潜能。因此,技能担负着社会公正和经济发展的双重目标。一个公平公正的社会,应该确保每个人,无论其人生背景、种族所属、性别差异、信仰如何、残疾与否,都能够提升学习能力,提高生活质量。一个充满活力的经济体,应该致力于长期投资并在其商业领域中引领世界,并通过企业中高技能、高回报员工的工作,以提高国家和地区生产力。为支持这两个目标,义务教育学校、继续教育学院和大学进行了大量投入,使学生以及成人学到技能、走向成功。提高国家技能表现力,可以在多个方面支持这些理念:帮助企业提高盈利能力,提高生产力,使英国有能力与中国、印度和其他新兴经济体进行竞争,并能充分利用这些经济体市场所带来的机遇;用"为生活而提升就业能力"(employ ability for life)的新理念取

---

① Department of Education and Skills. 14 – 19 Education and Skills [R]. Presented to Parliament by the Secretary of State for Education and Skills by Command of Her Majesty, 2005.

代"为生活而工作"(job for life)的理念,帮助人们和社区迎接全球经济的挑战;实现所有人公平地获得高质量培训和良好工作持续存在的目标,使任何群体都不会受到偏见、歧视或旧有观念的阻碍。通过更好地提供信息与指导,在技能、培训和工作方面帮助人们找到最佳选择,以实现他们的人生理想①。

布莱尔政府注重目标和绩效管理,设定了具体改革目标:一是青少年到19岁时,准备好接受技能型就业或进入高等教育。通过对14~19岁青少年推行教育和培训改革,大幅提高获得2级资格证书人口的比例(在标准和广度上相当于A^*~C级的5个GCSE②)。二是在未来10年中,17岁青少年的教育与培训参与率从75%提高到90%,保证更多的青少年获得高等教育资格,获取知识密集型经济所需的高级技能。从高等教育中受益的18~30岁年轻人比例上升到50%。三是2002至3月至2007年8月,成功完成"学徒制"的人数增加75%,这是年轻人获得就业技能的主要途径。将22岁之前开始学徒制的年轻人比例提高到28%。四是帮助低技能成年人提高识字、语言和计算能力,并获得就业技能培训。具体目标是:到2010年,让225万成人在识字、语言和算术方面获取功能性技能,超过300万成人获取自己的第一个完整的2级资格证书。五是通过技能联盟,将技能和资格与提高业务绩效和劳动力市场能力联系起来③。为实现上述目标,年轻人至少在18岁之前,都能持续地接受某种形式的教育和培训,这样当他们进入劳动力市场后,才能够拥有雇主需要的技能和资格,使雇主不再面临技能人才短缺问题。

二、利益分配:构建终身学习导向、覆盖全民的技能培训体系

1. 加强14~19岁青少年的教育与技能开发

2005年2月23日,英国教育和技能部发布《14~19岁教育与技能》,该白皮书把满足每个青少年的期望作为核心目标。白皮书提出,让所有16岁的青少年取得好成绩并进入第六级学院、继续教育学院、获得学徒身份或边工作边接受培训,直到至少年满18岁——对英国来说,这是一项关键要务,因为这对于建立一个更加繁荣公正的社会来说至关重要④。白皮书列出了旨在应对16岁后群体低入学率的目标和举措,提出在今后10年中,要让17岁青少年的入学率从75%提高到90%;在职业教育领域迈出决定性一步,确保所

---

① Department of Education and Skills. Getting on in business, getting on at work [R]. Presented to Parliament by the Secretary of State for Education and Skills by Command of Her Majesty, 2005.

② General Certificate of Secondary Education, 简称"GCSE",中文译为普通中等教育证书,是英国学生完成第一阶段中等教育会考所颁发的证书,主要指英国中学10年级和11年级的学习课程,经过两年GCSE学习后,学生方可进入A Level阶段的学习。学生GCSE的成绩将被作为A Level甚至大学录取的参考。在GCSE阶段,学生通常用两年学习8~12门课程,大多数学生都会学习学校规定的必修课,必修课包括英语、数学、设计与技术、语言、自然科学、宗教、通信技术及体育。选修课程有艺术与设计、商务、戏剧、经济学、工程学、卫生与社会护理、休闲与旅游、音乐与物理等。GCSE成绩等级从最高的A^*到G。(参照百度百科)

③ Department of Education and Skills. Getting on in Business, getting on at work [R]. Presented to Parliament by the Secretary of State for Education and Skills by Command of Her Majesty, 2005.

④ Department of Education and Skills. 14-19 education and skills [R]. Presented to Parliament by the Secretary of State for Education and Skills by Command of Her Majesty, 2005.

有青少年获得就业所需的功能性技能，开发所有青少年的潜能，让他们取得成功。为实现这个目标，白皮书提出七个方面核心举措：

第一，在关键的第 3 阶段有一个强大的基础。白皮书提出，改革的第一步是要保证关键的第 3 阶段——11~14 岁年龄段的教育能提供更强大的知识和技能基础。对 14 岁之前的青少年来说，要让他们获得健全的教育，取得良好的成绩，并对所有课程有学习热情。对 14~19 岁的青少年来说，将有一个平台提供更多选择。为实现这一目标，白皮书提出以下措施：保留该阶段所有的核心和基础学科，但是要对总课程进行审查，提高存在问题学科的连贯性；减少指令行为，使学校有空间帮助那些低于期望水平的学生迎头赶上并开发所有学生的潜能；通过国家中等教育战略和新型学校关系增强学校办学的灵活性；加强对英语和数学的重视程度，特别是使学校系统性地关注那些小学毕业后没有在第 2 关键阶段的读写和算术测试中达到期望标准的学生；继续公布国家测试结果并推行新的 ICT 技能在线测试；在其他必修学科中推行有组织的教师评价模式，为教师提供专业培训以提高他们评价青少年的技能，提高整个学科领域的教育标准；强调 14 岁时成绩的重要性，方式是为每个青少年和他们的父母在"学生简介"中记录所有课程的成绩；保证更多青少年在英语、数学、科学和 ICT 方面达到第 5 级国家课程标准，使所有青少年在所有的学科中都能发挥最大潜能。

第二，提高 14~19 岁青少年的核心技能。对于 14~19 岁青少年，在英语和数学领域获得功能性技能是核心任务。这些技能对于支持其他学科的学习至关重要，对于就业也是如此。在功能性英语和数学领域取得 2 级水平（GCSE 水平）是良好教育的关键部分。为保证更多青少年获得这项基础，白皮书提书，减少对第 4 关键阶段课程的指令要求，给学校更多的机会支持学生在英语和数学方面迎头赶上；延伸第 3 关键阶段的战略以改进课堂教学，以便对整个中学教育提供支持；使更多的青少年获得 5 个 A*~C 级别的 GCSE，包括英语和数学在内；实行通用（GCSE）文凭来认可达到这个标准的群体；强化 GCSE 成绩的记录表，显示取得文凭标准——包括英语和数学在内的 5 个 A*~C 级别的 GCSE 的青少年的百分比[①]。2008 年之前逐步淘汰现在的 5 个 A*~C 级衡量项目，以保证在没有掌握功能性要素的时候学生不可能在英语和数学领域获得 C 级或更高级别。如果青少年只掌握了功能性要素，将分别进行认可；为 16 岁还未取得 2 级水平的青少年提供更多的机会和激励措施，让他们在 16 岁后的学习计划中达到这个水平，并支持他们一步一步取得 1 级水平或入门资格。

第三，建立面向所有人成功的教育路径。白皮书提出，以核心技能为基础，创建一个更符合学生个体需要的体系，使他们能充分发挥自己的潜能；在"学习什么和在哪里学习"方面推出更多选择，使学术性和职业性学习能够更容易结合在一起；继续将 GCSE 和 A 级水平作为新体系的基石；推出新的专业文凭，包括学术性和职业性知识，涵盖经济领域所有的职业部门。所提供的文凭分为 1 级（基础）、2 级（GCSE）和 3 级（高级）；要求获得 2 级文凭的人都必须具备 2 级水平的功能性英语和数学技能；在设计专业文凭时，

---

① Department of Education and Skills. 14 - 19 education and skills [R]. Presented to Parliament by the Secretary of State for Education and Skills by Command of Her Majesty, 2005.

通过行业技能理事会让雇主发挥主导作用，为工作和继续教育提供恰当的基础。

第四，建立新的文凭制度。白皮书提出，要建立一个专业文凭新体系，这一体系的要求是，年轻人需要在英语和数学领域达到适当的标准、有专业知识、相关的 GCSE 以及 A 级水平，另外还要有工作经验；在 14 个专业中推出这个文凭，并在 2015 年之前正式实施；在 2008 年提供首批 4 个专业的文凭（通信技术、工程、健康和社会关爱以及创意和媒体），到 2010 年之前将提供 8 个专业的文凭；与雇主合作为年轻人提供更多机会，让他们边工作边学习；继续通过学徒制提高基于就业培训场所的质量和数量，并将其纳入文凭框架体系。

第五，强化 GCSE 和 A 级水平。白皮书提出，同时保留 GCSE 和 A 级水平，但会在极需要变革的领域改进这两种标准；重新组织英语和数学 GCSE，保证学生没有使用功能性英语和数学的能力就不可能取得 C 级或更高级别；审查课程作业，降低评价负担；对教学进行改革，提高达到高级水平的动力和进步速度；继续宣传科学的重要性，包括实施新的科学 GCSE。

第六，面向所有青少年。白皮书提出，改革将为所有青少年创造机会。对他们中的许多人来说，白皮书推出的课程选择将提供他们需要的机会来施展自己的才能并获得成功。职业机会，包括不同的学习风格和场所，将给许多人带来动力。基础和入门级的资格将帮助更多的年轻人获得更进一步学习的机会和资格。另外，将以"16 岁后就业计划"为基础，为 14~16 岁青少年制订一个试验性计划。这条新路径将为每个青少年提供一个定制计划以及深入的个人指导和支持；涉及重要的基于工作的学习，大概相当于每周两天；可获得一个 1 级文凭；并且会带来一系列的进一步选择，包括学徒身份。白皮书提出，从 2007 年 8 月开始，要使高达 1 万名青少年被纳入这项计划[①]。

白皮书提出，针对课程和资格设计的改革是为了满足学习者和雇主的需要，将保证教育体系的每一部分都能满足他们的需要，增加教育体系的容量来提供职业教育。在具体实施上，将在现有力量的基础上做这件事，例如，延伸职业教育中心的职能，让年轻人都能获得高质量的职业教育。还要设立新的技能专科学校作为全国优秀技能中心，通过专业化的途径加强专科学校提供职业教育的能力。最好的专业学校要能够成为有额外资源的领军学校，可强化职业教育功能。专科学校和继续教育学院都要提供更多的职业教育。

第七，加强评估、提高质量。白皮书提出，建立明确的责任框架来支持并鼓励 14~19 岁学习计划的发展。具体包括：将职业资格纳入成绩记录表分项中，并保证以检查的方式督促学校提供全部课程和资格。重点关注基础知识，继续公布成绩记录表，展示在第 3 关键阶段中英语、数学和科学的成绩表现，以此来衡量文凭标准：5 个 A*~C 级的 GCSE，包括英语和数学。鼓励挖掘所有青少年的潜能，方法是当他们获得更高水平的资格时就在排名表中给予学校荣誉。通过构建新型学校关系，让学校对所有学生的进步负责。鼓励机构关注学生保有率的提高。

---

① Department of Education and Skills. 14-19 education and skills [R]. Presented to Parliament by the Secretary of State for Education and Skills by Command of Her Majesty, 2005.

2. 建立行业企业参与的成年人技能开发制度

2005年3月22日,在2003年7月发布的《21世纪的技能》的基础上,教育和技能部发布《技能:在企业中进步,在工作中提高》①。该白皮书关注的是已经进入或试图进入劳动力市场的成年人的技能状况,并针对成年人提出了系统的技能提升策略,这一策略与《14~19岁教育与技能》和《继续教育:提升技能,改善生活机会》一起,确立了一个连贯的、终身学习导向的技能人才培养培训体系框架,旨在进一步帮助更多的成年人,使其获得从享受福利到参加就业以及职业发展所需的技能。

第一,全面开发成年人的技能。白皮书承诺,将尽可能提供最大的支持,帮助人们获得他们需要的技能或资格,以实现个人就业、提升个人成就。白皮书提出,政府不能保证人们终身就业,同时,也不能承诺负担人们参加所有培训和学习所需要的费用。在激励机制、共同参与和投资方面,个人必须发挥自己应有的作用。但是,政府应更有效地利用公共资金,并提供一个更清晰、更具支持性的制度框架,在这个框架内,成年人可以追求自己的愿望与抱负。这其中涉及必须相互支持的两个部分,首先,人们必须更容易爬上技能阶梯,从基本的识字、语言和计算到高等教育,逐步适应他们的才能和动机。其次,这一阶梯的每一步都必须使青少年和成年人具备就业能力和相关技能,并通过对他们所取得成就的资格认可,给予他们相应的肯定。

第二,为成年人学习者构筑从基本技能到高等教育的技能提升路径。白皮书提出,对于许多成年人来说,最本质的出发点是基本的识字、语言和计算技能。大约500万成年人的识字能力低于1级(相当于GCSE的D~G级),大约1 500万成年人的计算能力也低于这个水平,这是他们和雇主之间的一个主要障碍。青少年和成年人技能改革的共同基础是,必须让他们获得这些基础知识。因此,白皮书强调,将加强"成年人基本生活技能计划"②。一是提升人口的2级技能水平。在许多工作中,能成功就业所需的技能,同时也是向更高层次发展的基础。达到2级资格会增加被雇用的可能性:拥有2级资格者,有79%得到被雇用机会,而没有2级资格者,只有66%得到被雇用机会。这增强了个人参加进一步培训的信心和动力,以及雇主给予他们进一步培训的可能性。因此,要努力帮助更多的人获得2级资格,并在此基础上,使其参加更多的培训,获得更高的资格。二是让更多的人获得3级技能和资格。到2012年,大约2/3的工作岗位(新增的和现有的)预计需要3级或更高级资格,特别是技术人员、高级工艺、技术贸易等专业人才,至少需要达到3级资格。与法国和德国相比,在这些关键类别方面,英国面临一些显著的技能差距,正是这一点阻碍了英国生产力的提升③。对于许多人来说,3级资格是人们通过获得高市场化的职业技能来提高生活水平的途径。针对此,白皮书提出,在技能战略的实施中,将加强人们提升到3级资格培训的机会。要确保现有的公共资金和私人资金都能够发挥最大作用,

---

① Department of Education and Skills. Getting on in business, getting on at work [R]. Presented to Parliament by the Secretary of State for Education and Skills by Command of Her Majesty, 2005.

② "成年人基本生活技能计划"是布莱尔政府于2001年启动的专门用于提升成人基本技能水平的专门项目。

③ Department of Education and Skills. Getting on in business, getting on at work [R]. Presented to Parliament by the Secretary of State for Education and Skills by Command of Her Majesty, 2005.

帮助有动机、有能力的公民达到3级资格。

第三，实现培训和工作机会均等。技能人才培养培训目标的实现，取决于更多的成年人是否能够获得信息和指导，以了解哪些培训机会可用，以及如何获得这些机会。有很多人希望得到一份更好的工作，并且认为更好的技能或资格可以帮助他们继续发展。因此要理解各种复杂的资格培训计划，了解哪一项可以为新工作提供最好的准备，同时知道可以得到哪些支持，以及如何获得这些支持。正如《14~19岁教育与技能》中所述，需要改革针对青少年的指导方针，加强雇主的参与，帮助青少年了解他们所面临的职业选择和工作世界。

面向全体公民，构建全民都能获得的技能培训体系框架，从整体上增强国家的技能基础是《21世纪技能》战略的核心目标，即让所有成年人都将能够从战略中提出的各种机会中受益。但是，也有一些特定的群体需要特殊的技能，要对他们的需要给予特别关注。例如，大部分享受福利待遇的成年人的技能或资格不够，许多人甚至缺乏基本的识字、语言和计算技能，因此要为他们提供适当的培训，使他们具备市场需要的技能，帮助他们成功竞争到可持续、高效的工作。

这些改革旨在为成年人学习者提供一个技能培训框架，改革包括七个方面：一是提供信息和指导，帮助个人仔细考虑后，作出最佳选择，使其将技能培训和工作联系起来，作为其实现抱负的途径；二是为所有付不起学费而需要获得就业技能（包括识字、语言和计算）的成年人，提供免费培训；三是通过补贴培训，为希望获得3级资格的技术人员、高级技工提供更多的培训机会，包括学徒制；四是提供高质量的培训课程，为学习者提供市场及行业需要的技能；五是建立学分积累机制，随着时间的推移，当学习者成功完成不同单元时，他们能够建立起一个完整的资格；六是在行业学习代表（union learning representatives）的支持下，为所有人（包括老年人、少数民族、残疾人和妇女）提供更公平的培训和就业机会；七是保障学习计划（个人成就和社区发展）的可获得性。

三、权力运作：基于明确权责的合作治理

布莱尔"第三条道路"的一个核心思想就是突出"责任"与"合作伙伴"的观念。"建立一个尊重权力与责任，基于个人、组织和政府之间伙伴关系的公民社会"是"第三条道路"的重要目标[①]。基于这一目标，明确权责、合作治理也成为布莱尔政府技能人才培养培训政策改革的重要原则。《21世纪的技能》提出，技能战略的一个目标是厘清政府、学习者和雇主的角色与责任。成功的战略将为国家、雇主和个人带来巨大的经济和社会效益，因此，要平衡不同群体之间的利益，并针对不同群体制定权责标准（如表2-3所示）。白皮书提出，改革的目标不能由政府单独行动来实现，雇主、行业协会（trades unions）、公共机构、继续教育学院、大学、培训机构和公益部门都要发挥作用。政府应致力于利用可支配的资金和权力，确保直接由客户需求驱动的、以需求为导向的培训方法得

---

① 鲍威尔. 新工党，新福利国家？英国社会政策中的第三条道路[M]. 林德山，李姿姿，吕楠，译. 重庆：重庆出版社，2010：22.

以落实。为此,政府将投资公共基金,重点关注国家、区域、行业和培训机构层面的主要市场失灵状况;制定战略框架,确保质量保证和必要的基础设施得以落实;最重要的是,将为合作伙伴联盟提供领导权限,雇主将拥有新的权力来制定培训内容和实施方案,以满足他们的需求。

表 2-3 《21 世纪的技能》对于不同主体的权责规定

主体	权力	责任
雇主	● 教育和培训公共服务要对雇主的需求作出回应,提供能够满足雇主当前和未来需求的技能; ● 培训、技能和资格认证将以生产力、创新和更广泛的业务表现提供支持为目标,而不是以培训、技能和资格认证本身为目标; ● 教育与培训必须为年轻人提供雇主需要的技能、知识和能力; ● 技能、培训和资格认证必须是高质量的、针对雇主需求的且是最新的; ● 在公共预算范围内提供公共资助,支持更广泛的学习目标,提高超过雇主本身需求的通用技能和长期受雇用能力	雇主有责任对培训进行投入,并使用所获得的技能和能力,从而提高确保国际竞争力和高质量公共服务所需的生产力和组织绩效。在需要的时候,雇主应该与行业协会和工会学习代表合作,创造工作场所学习的文化氛围并解决低技能问题。如果雇主已经在员工培训方面投入了大量资金,考虑到高技能劳动力给雇主带来的效益,雇主需要保持这样的投入
个人	● 公共教育和培训服务机构要对作为实际或潜在学习者的需求作出回应; ● 教育与培训应该按高标准提供; ● 课程与资格应具有劳动力市场适切性,且都是最新的,能够在劳动力市场上带来更高的回报和更好的就业前景	低技能成年人有权获得比过去更多的支持,帮助所有人获得就业能力的技能基础
培训机构	公共培训机构有权要求政府制定一个培训和技能管理经费框架,该框架应该: ● 清晰、公正合理、协调一致; ● 给这些机构提供最大的自主判断力进行运行,使之能够作出明智的决策; ● 鼓励创新和创造; ● 尽可能减少官僚作风,与问责制保持一致	培训机构负责提供培训计划,并对培训的内容和实施质量以及对雇主和学习者的需求作出更积极的响应

资料来源:鲁昕. 技能促进增长:英国国家技能战略[M]. 北京:高等教育出版社,2010:25.

1. 政府:新行业技能理事会下的联合政府行动

为促进技能人才培养培训战略和政策体系的有效实施,政府治理机制的改革也是一个重要内容。《21 世纪的技能》提出,必须实现更好的跨政府和公共服务合作。这不仅是教育和技能部的一个战略,也是贸易和工业部、就业和养老金部、财政部和涉及培训、技能、业务支持和生产力的多个机构的共同战略①。政府作为一个主要雇主,将以身作则,

---

① 鲁昕. 技能促进增长:英国国家技能战略[M]. 北京:高等教育出版社,2010:6.

确保所有政府部门都在行业所需的技能方面进行投资①。白皮书对政府的职能作出了明确界定。白皮书提出，政府应致力于利用可支配的资金和权力，确保直接由客户需求驱动的、以需求为导向的培训得以落实；最重要的是，将为合作伙伴联盟提供领导权限，雇主将拥有新的权力来制订培训的计划、内容和实施，以满足他们的需求，作为回报，希望雇主在培训方面投入更多，更积极地参与技能开发、更有效地利用技能，并以教育机构和培训机构能够理解的方式，阐明他们的需求；通过确保政府及其机构起到积极的带头作用，在支持技能和生产力提高方面进行更加密切的合作，促进改革的实施。

第一，确保政府机构与技能人才培养培训相关部门的密切合作。在教育和技能部、就业和养老金部、就业附加服务中心及国家学习和技能理事会之间建立强有力的联系。大力鼓励申请人（包括那些长期依赖退休金或抚恤金的人）获得技能或资格，提高他们得到良好工作的机会，并评估优先为获得培训的人提供工作的方法。

第二，加强区域和地方在技能人才培养培训中的合作伙伴关系。《21世纪的技能》提出，技能问题具有较强的区域特点，要加强区域和地方的合作伙伴关系，使各地区能够从实际情况出发对技能人才培养培训进行更新，满足不同地区的需求。在这方面的一个重要举措就是通过加强区域技能合作关系，制定区域就业和技能行动框架②。这一框架由区域发展署及包括地方政府、地方学习和技能理事会、小企业服务局、就业附加服务中心等在内的多个机构共同制定。区域发展署将领导每个区域的合作伙伴进行讨论，提出区域技能合作建议，负责确定技能发展重点，推动提高技能和生产力的行动，提高区域和行业生产力所需的技能与培训机构资金分配的效率。这些机构在技能战略实施中的职能或角色如表2-4所示。

表2-4 国家、区域和地方组织机构在技能战略实施中的职能或角色

机构	角色或职能
教育和技能部	确定总体的政策框架，但在质量改进方面没有具体职能
学习和技能理事会	• 国家级学习和技能理事会负责为地方学习和技能理事会的规划实施及资金分配制定战略政策框架，并与行业技能网络就行业技能协议展开合作； • 区域学习和技能理事会应参与到区域技能发展合作中，以确保地方战略实施的贯通性； • 地方学习和技能理事会负责根据行业和地区技能需求制订培训、技能发展和资格认证计划，并资助各计划的实施以满足当地需求
区域发展署	• 制定并实施区域经济战略，以满足雇主需求和区域开展优先项目的需求； • 资助区域革新和经济发展计划； • 协调区域技能合作，保证各地区合作伙伴提供的技能和业务支持符合区域经济战略的要求

---

① 鲁昕. 技能促进增长：英国国家技能战略[M]. 北京：高等教育出版社，2010：6.
② Department of Education and Skills, Department of Work and Pensions, HM Treasury. 21st century skills: Realising our potential: Individuals, employers, nation [R]. Presented to Parliament by the Secretary of State for Education and Skill by Command of Her Majesty, 2003.

续表

机构	角色或职能
行业技能发展署	• 管理行业技能网络的设立、协调和发展，并担任该网络的使者； • 负责在行业技能网络范围内开发良好的技能和生产力分析方法以及行业技能协议模式； • 通过区域网络使区域合作伙伴了解行业技能理事会的愿景和职能
行业技能理事会—商务技能网络	• 为各行业制定职业规范，并使之成为设计资格体系及课程的依据； • 为各行业提供关于技能和生产力趋势、技能需求及劳动力市场分析等方面的专家意见； • 根据行业特点拟定相应的技能协议； • 与学习和技能理事会合作设计国家技能计划； • 将各项成果告之各地区技能合作组织，促进地方培训组织模式的形成
小企业服务局	• 国家级小企业服务局负责制定企业联系网络服务的绩效管理框架； • 区域级小企业服务局应参与到技能合作中，统一本区域内业务支持服务的目标，以便更好地服务于区域经济战略的实施
就业附加服务中心	• 国家级就业附加服务中心负责制定该中心地方运营绩效管理框架，包括技能发展和培训； • 区域级就业附加服务中心应参与到技能合作中，统一该中心各项活动的目标，支持区域经济战略的实施并满足当地的技能需求

资料来源：鲁昕. 技能促进增长：英国国家技能战略 [M]. 北京：高等教育出版社，2010：36.

正如《21世纪的技能》所提出的：

我们都知道技能很重要。但作为一个国家，我们在技能方面的投入并没有达到应有水平。人口中的技能分布不均衡，有太多的青少年和成年人由于缺乏技能，很难得到稳定的、报酬优厚的工作，也不能得到工作所伴随的所有社会和个人福利。这是一个全国性的问题，但是还应该在地区和地方层面得到解决，不同地区的技能基础不同是地区生产力差异的一个主要因素。一个地区的问题和重点与另一个地区不同。解决这些问题需要地区和地方极大的灵活性和独立判断能力，进行创新并对本地情况作出响应，满足不同的消费者需求[①]。

第四，改革拨款机构，提高拨款效率。根据2000年《学习与技能法》，学习和技能理事会是负责对16岁以后教育与培训进行拨款的国家机构。为促进技能人才培养培训战略的有效实施，白皮书提出要对其进行改革，改革方向是：任命一批新的地区主管，以便在区域一级发挥其作用；实施一种新的方法来规划和资助学院及培训机构，旨在使雇主的技能优先事项和培训供给之间实现更好地匹配；改革其筹资方式，消除不必要的官僚作风；对实施技能战略所需的进一步改革提出相关建议，包括继续推行新的方法，来设定国家费用承担和收入目标，这一部分主要是对国家、雇主和个人之间的资金投入作出的再平衡分配。可以看出，这一改革目标对于学习和技能理事会提出了更高的要求，使其成为一个技能拨款机构的同时，也是一个政策咨询机构。

---

① 鲁昕. 技能促进增长：英国国家技能战略 [M]. 北京：高等教育出版社，2010：6.

2. 企业：增强培训的选择权和控制权

白皮书提出，对雇主的核心承诺是，将以直接由雇主需求引导、满足其技能优先事项并且易于利用的方式，设计和提供公共资助的培训和资格。改革的核心目标是不断提高雇主对培训的投入和参与程度。一是改变成年人培训的方式，使其根据雇主的需求开始，并将培训纳入更广泛的企业发展中。二是确保在每个阶段，雇主的技能优先事项得到重视，以制定培训供给的相关决策。三是为雇主提供更多、更好的关于培训质量的信息，给予企业更大的选择空间。四是在全国、地区、地方等各级培训供给中，都使雇主发出更多的声音，这主要通过行业技能协议（Sector Skills Agreements）、技能学院（Skills Academies）和区域技能伙伴关系（Regional Skills Partnerships）来实现。《技能：在企业中进步，在工作中提高》提出了具体改革策略。

第一，成立全国范围的行业技能联盟。《21世纪的技能》提出，技能战略的核心是在国家的每一个行业中发展一种新的强大的驱动力，识别并提供雇主需要的技能，从而提高生产力。为此，战略提出的一个重要举措就是通过在每个行业建立行业技能理事会，然后再组建行业技能网络（Skills for Business Network），履行行业在技能人才培养培训中的职责，保障技能人才培养培训计划的有效实施。白皮书指出，到2004年要成立25个行业技能理事会①，取代之前的国家培训组织（National Training Organisations），行业技能发展署（Sector Skills Development Agency，SSDA）负责建立这个网络，促进每个委员会的发展，并监督他们的运行绩效。教育和技能部是行业发展署的牵头部门，与贸易和工业部共同资助行业技能发展署的运行及开展相关活动。行业技能网络主要由政府部门（包括教育和技能部、贸易和工业部、就业和养老金部及财政部）、经济合作部门（包括工业联合会、工会代表大会和小企业理事会）及主要培训机构组成。行业技能发展署将成为代表教育和技能部以及贸易和工业部，联系、协调以行业为基础的技能活动并推广其影响的机构。

具体来说，行业技能网络的主要职责是：确定并明确阐述该行业雇主当前和未来的技能需求；开发并更新国家职业标准，明确企业需要和资格框架中应该提供的技能、知识和能力；让学校、培训机构和大学以及生涯规划机构参与，确保他们理解并对行业技能需求采取行动；确保提高本行业生产力的驱动力，以及利用这些驱动力获得所需要的技能；评估现有培训计划以及资格框架的适切性，满足行业需求，并在需要的时候开发新的资格②。

每个行业技能理事会的职责是利用政府以及政府部门收集的全国数据，预测所在行业对于技能的具体需求。在这方面，一个重要任务是制定行业技能协议。这一举措的主要目的是解决英国培训市场上企业由于"挖墙脚、搭便车"而不愿意参与培训的问题。由于多年来国家对职业教育和技能人才培养的自由主义传统，英国个体企业不愿意对员工技能进行投资，他们也担心对个别雇员进行投资不仅成本高，而且可能会被另一家没有进行类似

---

① Department of Education and Skills, Department of Work and Pensions, HM Treasury. 21st century skills: Realising our potential: Individuals, Employers, nation [R]. Presented to Parliament by the Secretary of State for Education and Skill by Command of Her Majesty, 2003.

② 鲁昕. 技能促进增长：英国国家技能战略[M]. 北京：高等教育出版社，2010：48.

投资的公司挖走①。行业技能理事会制定的行业技能协议就旨在通过使整个行业的雇主合作对技能培训进行投资,来解决这一问题。行业技能协议主要包括以下内容:对行业趋势、生产力驱动器和低技能均衡领域,以及通过劳动力开发和技能需求增加行业中长期竞争力结果的分析;对行业目前技能状况的评估,并明确目前和未来的技能短缺;对行业目前可以获得的培训的质量和范围以及待改进重要领域的评估,这些范围涉及普通就业能力、现代学徒制和基础学位;明确主要的跨行业技能需求②。行业培训协议形成后,如果整个行业的雇主同意,可以通过行业培训理事会引进培训收费,让雇主共同承担培训费用。

总体来看,行业技能网络将主要政府部门和机构与雇主和工会代表集合在一起,力图在政府、英国工业联合会、工会代表大会和小企业理事会之间形成一个全新的技能社会合作关系,以整个行业的方式发出声音,明确培训需求。从历史的角度来说,行业培训理事会并不是《21世纪的技能》所倡导的一种新机构,早在1964年的《产业培训法案》就规定,行业应建立培训理事会,通过从雇主收取资金的方式支持开展培训活动,此次改革是支持行业整体重视技能人才培养培训的一次重要尝试。

第二,设立"国家雇主培训计划"(National Employer Training Programme)。白皮书提出,将实施一项新的"国家雇主培训计划",作为一项强有力的、以需求为导向的机制,改变成年人培训的实施方式。计划与众不同的一点是,它是根据雇主的业务需求而建立的,并在工作场所实施,以满足企业要求。实际上,该项计划使购买力掌握在雇主手中,以便他们能够确定如何最好地使用公共资金来满足自己的优先事项,而不是直接将资金分配给培训机构。该计划为所有类型的雇主——私营、公共和公益部门提供了选择权,这是政府和雇主之间的一种新型伙伴关系,旨在增加培训机会,满足技能需求。该计划的核心是代表雇主工作的经纪服务,其将独立、公正地开展工作,以支持对当前和未来技能需求的分析。这一项目的主要培训内容包括功能性识字、语言和计算技能的培训,主要在工作场所实施,直至获得完整的2级资格证书。

第三,创建技能学院。白皮书提出,在国家培训框架的顶端,将建立技能学院网络,作为以行业为基础的国家卓越中心,突出强调提高职业教育和培训的地位和质量的决心,树立卓越的新标杆,为青少年和成年人设计和提供技能培训。2007—2008学年将建立一个由12个技能学院组成的网络,随着时间的推移,每个主要行业至少建立一个这样的网络。技能学院的作用包括:为青少年和成年人提供培训方案,在设计和实施过程中,培训方将与雇主合作,以满足他们当前和未来的技能需求。技能学院网络根据行业技能理事会和资助雇主提出的建议,与行业雇主结成伙伴关系③。学院网络将开发新的课程,帮助学生获

---

① 西伦. 制度是如何演化的:德国、英国、美国和日本的技能政治经济学[M]. 王星,译. 上海:上海人民出版社,2010:96.

② Department of Education and Skills, Department of Work and Pensions, HM Treasury. 21st century skills: Realising our potential: Individuals, employers, nation [R]. Presented to Parliament by the Secretary of State for Education and Skill by Command of Her Majesty, 2003.

③ Department of Education and Skills, Department of Work and Pensions, HM Treasury. 21st century skills: Realising our potential: Individuals, employers, nation [R]. Presented to Parliament by the Secretary of State for Education and Skill by Command of Her Majesty, 2003.

得经验和了解在该领域工作的新方法。他们不仅培训自己的学生，而且将形成一个专业知识和资源中心，为他们的行业提供培训。这将丰富整个国家网络的学生培训，并支持从学校到高等教育的发展路线。通过参与治理安排，雇主将参与每个技能学院的工作，制定共同的原则，从而提高整个行业技能培训的标准。技能学院将成为国家、区域和地方伙伴关系的关键环节，以提供更好的职业培训。

第四，发挥行业协会在技能培训中的作用。白皮书提出，近年来，在促进工作场所培训方面，行业协会发挥了强有力的作用，这主要是通过8000多名受过培训的行业协会代表组成的网络实现的。在此基础上，白皮书提出，将建立行业协会学院（Union Academy），提高对工作场所培训的需求。工会能够与雇主合作，促进各级培训、技能和资格认证。白皮书强调，要鼓励雇主和工会，在决定如何最好地提高技能方面进行合作。通过这种方式，行业协会可以通过提高技能，借以提高生产力和就业能力，从而支持其成员的长期就业。

上述改革措施，旨在为雇主参与技能人才培养培训建构一个政策框架，主要目标包括：一是通过行业技能理事会和区域技能伙伴关系，确定驱动培训供应的技能优先顺序。二是在制定可以推动培训供应的技能优先事项时，为雇主提供一个强有力的、有权威力的发言权。三是通过在工作场所的本地实施，满足雇主运营需求的方式，设计和开展高质量的培训。四是为低技能员工提供免费培训，使其普遍达到2级技能资格水平，并由雇主自费提供综合计划，以满足雇主更广泛的培训需求。五是雇主能够招聘和留住更多拥有合适的技能和资格的人，使他们能够在工作中发挥生产力。六是将培训与其他形式的业务发展支持联系起来，在评估和满足技能需求时，可以方便地获得专家帮助。八是提供一系列设计良好的资格，使每个人在各个层次上都有正确的技能，从功能性识字、语言和计算、学徒制到基础学位，灵活地建立起随着时间推移对资格认可的信任。

3. 教育机构：更好地响应雇主和学习者的需求

教育机构的改革是此次改革的核心领域。2006年3月，英国教育和技能部发布《继续教育：提升技能，改善生活机会》。布莱尔为该白皮书撰写了序言，白皮书特别强调了继续教育在发展高技能经济中的作用，提出要通过继续教育提升青少年和成年人的技能和资格水平，使其达到世界标准[①]。白皮书提出，为青少年和成年人提供更多选择，提供满足其需求的服务，鼓励新的、创新性的机构进入劳动力市场，采取积极行动为继续教育学院提供更多自主性。白皮书对于继续教育体系进行了重新定位，提出继续教育体系的核心使命在于为青少年和成年人提供在现代化经济中实现生产性、可持续就业所需要的技能。

白皮书提出，作为一个繁荣的国家，英国的未来取决于教育和培训体系。国家依靠这一体系，为青少年做好充分的就业和生活准备，并培养青少年和成年人具备生产性和竞争性市场经济所必需的技能，这些技能为提升公民生活质量和实现更广泛的国家抱负打下基础。从广泛意义上来讲，需要支持人们发展技能，使他们能够最好地发挥他们的才华、知

---

① Department of Education and Skills. Further education: Raising skills, improving life chances [R]. Presented to Parliament by the Secretary of State for Education and Skills by Command of Her Majesty, 2006.

识、智慧和创造力,这是继续教育体系,即各个学院和培训机构的核心目的。该体系为16~19岁的学生提供学习普通职业资格、职业资格、学徒和其他形式的基于工作的培训内容。此外,每年还有大约460万名19岁以上成年人在继续教育学院学习基础技能到基础学位等众多课程。继续教育体系必须为成年人提供各种不同类型和水平的培训,这些技能不仅是维持先进的竞争性经济所需的技能,也是使英国成为一个更公平的社会,为所有人提供平等的发展机会①。该白皮书以《14~19岁教育和技能》《实现所有人的成功:改革继续教育与培训》,以及学习和技能理事会的改革议程为基础,在六个主要领域制定了一系列具有深远影响的改革方案。

第一,满足雇主和学习者的需求。白皮书强调,需要为继续教育建立一个明确的使命,其重点在于关注学习者的就业能力的进步,提供满足个人、雇主和经济发展所需的技能和资格。

每一个继续教育机构都要开发一个或多个职业卓越中心(CoVE),这些中心将成为该机构使命和精神的核心,并推动其持续改进。鼓励各大院校集中注意力,并在各个主要行业的学院之间建立强大的专业网络。这些网络的特点将使其与雇主紧密联系,提高标准、声誉和积极性,推动发展一个更加强大的第六级学院。继续教育体系作为一个整体,在14~19岁青少年的教育改革中发挥着至关重要的作用,但是第六级学院的作用尤为重要。要逐步扩大第六级学院提供的课程和资格,其作为14~19岁青少年教育改革的一部分,将为14~16岁青少年提供一些课程。

加强高校和培训机构合作,提供培训、技能和资格认证服务,目的是更有效地满足雇主和学习者的需求。这一改革举措的目标是改善技能供给,基本原则是以雇主和学习者的需求为导向,按照每个产业、区域和地区最首要的技能需求打造培训体系,给予大学和培训机构最大的自主权,以促进其有效地响应市场需求。为此,改革主要从四个方面进行。一是使公立培训机构为企业和学习者提供更多选择,主要举措是:在继续教育机构设立更多具有鲜明目标、管理水平和文化的企业培训中心,建立更多企业大学,满足地方经济发展对于技能的需求;加强培训机构和大学间的合作,以满足雇主需求。正如《国家技能战略》所提出来的,"我们必须让学院和培训机构对雇主和学习者的需求作出更迅速的反应,扩展到更多的业务和更多的人,对他们因材施教。创建真正以需求为导向的方法,改革我们提供培训的方式"②。二是加强信息和通信技术及在线学习资源。三是改革经费资助制度,激励教育机构更加负责,并精简机构。四是协助大学和培训机构增强基础能力,为企业提供多方面支持。

白皮书进一步强调了建立需求驱动继续教育体系的目标,强调将推行一些措施,让学习者和雇主在确定培训内容和实施培训方面掌握主导权。例如,试运行学习者技能账户方案,重点是帮助他们获得3级资格③。通过这些账户激发学习者的积极性,创造一种主人

---

① Department of Education and Skills. Further education: Raising skills, improving life chances [R]. Presented to Parliament by the Secretary of State for Education and Skills by Command of Her Majesty, 2006.
② 鲁昕. 技能促进增长:英国国家技能战略 [M]. 北京:高等教育出版社,2010:6.
③ Department of Education and Skills. Further education: Raising skills, improving life chances [R]. Presented to Parliament by the Secretary of State for Education and Skills by Command of Her Majesty, 2006.

翁意识，并吸引他们重新投入学习。

第二，提高继续教育学院的教学效果和教学质量。白皮书提出，要发展一个世界一流的继续教育和培训体系，为所有人提供高质量的学习体验，有效利用新技术。鉴于学习者的时间投入，以及在很多情况下必须花费他们自己的金钱，因此继续教育学院和培训机构要保证不断提升所提供培训的质量。将为继续教育学院的教学人员提供新的支持，包括开发由学科领头人提供支持的新的教学材料，特别是支持提供专业文凭；员工需要接受适当培训，定期开发和更新他们的技能，以应对不断变化的需求和新的挑战；持续推行员工的专业发展，要求所有员工每年都最低限度地承担持续发展专业的费用。推行新计划，以促进人才招聘；鼓励来自其他行业的高效管理人员加入继续教育学院；为继续教育学院的技能型专门人才提供教学机会，并为其员工提供更新行业技能的机会；所有新任学院院长都需要获得新的领导人资格，质量战略的重点在于对平等和多样性作出强有力的承诺。

第三，建立目标导向的经费拨款机制。白皮书提出，资金将瞄准优先领域，并满足学习者和雇主的需要。对于14～19岁青少年而言，要为所有机构提供公平的资金；并支持青少年自己作出最佳选择，包括选择其他机构的部分学习和培训课程。对于成年人而言，逐步建立以需求为导向并由客户选择驱动的资金比例，特别要通过增值培训方案和学习者账户试验建立资金比例。

第四，规范、简化继续教育体系的治理。白皮书提出，目前的继续教育体系过于复杂。如果学院和培训机构要发挥作用，必须为它们提供足够的空间和自由。要实施一个简化的资金拨款制度，使国家重点和地方行动之间的联系更加明确，使学院充分发挥其优势。

4. 个人：加强支持和开发其学习潜能

从终身学习、个人责任的角度突出学习者自身在自我成长和就业中的责任是"第三条道路"积极福利观的核心内容。马丁·鲍威尔提出，新工党努力"让学习与技能培训成为一个人在他的整个工作生涯中要做的事情，而不只是一件只限于特定时间、狭小的工作要求或特定雇主的事情"[①]。因此，激发学习者的学习热情和积极性，为其提供选择的权利，是布莱尔政府技能人才培养培训政策的重要内容。《21世纪的技能》提出，必须实施一种战略，让每一个青少年都能打下坚实基础，让每一名成年人在其职业生涯中都有机会发展自己的技能，必须激励并支持更多的学习者再次投入学习，战略目标是帮助人们提高他们实现就业和个人满足感所需的技能[②]。加强对学习者的支持，提供更好的信息、更明确的资金配置、更多的帮助，鼓励他们继续学习，将资金投入那些最需要技能的领域中，并同时提供一个激励和支持成年人愿意重新投入从基本技能到高等教育在内的所有层次的技能培训和资格认证的框架。以此为原则，白皮书强调了公共资金的投入重点：原则上在保护那些最需要帮助而且不能承担学费的人的同时，让那些在经济上从中获得最大利益的人也

---

① 鲍威尔. 新工党，新福利国家？英国社会政策中的第三条道路 [M]. 林德山，李姿姿，吕楠，译. 重庆：重庆出版社，2010：177.

② 鲁昕，译. 技能促进增长：英国国家技能战略 [M]. 北京：高等教育出版社，2010：6.

应该承担一定成本。战略鼓励发展各种层级的技能，同时支持更高水平的技能和资格发展。国家不能为一切买单。因此，在确定公共资金分配重点时，必须考虑那些阻碍技能投资的市场失灵情况，这些情况有别于那些对个人及其雇主的回报率较高的技能投入。在这些领域提供更多的支持意味着重新划分公共资金的优先领域，其结果是，要求那些已经获得很好的资格但是希望在同等级或较高等级继续学习的学习者（或他们的雇主）为学习计划支付更多费用合理的。政府仍然提供相当可观的资金来满足他们的部分费用需要，绝大部分学习者仍然能收到公共资金对他们的培养费用的支持。但是需要平衡国家、个人和雇主的资金投入，以更加公平地反映不同利益相关者获得的收益。

一是为所有没有良好就业技能的人创建新的免费学习标准，使他们能够获得取得此类资格所需的培训。例如，那些没有 2 级资格的人获得可靠的、薪酬优厚工作的可能性更小，更有可能遭遇社会排斥。

二是对技师、中级技能为最高级资格的人的技能提升提供重点支持。这些支持将重点集中在那些满足行业和区域需求的优先领域或努力争取 3 级技能资格的人。通过新的区域技能学徒制提供支持，计划由地方学习和技能理事会实施。对于所有 19~25 岁的学生，将全额资助他们第一次 3 级资格的学费，而对于其他类型学生，将向那些没有资格享受免学费的成年人提供 50% 的费用。同时继续支持低收入学习者，以确保他们不会被阻止在培训体系之外[1]。

三是试运行新的成年人继续教育助学金计划。这将在当前 16~19 岁青少年教育维持津贴基础上制定实施。助学金针对那些为获得首个 2 级资格而进行全职学习的成年人，以及那些为获取首个 3 级资格而进行全职学习的青少年或成年人。

四是提供关于技能、培训和资格认证的更便捷的信息服务，使人们能够了解有什么服务、有什么收益、应该到哪里去获得。为此，要将地方咨询合作网络与大学工业服务远程计划中心提供的国家咨询服务热线结合起来。

五是提供更多的选择机会，鼓励成年人继续学习。创建 100 万个注有 150 英镑的账户，这些个人学习账户可以通过其他来自个人和公司的资金予以扩充，不仅使人们在需要时能够便捷地得到相关培训[2]，而且使 6 000 个英国在线学习中心网络，2 000 个大学工业服务远程计划中心，多个社区、高校和地方政府学习计划结合在一起。

六是开发利用信息和通信技术获取技能的机会。基本的 ICT 技能将成为成年人的第三项基本技能，另外两项基本技能是《生存技能计划》中的读写和算术技能[3]。

白皮书提出，还需要做更多的工作来帮助那些迄今为止在 19 岁之前还没有达到 3 级资格的青少人。例如，在现行制度下，在学费方面，对 19 岁以后继续学习的学生支持还存在明显不足。但是，对于许多年轻人来说，特别是来自贫困家庭的年轻人，20 岁正是

---

[1] Department of Education and Skills. Getting on in business, getting on at work [R]. Presented to Parliament by the Secretary of State for Education and Skills by Command of Her Majesty, 2005.

[2] 鲍威尔. 新工党，新福利国家？英国社会政策中的第三条道路 [M]. 林德山，李姿姿，吕楠，译. 重庆：重庆出版社，2010：177.

[3] Department of Education and Skills, Department of Work and Pensions, HM Treasury. 21st century skills: Realising our potential: Individuals, employers, nation [R]. Presented to Parliament by the Secretary of State for Education and Skill by Command of Her Majesty, 2003.

他们希望获得3级资格的时候,这可以让他们有机会找到一份更好的工作。因此,要创造免费培训的新权力,使年轻人能够完成他们的初始教育和培训,直至25~35岁便可取得3级资格。通过继续推出成人学习拨款(ALG)项目,还将为低收入者提供费用方面的帮助。白皮书强调,新的免费学习标准以及其他改革方案,会提供很多此前通过个人学习账户实现的要素①。通过为成年人提供更多的选择并加强他们对于学习的主人翁意识,鼓励和帮助成年人继续学习。

第三节 布莱尔政府技能人才培养培训政策的实施成效及影响

自进入21世纪以来,布莱尔领导的工党政府从解决国家长期以来面临的生产力水平低下的问题出发,以"第三条道路"的社会投资理论为指导思想,确立了"技能优先"的发展战略,制定了21世纪英国第一个技能人才培养培训战略、14~19岁青少年教育技能开发战略、以企业参与为特征的成年人技能开发战略,提供了以继续教育机构改革为主要内容的技能人才培养培训政策实施框架,为21世纪英国技能人才培养培训政策的改革奠定了基础。

一、生产力提升导向的技能人才培养培训政策取得显著成效

在1997—2007年布莱尔连续执政的10年时间里,工党在教育政策方面大力推进"新工党、新英国"理念的实施。作为"社会投资型国家"的倡导者,工党教育政策的基本出发点是:教育是最重要的社会投资,是实现机会平等和社会流动的重要力量,也是提高个人收入水平及促进国家经济增长的决定因素,因此其兼顾了经济效率和社会公平的双重目标。布莱尔领导的工党政府承诺要扫除人们进步的各种障碍,创造真正的向上流动机会,建立一个开放的、以个人才能和平等价值为基础的社会。有研究者提出,英国工党政府的技能人才培养培训政策主要基于三个假设:首先,增加公共资助的合格劳动力能使雇主采取高附加值、高生产力和高技能的生产策略;其次,提升低技能个体的资格水平可以使他们摆脱孤立,实现就业和劳动力市场的进步;最后,公共资助可以用于帮助雇主进行恰当的投资,从而实现增强国家技能基础的目标②。

三是课程的组织方式根据学生的具体需要确定。例如,有的学生需要补修阅读,有的学生需要学习数学,而有的学生还需要重新参加GCSE考试。

自1997年以来,英国参加16岁以后教育与培训的人数已经扩大,学生总数从1997—

---

① Department of Education and Skills, Department of Work and Pensions, HM Treasury. 21st century skills: Realising our potential: Individuals, employers, nation [R]. Presented to Parliament by the Secretary of State for Education and Skill by Command of Her Majesty, 2003.

② OECD Reviews on Local Job Creation. Employment and skills strategies in England, United Kingdom [R]. OECD, 2015.

1998年度的400万人上升到2004—2005年的600万人。在1997—1998年度至2005—2006年度，政府对学院的投资额实际增加了48%。通过组建学习和技能理事会，首次为16岁以后教育、培训和高等教育以外的技能培训提供了各种形式的资助①。从英国各层级人口比例来看，从2级资格到无资格人口比例呈现持续下降趋势，而3级资格以上人口比例呈现增加趋势，尤以4级资格人口比例增幅最大（如表2-5所示）。

表2-5　1997—2007年英国各教育层级人口比例　　　　　　　　单位:%

层级	1997	2002	2005	2007
5级	3	5	5	7
4级	18	21	23	24
3级	18	20	20	20
2级	21	21	21	20
2级以下	21	19	18	17
无资格	18	15	13	12
总计	100	100	100	100

资料来源：The UK Commission for Employment and Skills. Ambition 2020：World class skills and jobs for the UK [R]. 2009.

布莱尔自1997年上台执政到2007年离职，这10年间英国展现了一种前所未有的活力，经济上表现出的高增长率以及社会稳定、充分就业等都证明了布莱尔领导的工党政府执政的成功。1997—2007年，英国经济形势一直比较好，经济非常稳定，英国被认为是西方七个经济大国中经济增长最稳定、最具活力的国家。国内生产总值逐年上升，人均GDP接近欧盟平均水平的120%，这是自19世纪中叶以来英国首次在较长时期内超越多数西欧国家②（如表2-6所示）。在经济向好的基础上，英国的通货膨胀率得到了控制，失业率持续下降，低于欧洲失业率平均水平，企业投资也开始增长。据OECD统计，1997—2006年，英国平均经济增长率为2.7%，高于欧盟经济区内的平均增长率2.1%，英国的失业率从1997年的7%下降到2006年的5.5%，低于欧盟经济区的平均失业率8.1%③。

表2-6　1994—2007年英国、OECD、欧盟GDP实际增长率　　　　单位：%

年份	英国	OECD	欧盟
1994年	3.5	1.7	2.9
1995年	1.7	1.2	1.8
1996年	1.8	1.7	0.8
1997年	1.3	2.0	1.8

---

① The UK Commission for Employment and Skills. Ambition 2020：World class skills and jobs for the UK [R]. 2009.
② 张爽. 英国政治经济与外交 [M]. 北京：知识产权出版社，2013：111.
③ 肖光恩. 继任者布朗，只争朝夕 [J]. 南风窗，2007（7上）：73-75.

续表

年份	英国	OECD	欧盟
1998年	2.3	1.2	0.9
1999年	1.7	1.9	1.0
2000年	2.6	2.4	1.5
2001年	1.5	0.6	0.3
2002年	1.3	1.7	0.1
2003年	1.8	1.7	0.4
2004年	2.2	2.1	0.9
2005年	0.8	1.4	0.6
2006年	2.0	1.5	1.3
2007年	2.4	1.3	0.8

资料来源：The UK Commission for Employment and Skills. Ambition 2020：World class skills and jobs for the UK［R］. 2009.

二、确立了终身学习导向、需求驱动的技能人才培养培训体系发展方向

布莱尔政府确立了终身学习导向、需求驱动的技能人才培养培训体系发展方向。首先，2003年发布的《21世纪的技能》从整个教育体系和教育对象的角度明确了技能人才培养培训政策的关注范围，即在教育体系上，把以继续教育为主体，涉及中等教育、继续教育和高等教育在内的教育层次和类型都作为技能人才培养培训政策的实施载体；在教育对象上，把14~65岁的所有青少年和成年人都作为教育对象，奠定了21世纪英国技能人才培养培训政策的基本范畴和发展方向。其次，确立了需求驱动技能人才培养培训体系的发展目标。这表现在两个方面：一是将雇主或企业需求放在核心位置。《21世纪的技能》强调，对雇主来说，技能不是终端产品，他们需要的是能够支持其取得事业成功的技能。必须在帮助雇主获得自己所需的培训方面给予更多支持，并在决定培训的组织形式方面增加介入，实施技能战略；不仅要满足雇主现有的技能需求，还能帮助那些希望提高生产力及产品和服务附加值的雇主开展高附加值的新业务，为他们实现上述目标提供更高水平的支持。二是使继续教育学院和培训机构更好地响应雇主和学习者的需求①。

三、确立了合作性、参与性的技能人才培养培训治理框架

布莱尔政府对技能人才培养培训政策的治理机构作出了清晰明确的界定，提出了合作

---

① Department of Education and Skills, Department of Work and Pensions, HM Treasury. 21st century skills: Realising our potential: Individuals, employers, nation［R］. Presented to Parliament by the Secretary of State for Education and Skill by Command of Her Majesty, 2003.

第二章 布莱尔政府以《21世纪的技能》为核心的技能人才培养培训政策（2001—2007）

性的技能人才培养培训政策治理框架，实现了负责经济和技能发展的主要政府部门，包括教育和技能部、贸易和工业部、就业和养老金部及财政部的协同合作。区域发展署、学习和技能理事会及其合作伙伴之间也采用相同的协作模式，建立行业技能理事会，采取行业技能理事会下的联合政府行动。在国家一级，包括各种社会和经济伙伴与政府合作，共同保障技能人才培养培训政策目标的有效推行。在区域一级，在区域发展机构之间建立强大的技能伙伴关系，学习和技能理事会、就业附加服务中心、小企业服务与行业技能理事会等机构共同合作，推进区域培训、就业、创新和商业支持活动，创造充满活力的区域经济，着力于通过技能人才培养培训解决区域间发展失衡的难题。

通过建立相关机构提升行业参与技能人才培养培训的能力是布莱尔政府技能人才培养培训政策的重要举措。在建立国家培训组织的基础上，从2002年开始建立行业技能理事会，作为沟通雇主技能需求、减轻技能短缺及提高技能培训水平的重要机构，这一时期一共建立了22个行业技能理事会，能够覆盖80%的雇主。但从实施成效来看，不同行业的行业技能理事会差异非常大，其在具有雇主培训投资历史的行业或高水平行业实施成效较好，如建筑业、制造业和创意产业等[①]。关于行业技能理事会在运行中面临的主要挑战，主要有三个方面：一是这些雇主领导的机构在运行上主要是由国家资助相关经费，其战略目标也由中央政府确定，以实现政府的技能人才培养培训目标。

尽管在具体实施过程中面临各方面问题，但行业技能理事会的建立具有重要意义。这从根本上形成了行业参与技能人才培养培训的基本机制，奠定了21世纪发挥行业主导作用的制度基础。

---

① LANNING T, LAWTON K. No train no gain: Beyond free-market and state-led skills Policy [R]. Institute for Public Policy Research, 2012.

第三章 布朗政府以《世界一流技能》为核心的技能人才培养培训政策（2007—2010）

2005 年，英国开始了新一轮大选。自 1997 年开始，在工党领导的 8 年执政时间里，英国经济一直持续增长，同时，失业率也维持在较低水平。在这种背景下，工党最终赢得了 2005 年大选，实现了工党成立 100 多年来的首次三连任。这为工党《21 世纪的技能》战略及相关政策的推进实施奠定了基础。但是，由于布莱尔政府参与了伊拉克战争及其任内出现的一系列腐败问题，使民众对其产生了严重的信任危机。2007 年 6 月 27 日，布莱尔正式辞去英国首相职务，时任英国财政大臣布朗接任。布朗接任后，继承了工党"第三条道路"的核心思想，延续了布莱尔时期的教育优先发展战略，并提出了跻身世界一流教育水平行列、成为全球教育联盟领袖的教育改革目标[①]。从这两个角度出发，从 2007 年到 2010 年间，布朗政府出台了一系列以"世界一流技能"为宗旨的技能人才培养培训政策。

第一节 布朗政府以《世界一流技能》为核心技能人才培养培训政策的生成过程

一、问题源流：金融危机引发的低技能人口失业问题

2007 年 7 月，布朗执政后面临两个方面问题：

一是解决工党内部的民主问题，推动英国民主政治进一步改革，为工党和新一届政府争取更多民众的支持。

二是领导英国应对严重的金融危机，以及由此带来的高失业率、财政赤字等问题。2007 年年底开始，英国和世界上大多数国家一样经历了自 20 世纪 30 年代以来最严重的经济危机，2009 年爆发的欧洲主权债务危机进一步加剧了英国的经济衰退。根据国际货币基

---

① 何伟强. 英国教育战略研究 [M]. 杭州：浙江教育出版社，2013：72.

金组织（IMF）的数据，世界经济停止了增长，2009 年发达国家经济缩减了 2%。世界银行行长佐利克指出："危机已经向全球蔓延，没有国家能够从中幸免。"①

整个英国的经济发展非常不平衡，尤其是东南地区，而其他地区则越来越依赖于公共财政支出所创造的就业机会。经济增长仅仅依赖于有限的几个行业。国内生产总值中金融服务部分占比从 1997 年的 6.5% 上升到 2007 年的 8.5%。与此同时，制造业占比却只剩下一半，从超过 20% 降低到 12.5%，制造业相关从业人数从 1997 年的 450 万下降到 2007 年的 300 万②。这种模式的经济增长被证明是无法持续的。截至 2007 年之前的 10 年间，人均国内生产总值增长超过 1/4，而这种局面在 2008 年和 2009 年的经济危机造成的衰退中出现了逆转。正如 OECD 在 2011 年 3 月关于英国经济的调查中所得出的结论："全球经济危机以及随之而来的衰退结束了英国经济为期 15 年的黄金发展期，在此期间，经济持续增长，就业率升高并且通货膨胀率稳定。然而，在公共和外部赤字、过度杠杆化的金融业、高房价和低家庭储蓄方面，已经出现了严重失衡。这些失衡加剧了全球经济衰退期间的经济低迷，并导致国内生产总值下降更为明显、财政赤字更大、通货膨胀率高于 OECD 多数成员国。"③

随着世界经济状况的不断恶化，就业市场日益萎缩，就业形势也同样严峻，失业成为英国社会发展面临的首要问题。2008 年 3 月，国际劳工组织（International Labor Organization，ILO）出版的《全球就业趋势报告》指出："2008 年全球的就业图景充满矛盾与不确定性，尽管随着全球发展，每年能够新增数百万新工作岗位，但失业仍然维持在一个不可接受的较高水平，还有可能达到以往从没有达到过的水平。"如图 3-1 所示，2008—2010 年，英国失业率从 5% 左右一路提升到近 8%。2008 年英国劳工市场的调查表

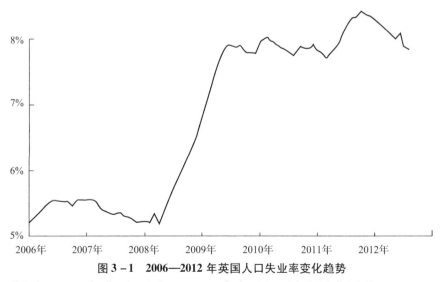

图 3-1　2006—2012 年英国人口失业率变化趋势

资料来源：王展鹏. 英国发展报告 2010—2013 [M]. 北京：社会科学文献出版社，2013：36.

---

① 李玉静. 赢对危机：全球变局中的职业教育与培训 [J]. 职业技术教育，2008（33）：24-37.
② Department for Besiness, Education and Skills. The plan for growth [R]. 2011.
③ 邓永标. 卡梅伦新传 [M]. 北京：中国编译出版社，2016：203.

明，18~24 岁的年轻人失业人数增长最快。OECD 统计数据显示，2007—2009 年的大衰退期间，英国既不就业也不在教育与培训（NEET）人口从 14.1% 增长到 17.1%，而且这些人口中接近 2/3 并不积极寻找就业机会，其中，受教育水平低的年轻人表现最差，39% 没有完成高中阶段教育的年轻人属于 NEET 人群，这在 OECD 国家中是最高的①。数据显示，学徒制是年轻人从学校到就业过渡的一个重要路径，但英国只有不到 2% 的年轻人参与学徒制，而丹麦和德国的这一比例分别达到了 9% 和 15%②。

指标在关于问题的表述方面最有说服力。布朗上台后，随即对英国技能情况进行审查，审查结果肯定了新工党 1997 年来"教育优先"的执政成果。审查报告显示，近年来，随着国家开始推进技能人才培养培训改革，英国的技能基础显著提高，具有 4 级及以上资格证书的人的比例从 1994 年的 21% 上升到 2005 年的 29%。无资格证书的人的比例从 1994 年的 22% 下降到 2005 年的 13%。学徒人数从 1997 年的 7.6 万增加至 2005 年的 25.6 万。18~30 岁的年轻人中大约有 42% 接受了高等教育，远远超过以前。但是，按照国际标准，英国的技能基础仍然不强。在 OECD 的 30 个国家中，英国的低等技能水平排名第 17，中等技能和高等技能水平分别排名第 20 和第 11。700 万成年人没有功能性计算能力，500 万成年人没有功能性读写能力，1 700 万成年人没有 1 级计算能力。低等或没有资格证书的人口比例是瑞典、日本和加拿大的 2 倍多。德国和新西兰等国家超过 50% 的人取得了中级资格证书，而英国取得中级资格证书的人不到 40%。高技能人才的比例达到国际平均水平，但不是世界领先水平。英国在高等教育领域投入国内生产总值的 1.1%，而美国投入 2.9%，韩国投入 2.6%③。审查报告强调，英国国家技能基础的弱势是教育与培训体系历史性失败的结果。

二、政治源流：偏向社会公平的"第三条道路"

作为布莱尔的继任者，在经济危机时期接过政权，布朗总体继承了工党"第三条道路"的核心思想，但进行了适当调整，实施的是一种中间偏左的路线，也就是更加偏向社会民主主义的执政道路，他更加强调利用教育与培训缓解经济和就业压力，强调通过为个人提供工作和教育机会来推进社会平等、缓解就业问题。其在执政纲领中明确提出"在太长的时间里，我们用税收和福利体制来帮助那些贫困的人，而不是做一些更为根本性的事情——解决贫困和不平等的根源问题……通向机会平等之路的起点不是税率，而是工作岗位、教育、福利国家的改革以及对既有资源的有效和公平分配"④。可以看出，他仍然坚持的是"第三条道路"的社会投资思想。但是，面对严重金融危机带来的高失业率问题，布朗还提出了一系列新的观点，力求建立一个有别于布莱尔政府的新工党政府。

---

① Society at a glance 2016：A spotlight on youth：How does the United Kingdom compare？[R]. OECD Social Policy Division, Directorate for Employment, Labour and Social Affairs, 2016.
② Society at a glance 2016：A spotlight on youth：How does the United Kingdom compare？[R]. OECD Social Policy Division, Directorate for Employment, Labour and Social Affairs, 2016.
③ 鲁昕. 技能促进增长：英国国家技能战略[M]. 北京：高等教育出版社，2010：127.
④ 鲍威尔. 新工党，新福利国家？英国社会政策中的第三条道路[M]. 林德山，李姿姿，吕楠，译. 重庆：重庆出版社，2010：19.

第一，在充分利用国家调控和自由市场的优点稳定社会、发展经济的基础上，更加强调公共服务体系的建设和投资。布朗特别重视通过对教育领域的投资来完善整个公共服务体系的建设，强调用教育投资促进公共服务体系发展。他不断加大对基建计划和学校资助计划的投入[①]。

第二，注重对教育的中长期和可持续规划。布朗延续了布莱尔时期的教育优先发展战略，并提出了更加宏伟的教育改革目标——跻身世界一流教育行列、成为全球教育联盟领袖的教育改革战略目标[②]。他将教育行业作为整个公共服务体系的重点，强调通过对教育行业的规划投入带动整个公共服务体系建设，以此在一定程度上带动国家经济的发展，缓解美国次贷危机给英国带来的不良影响。

第三，特别注重文化的改变，在教育改革中用高标准文化取代低标准文化。布朗指出："只有改变文化才能有效实现英国公共服务改革的目标。英国教育机构只有提高对教育人才的期望，并制定相应的改革措施才能实现人才素质的整体提高，适应现代化发展的需要"。他上任后的第二年，2018年1月，领导内阁办公室制定了《实现文化改变：一个政策框架》的政策报告。报告提出，文化资本——我们的态度、价值观、期望和自我效能感，对于我们选择的行动和行为具有重要影响。有一系列工具可以支持和鼓励人们的行为实现长期改变，这在教育、健康生活和环境可持续性领域都有所表现。因此，尽管政府运用激励机制、立法和规范来鼓励行为的变化，但是政策制定者可以考虑把知识和文化改变作为政策实施的工具[③]。在这方面，他提出了改变文化资本的政策开发模式。

三、政策源流：《里奇技能报告》及公平和文化建构导向的经济社会政策

1.《里奇技能报告》的发布

2004年，为了从根本上实现英国经济的繁荣和生产力的提升，并改善英国的社会公平，英国政府委托劳德·里奇对全国的技能发展情况进行了评估。经过两年的评估，2006年12月，里奇发布了长达100多页的题为《全球经济中为了所有人的繁荣——世界一流技能》的咨询报告，也就是著名的《里奇技能报告》。报告主要从技能的重要性、英国技能人才培养培训体系的不足，以及未来技能人才培养培训体系的改革发展等方面进行了论述。报告认为，技能是国家公民能够自己控制的，有利于创造财富、降低社会剥夺的最重要杠杆。基于此，报告建议，要对英国的技能人才培养培训体系进行根本改革，并从不同层次技能的角度对技能人才培养培训体系改革的目标进行界定。报告建议英国要致力于达到世界一流技能水平，并最终实现提高生产率、就业率和社会公正性的目标[④]。具体来说，报告从三个方面强调了技能对于英国经济社会发展的重要性。

---

① 李华锋，董金柱. 英国工党理论与实践专题[M]. 北京：人民出版社，2017：76.
② 何伟强. 英国教育战略研究[M]. 杭州：浙江教育出版社，2013：72.
③ KNOTT D, MUERS S, ALDRIDGE S. Achieving culture change: A policy framework: A discussion paper by the strategy unit [R]. 2008.
④ Leitch Review of Skills Final Report. Prosperity for all in the global economy – world – class skills [R]. 2006.

一是经济发展需要技能提升。报告提出，在过去的14年中，英国经济持续增长，这是有史以来经济发展持续时间最长的时期。英国的就业率是七国集团中最高的，与1997年相比，英国的就业人数增长了200万。英国面临在此基础上继续发展的挑战，要在不断变化和更具竞争力的全球经济形势下实现更加繁荣昌盛。随着时间的推移，英国的经济发生了重大变化。服务业占英国经济的3/4左右。英国差不多有2 900万在职人员。在这些人中，有300万人是个体经营户。职工人数低于50人的小企业，包括个体经营户，占就业人数的1/4左右，大企业占据一半。政府部门的就业人数占总就业人数的20%以上。为此，英国需要解决不同类型雇主所面临的挑战。随着全球经济从根本上发生变化，英国面临的挑战是推动国家经济快速增长。2005年，英国的净移民人数为18.5万人。移民通常会对经济有积极影响，可帮助减少技能短缺问题。但是，这在短期内会增强劳动力市场竞争力。在这一背景下，技能更加显示出在经济发展中的重要性，随着全球经济的变化，技能基础的增强将推动经济的繁荣。

二是劳动生产率提升需要技能进步。报告提出，近年来，英国的劳动生产率有所提升，但仍然落后于法国、德国等国家：每小时法国工人的平均生产率、德国工人的平均生产率和美国工人的平均生产率分别比英国工人的平均生产率多20%、13%和18%[1]。技能是提高工作场所生产率的关键杠杆——英国与法国和德国等国家之间1/5或更大的劳动生产率差距都是由于英国相对较差的技能基础引起的。公民的技能水平是劳动生产率增长的重要因素，技能可以推动劳动生产率的不断提高。企业在面对日益激烈的国际竞争时能够获得成功的能力越来越取决于它们可以吸收的技能劳动力。技能劳动力能够更好地适应新技术和抓住市场机会。高水平的技能可推动创新、促进投资，提高领导力和管理能力。为了能够有效创新，企业必须吸收更加灵活的技能劳动力。

三是促进就业需要技能提升。报告提出，在七国集团中，英国的就业率和劳动人口比例是最高的，其已经达到75%。单亲父母及有健康问题的人和残疾人等弱势群体的就业率提升速度超过过去10年的平均水平。尽管如此，英国仍有超过20%的人没有经济活动能力（没有工作或正在找工作）[2]。通过增加可用劳动力，英国经济就能够实现进一步发展。报告强调，技能逐渐成为就业的关键决定因素。与将近90%拥有资格证书的劳动力相比，只有不足50%的无资格证书劳动力有工作[3]。在过去10年中，当大多数弱势群体的就业率上升速度超过平均水平时，这些无资格证书群体的就业率正在下降。缺少技能是某些少数民族和其他弱势群体就业的关键障碍。

报告强调，技能是实现社会公平的关键驱动因素。获得技能的机会不平等，导致英国社会贫困率和收入差距相对较高。技能与更广泛的社会影响结果之间存在明确联系，如健康、犯罪和社会凝聚力。报告提出，为了在新的全球经济形势下实现世界级的国家经济繁荣与社会公平，英国必须发展世界一流技能。如果英国没有世界一流技能，那么英国企业的竞争能力和创新能力会越来越低。技能水平最低的劳动力的就业机会将持续下降，他们

---

[1] Leitch Review of Skills Final Report. Prosperity for all in the global economy – world – class skills [R]. 2006.
[2] Leitch Review of Skills Final Report. Prosperity for all in the global economy – world – class skills [R]. 2006.
[3] Leitch Review of Skills Final Report. Prosperity for all in the global economy – world – class skills [R]. 2006.

将面临永久失去劳动力市场机会的风险。报告提出,技能是国家繁荣昌盛和社会公平的关键推动力。在新的全球经济形势下,拥有世界一流技能是实现经济发展目标和社会公正的关键。

针对上述问题,报告提出七方面建议:一是全面提高成年人技能。朝着世界一流技能水平发展进步的最佳衡量标准就是技能人口的数量。为实现这一目标,需要国家、雇主和个人进行额外投资。政府致力于提高教育和技能在 GDP 中的占比,到 2020 年,3 级资格以下的额外年度技能投资额需增加至 15 亿~20 亿英镑。二是提高对雇主需求的重视程度。通过建立一个负责向中央政府和主管部门报告的就业和技能委员会,使雇主在技能人才培养培训中能有话语权。三是增加雇主对技能人才培养培训的参与和投资。对行业技能理事会进行改革和授权,使其能够为所有雇主发展技能开展经纪服务,从而提供更有经济价值的技能。四是发起一项新的"技能承诺",让雇主自愿承诺培训工作场所中所有取得 2 级资格证书的合格员工。五是增加雇主对工作场所中 3 级和 4 级资格培训的投资,并通过提高雇主和大学的参与度积极资助更高级的资格培训,提高对 5 级或 5 级以上资格的关注度。六是提高人们对技能的渴望。制定立场明确、持续性的宣传方案,开发一项新的就业服务,让人们意识到技能对他们及其家庭的价值。七是建立一项全新的综合就业与技能服务,启动一个提高失业人员基本技能的新计划,为弱势群体提供支持,在现有模式基础上建立一个影响技能人才开发的雇主或企业网络[①]。

2. 创新导向国家发展战略的颁布

2008 年 3 月,布朗上台后不久,创新、大学与技能部就颁布了《创新国家》白皮书。白皮书提出,创新对于实现英国经济的繁荣和人们生活质量的提高发挥着重要作用。为提高国家生产力、增强国家竞争力、应对经济全球化的挑战,英国必须在所有领域实现创新[②],成为一个创新型国家。白皮书提出了支持企业创新、建立强大的研究基础、公共部门创新等一系列创新要素,其中,特别把创新型人才作为战略的核心要素。战略提出,创新型人才对于创新型国家建设发挥着核心作用,因为创新型企业需要高技能和创造型的劳动力。因此,白皮书强调,要通过对高等教育、继续教育、行业和技能理事会、国家技能学院的拨款,促进创新型人才的培养。在强调高等教育创新性的基础上,创新、大学和技能部将设立继续教育专业化和创新基金,并把高层次技能和创新作为未来 10~15 年高等教育改革框架的重要因素。

白皮书提出,创新和技能间存在着密切关系,高技能和专业化的劳动力更容易产生新思想,以及引进并适应新的技术和组织变革。换言之,技能在新的知识和技术的产生与发展过程中,以及新的发明的应用过程中都发挥着重要作用。从企业的角度来说,劳动力的技能水平和企业创新性之间存在着密切关系。对于这一点,白皮书提出,政府必须确保人们具有创新需要的技能和知识。白皮书重申了《里奇技能报告》中提出的目标和策略。同时专门针对继续教育提出了一系列改革计划,以促进继续教育机构知识和技术的转移,具

---

① Leitch Review of Skills Final Report. Prosperity for all in the global economy – world – class skills [R]. 2006.
② Department for Innovation, Universities & Skills. Innovation nation [R]. 2008.

体包括三方面策略：一是劳动力现代化，加强继续教育学院教师与企业的交流合作，增强学院对于知识转移伙伴关系的参与；二是促进继续教育学院向企业的知识转移，加强地区技能伙伴关系；三是构建继续教育知识转移的能力，包括引进国家技能学院及更广泛的专家网络，在整个继续教育体系进行知识转移实践。

3. 公平导向的社会发展战略

面对经济危机带来的严重失业问题，2009年1月，英国财政部，内阁办公室，创新、大学与技能部等12个部门发布《新机会——实现未来的公平机会》白皮书，首相布朗为白皮书撰写了序言。白皮书提出，全球经济危机为国家带来了挑战和机会，政府要努力保护公民和企业免受经济危机的影响，同时为国家的未来准备机会。在这方面，政府要加强对失业者的支持，帮助他们找到新的工作。为此，白皮书提出两个核心要素：更好的工作和更公平的机会，塑造一个向上流动的社会。为此需要加强三个领域的投资：发展新的产业和市场，使更多人从新经济创造的工作机会中获益；使公民在整个生命历程中都能发展技能和能力；通过家庭和社区支持个人实现潜能。由此可见，白皮书把"技能开发"作为一个核心要素，并提出通过一个战略路径开发劳动力的技能①。这一路径包括三个要素：一是改善从儿童早期阶段到工作年龄人口的教育，特别要重视对于劳动力的投资；二是确保所有人都能获得终身学习机会，并与企业合作确保人们获得劳动力市场需要的技能；三是采用战略路径提升技能水平，特别是新兴行业技能水平，采取更严格举措明确技能需求，确保公民在恰当的时候有恰当的技能②。

4. 面向2020年技能战略咨询报告的发布

2009年5月，就业和技能委员会发布题为《2020年宏伟目标：世界一流技能和工作》的咨询报告，首次分析英国在建设世界一流技能基础方面面临的挑战：到2020年，在生产力、就业和技能领域成为世界第一。就工作和生产力来说——两个经济繁荣的关键驱动力——如果说世界一流指的是世界前8名的话，英国距离世界一流只有咫尺之遥。在就业率方面，排在第10名；而在生产力水平方面，排在第11名。要想挤进前8名，需要将就业率提高近2%，将劳动生产率提高13%。报告提出，技能更娴熟的劳动力就业能力更强，也更富有成效。具有2级资格的人的就业率比那些无资格的人多出一半（一个是75%，而另一个是50%）。受培训的雇员比例每增长1%，生产力就会增长0.6%。的确，在劳动力技能方面，已经取得了很大进步，尤其是在过去10年中，取得4级及以上资格的人比以前多了300万——比10年前多了44%。而没有资格的人比以前少了150万——比10年前少了1/4③。然而，报告提出，虽然过去10年中英国的技能水平一直在提高，英国在技能水平方面也取得了很大进步，但要在技能水平上成为世界一流国家，即成为世界

---

① HM Government. New opportunities: Fair chances for the Future [R]. Presented to Parliament by the Minister for the Cabinet Office by Command of Her Majesty, 2009.

② HM Government. Building Britain's future [R]. Presented to Parliament by the Minister for the Cabinet Office by Command of Her Majesty, 2009.

③ The UK Commission for Employment and Skills. Ambition 2020: World-class skills and jobs for the UK [R]. 2009.

上的前8个国家之一，英国的差距还是比较大。报告从国际角度对英国技能情况进行了详细分析。2006年，英国在高水平技能方面排第12名，中等水平技能方面排在第18名，而在低水平技能方面排在第17名。具体差距如表3-1所示。

表3-1 就业和技能委员会提出的英国2020年技能政策的目标和差距

项目	2007年	2020年目标	差距
4级及以上技能人才占比	31%	40%	增加9个百分点
3级技能人才占比	20%	28%	增加8个百分点
2级技能人才占比	20%	22%	减少2个百分点
2级以下技能人才占比	17%	6%	减少11个百分点
无资格技能人才占比	12%	4%	减少8个百分点
总计	100%	100%	—

资料来源：The UK Commission for Employment and Skills. Ambition 2020：World – class skills and jobs for the UK ［R］. 2009.

报告提出，英国技能人才状况呈现哑铃形。按照全球标准，有太多低水平技能和无技能的人，技能和资格处于中等水平的人太少，但是拥有高水平技能的人比例相对较高。仍然有1/8的成年人没有资格证书；超过1/4的人没有达到2级资格水平；公民的读写水平，特别是计算技能，常常严重不足①。报告强调，英国中等水平技能的不足——工艺、技术人员以及相关专业人员技能水平低一直是英国面临的一项挑战②。

报告提出，尽管过去10年中英国的技能水平有了重大进步，但仍没有达到世界一流，并且还没有走上到2020年在技能领域达到世界一流的道路。报告提出了三方面根本原因：一是个人愿望。有太多的年轻人没有获得职场成功和进步所需要的基本就业能力。因此，具备在将来的劳动力市场取得成功的技能的成年人太少，而具备获得上述技能的动力、信心和机会的成年人也太少。二是雇主要求。与其他工业国家相比，英国在高技能、高附加值行业的企业太少，拥有的高效率工作场所和高技能工作也太少，雇主对技能的需求完全不够。三是适应性服务。目前的就业和技能体系既不完全融合连贯，也没有充分满足劳动力市场的需要，还过分复杂并无法让消费者（雇主和学习者）驱动需求、绩效或品质提高。在此基础上，报告还强调了需要考虑的其他因素：一是地域发展不平衡，在生产力、就业和技能方面，英国内部的地区之间存在很大差异。二是协调一致的政策，英国面临复杂的挑战——既要将生产率、就业率和技能提高到空前水平，又要缩小个人之间以及不同地区之间的差距，这就需要在全国的工业、技能和经济发展政策方面高度一致，需要将国家政策与地区/地方战略和行动更有效地结合起来。

报告认为，这些是长期存在的问题，可能会遭受来自公共开支的巨大压力以及可能存在的限制，从而会产生其他两个挑战：一是有限的公共资金。未来几年，国家可以用于投资公民和企业技能提升的公共资源比以前要少，这是因为财政赤字给公共教育和培训支出

---

① The UK Commission for Employment and Skills. Ambition 2020：World – class skills and jobs for the UK ［R］. 2009.
② The UK Commission for Employment and Skills. Ambition 2020：World – class skills and jobs for the UK ［R］. 2009.

施加了压力。必须找到创新性的方法，用较少的资金取得更大效果并废除那些不会增加真正价值的程序、结构和成本。二是共同投资。在一段时间内，公共资金会受到更多限制，而整个国家却需要增加劳动力技能的数量和提升劳动力技能的水平。因此，如果要实现"世界一流"这个宏伟目标，除了公共支出，还必须从个人和雇主筹集更多的共同投资。

为实现这一目标，报告设定了五项重要工作领域：建立一个清晰、整体性的经济转型和复兴政策，支持英国经济从衰退走向复苏和增长；最大限度地提升人口的技能，支持城市和区域经济的有效发展；加强对雇主技能和工作需求的预测，构建更加灵活和反应性更强的技能开发和就业体系；最大限度地帮助个体开发潜能，把个人的期望和技能转化成世界一流的生产力；增强雇主在全球市场上的竞争力。在具体技能开发方面的举措为：将个人获得技能和可持续性工作的动力和机会最大化；提高雇主对技能的期望目标、投入和投资；打造一个更具战略性和灵活性、由劳动力市场引领的就业和技能体系；简化技能体系①。

四、政策之窗：《里奇技能报告》的建议促进了《世界一流技能》战略的产生

"政策之窗"是政策企业家提出其最得意的解决方法的机会，或者是他们促使其特殊问题受到关注的机会②。这一条件对于布朗《世界一流技能》战略的产生起到了直接推动作用。《里奇技能报告》提出的"建设世界一流技能体系"的建议得到了布朗政府及社会大众的大力支持。2007年7月，英国创新、大学与技能部发布《世界一流技能：英国实施里奇技能报告》（简称《世界一流技能》）白皮书，这也是新成立的创新、大学与技能部发布的第一个技能人才培养培训政策，英国首相布朗，财政大臣，创新、大学与技能部国务大臣，就业和养老金部国务大臣，商业、企业和管理改革部国务大臣及儿童、学校和家庭部国务大臣共同为白皮书撰写序言。这一政策全面接受了《里奇技能报告》的建议，确立了布朗时期技能人才培养培训改革的基本方向。

与此同时，2008年，儿童、学校和家庭部与创新、大学与技能部联合发布《世界一流学徒制：释放潜能、建构面向全民的技能——英国政府未来学徒制未来战略》（简称《世界一流学徒制战略》）。战略肯定了学徒制的作用，提出英国在发展学徒制方面已经具有数百年的深厚传统，学徒制可以为青少年和成年人提供获得重要技能和工作的有价值路径，可以为企业提供释放潜能及行业发展的最佳路径③。

随着2007年国际金融危机的加深，在全面考虑2009年英国就业和技能委员会发布的《2020目标：发展世界一流技能和工作》和《实现2020目标：技能、工作和经济增长》基础上，2009年11月，英国创新、大学与技能部颁布《为了发展的技能：国家技能战

---

① The UK Commission for Employment and Skills. Towards Ambition 2020：Skills，jobs，growth：Expert advice from the UK commission for employment and skills [R]. 2009.

② 霍丽娟. 深化产教融合政策的多源流分析：匹配、耦合和发展 [J]. 职业技术教育，2018（4）：6-13.

③ Department for Children, Schools and Families, Department for Innovation, Universities and Skills. World-class apprenticeships：Unlocking talent，building skills for all：The government's strategy for the future of apprenticeships in England [R]. 2008.

第三章 布朗政府以《世界一流技能》为核心的技能人才培养培训政策（2007—2010）

略》（简称《国家技能战略》）白皮书，该战略把技能人才培养培训上升到一个更加重要的位置。在该战略的引言部分，把其定位为"一项服务于英国的战略"，并强调"技能是传承的，是事关英国的战略性问题"[①]，把21世纪英国技能人才培养培训政策推向了高潮。

布朗政府发布的技能人才培养培训政策如表3-2所示。

表3-2 布朗政府发布的技能人才培养培训政策

时间	政策或战略名称	颁发部门
2007年	《世界一流技能：英国实施理查德技能评论》（World Class Skills：Implementing the Leitch Review of Skills in England）	创新、大学与技能部
2007年	《提高期望：16岁后留在教育与培训》（Raising Expectations：Staying in Education and Training Post-16）	教育和技能部
2007年	《提高期望：16岁后留在教育与培训——从政策到立法》（Raising Expectations：Staying in Education and Training Post-16）	儿童、学校和家庭部
2007年	《教育与技能法案》（Education and Skills Bill）	议会
2008年	《世界一流学徒制：释放潜能、建构面向全民的技能——英国政府学徒制未来战略》（World-class Apprenticeships：Unlocking Talent, Building Skills for All）	创新、大学与技能部，儿童、学校和家庭部
2008年	《创新国家》（Innovation Nation）	创新、大学与技能部
2009年	《技能投资战略》（Skills Investment Strategy）	创新、大学与技能部
2009年	《学徒制、技能、儿童和学习法案》（Apprenticeship, Skills, Children and Learning Act）	议会
2009年	《为了增长的技能：国家技能战略》（Skills for Growth：The National Skills Strategy）	创新、大学与技能部

为促进《国家技能战略》的实施，英国政府同时发布《技能投资战略2010—2011》（以下简称《技能投资战略》）。《技能投资战略》提出，2010—2011年，英国政府对继续教育和技能人才培养培训的投资将达到44亿英镑，其中，对培训位置的投资预计将超过35亿英镑，比2009—2010年度增长约3%[②]。通过对行业进行广泛的咨询，《技能投资战略》还提出，为培养经济增长关键行业需要的高技能人才，将对培训资源进行更有效的整合。此战略中所涉及的许多立法承诺，也已包含在即将提交议会审议的《学徒制、技能、儿童与学习法案》中。法案主要关注14~19岁青少年的学徒培训问题，对于学徒制和职业教育的管理、经费拨款等作出了具体规定[③]。

[①] Department for Business, Innovation and Skills. Skills for growth: The national skills strategy [R]. Presented to Parliament by the Secretary of State for Business, Innovation and Skills By Command of Her Majesty, 2009.

[②] Department for Business, Innovation and Skills. Skills investment strategy [R]. 2009.

[③] Draft apprenticeship bill [Z]. London: DCSF, DIUS, 2009.

第二节 布朗政府以《世界一流技能》为核心技能人才培养培训政策的特征

一、价值选择：偏向社会公平的培训质量和层次提升

与布莱尔政府把生产力提升作为核心目标不同，在"第三条道路"的天平上，布朗政府更偏向社会公平的价值导向。正如《世界一流技能》白皮书在序言中提出，过去多种多样的自然资源、强大的劳动力及一些灵感往往是国家成功的必备因素，但这些已成为过去，在21世纪，我们将来的繁荣取决于能否打造这样一个英国——它将为人们提供机会，鼓励他们最大限度地发掘其技能和能力，然后再为他们提供支持，以达到能力所及之高度①。国家未来的繁荣依赖于公民的能力和技能。从这里可以看出，实现社会公平，就是要为人们提供更公平的培训机会。虽然布朗政府也特别关注生产力的提升，但是它把个人的机会和社会公平放在了首位。

具体来说，《世界一流技能》从三个方面重申了技能的重要意义：对于成人来说，更好的技能和有价值的资格是实现更好工作、生涯发展及提高家庭收入的根本路径，是实现社会流动性、确保个体基于自己的能力和努力工作实现进步的关键因素；对于雇主来说，高技能劳动力是实现更高生产力、竞争力和盈利的路径；对于社会来说，更好的技能可以帮助人们摆脱低愿景、低成就的代际循环②。白皮书提出，英国必须致力于建立一个世界一流的技能基础，以保证国家在新的全球经济形势下实现繁荣昌盛和社会公平。到2020年，要使英国的技能水平进入世界前8名、OECD前4名。

建立在布莱尔政府大规模提升人口技能水平的基础上，布朗政府的技能人才培养培训政策明确把"建设世界一流技能基础"作为核心目标，显示了其更加追求人才培养质量提升的价值取向。

2009年发布的《国家技能战略》将英国公民技能水平的提升与未来经济社会发展紧密联系在一起，提出英国技能开发的两个原则，这两个原则仍然把社会公平和公民个人发展机会放在首位。具体来说，这两个原则包括：一是为人们提供更广泛、灵活地接受各层次技能培训的机会；二是更加关注现代工作所要求的技能，大力发展高级学徒制，并把职业教育路径纳入高等教育③。在此基础上，《国家技能战略》提出了更具体的改革目标：到2020年，要使全国3/4的人口在30岁前参与高等教育或完成高级学徒制及同等水平的

---

① 鲁昕. 技能促进增长：英国国家技能战略 [M]. 北京：高等教育出版社, 2010：123.
② World class skills: Implementing the Leitch review of skills in England [R]. Presented to Parliament by the Secretary of State for Innovation, Universities and Skills by Command of Her Majesty, 2007.
③ UK Commission for Employment and Skills. Ambition 2020: World-class skills and jobs for the UK [R]. 2009.

技术课程①。《国家技能战略》把"开发有利于经济繁荣的技能"作为核心原则,提出要对英国现有的技能人才培养培训体系作出重要改革。其基本要素包括四个方面:确保技能的供给与需求相匹配;确保开发的技能对于雇主具有经济价值,培训的直接效果是能够提高生产力;确保能够帮助成人提升其就业能力,并进一步把就业和技能培训结合起来;运用行业认可的资格作为衡量技能人才的指标。此次改革将为高等教育和技能人才培养培训体系重新制定一个整体发展目标:使3～4级资格的人在30岁之前要么接受高等教育,要么接受高级学徒培训,要么能完成同等水平技术教育课程学习。这一富有挑战性的新目标进一步强调,要在未来几年里发展高等教育,推进3～4级技能资格的高级技能职业培训。要实现这一目标,关键要建立技能人才培养培训体系,大力发展高级学徒制。这样既能适应经济发展的需要,还能使更多人沿着职业成长路径不断学习更高水平的技能,充分享受工作带来的可观回报。

《国家技能战略》提出,英国仍然致力于《里奇技能报告》提出的"建设世界一流技能体系"的目标。这意味着到2020年,技能水平在OECD国家中要达到前14名。衡量技能人才培养培训体系成功与否,不能只看资格认证目标是否实现,还应关注就业情况和其他结果。获得技能比取得资格认证更有意义,这一点很重要。提高学历层次和资格水平不能成为衡量技能人才培养培训体系的唯一标准。

《国家技能战略》在六个方面提出了优先次序和改进路径:第一,如何通过提升技能实现经济繁荣。要将技能人才培养培训体系的重点转移到能否满足雇主需求,是否使学习者在工作中进步等方面。第二,如何快速扩大青年高级学徒体系,让他们掌握经济发展需要的高级职业技能。将学徒制放在首位,创造更多的机会,让高级学徒能进入高等教育机构继续深造。第三,如何保证技能人才培养培训体系更好地适应企业需求,更好地服务于那些促进经济增长的关键领域和吸收就业的重点行业。技能人才培养培训体系要完全以市场需求为导向,要通过受益培训(train to gain)项目的实施,使企业充分根据自己的需求和偏好作出选择,使其在制订培训计划和规则时拥有更大的话语权,技能预算的大部分资金最终也会集中到那些决定未来增长、创造就业岗位的行业和市场。第四,如何进一步确保所有成年人能够为未来工作而不断充实自己,所有的成年人都能终身接受培训。为学习者建立技能培训账户,及时提供高质量的信息和课程质量指导及建议,使他们根据自己的需求作出选择,以真正推动技能人才培养培训体系的不断进步。第五,如何让更多企业认识到投资员工技能的价值,包括如何更好地利用现有的技能基础。帮助行业企业制定改善员工技能水平的目标,支持大多数企业家和工会,协助他们共同建立行业最低技能标准。第六,如何赋予学习者选择技能培训课程的权利,从而推动继续教育学院和其他培训机构改善服务质量②。

与布莱尔时期的技能人才培养培训政策相比,布朗政府仍然重视通过技能人才培养培训促进经济发展及生产力的提升,但是,布朗政府对于社会公平给予了更多关注。

---

① Department for Business, Innovation and Skills. Skills for growth: The national skills strategy [R]. Presented to Parliament by the Secretary of State for Business, Innovation and Skills By Command of Her Majesty, 2009.

② Department for Business, Innovation and Skills. Skills for growth: The national skills strategy [R]. Presented to Parliament by the Secretary of State for Business, Innovation and Skills by Command of Her Majesty, 2009.

二、利益分配：更加关注重点领域及弱势群体的培训

2009 年 4 月，在英国创新、大学与技能部所做的预算中，提出对教育的支出要减少 4 亿英磅；2009 年 5 月，英国高等教育拨款理事会提出，2009—2010 年对教学的拨款将缩减 6 500 万英磅①。对于教育经费和资源的调整是《国家技能战略》的重点内容，战略提出，2010—2011 年将把投资转移到新的优先领域。一是对于没有获得 2 级和 3 级资格的人，将停止对重复资格培训的全额资助，逐渐将资源转向中长期技能优先领域；二是把能够获得最大收益的新技能培训放在优先地位，以最大限度提高培训投资的价值，维持并发展经济；三是停止投资那些对学习者成功或经济发展贡献较小的培训，但要确保这将不会剥夺公众获得成人教育和技能培训的权利。由于面临开支压力，现有的资助政策将会重点围绕优先领域展开。

1. 加强重点行业领域技能培训的投资

白皮书强调，要集中技能预算的资源，将其投入最能带动经济增长和就业增长的领域。经济必须紧紧围绕两个基本点，即高增长（新产业、新职业）以及高就业。2010 年 4 月，将成立技能培训资助机构，把更多的资金投入关键行业和市场，以保障必要技能的发展。优先投入资金的领域包括生命科学、数字媒体技术、高级制造业、工程建设和低碳能源等。同时，英国就业和技能委员会将与雇主合作，以确保能合理判断短、中、长期经济发展对技能的需求。培训机构和高等教育机构都要参与进来，区域发展署、城市和地方政府将提供不同区域的需求信息。行业技能理事会将提供各行业不同需求和业务发展变化的信息。这些将使技能人才培养培训体系更主动地应对技能短缺问题，更有针对性地向国民提供技能培训。

与行业技能理事会共同发起联合投资计划，利用企业提供的资金支持，资助那些可以带动经济复苏的关键领域。雇主主导的行业技能理事会显著提高了雇主对行业技能的重视，他们正引导这场意义深远的技能人才培养培训体系改革。一些行业技能组织认为，如果政府也能投入配套资金，支持重点和优先行业所需的技能培训，他们也会说服企业追加更多的资金投入。因此，从 2010 年秋季开始，一些行业技能组织，在对经济复苏中起关键作用的行业发起一项联合投资计划，用于培训熟练技能和准专业人员，资金将可能增加到 1 亿英镑，其中雇主投入 5 000 万英镑用于资助 75 000 个优先行业的岗位培训，培训高级职业水平的技能型人才。在对受教育者的资源分配上，《世界一流技能》战略明确提出，在成年人继续教育和培训方面，政府的年度预算为 30 亿英镑，其中大部分资金都着眼于社会中最低端技能和最低资格的个人，因为这方面的问题最多②。

2. 延长青少年法定教育与培训年限

《世界一流技能》提出，如果英国想要拥有世界一流技能基础，必须努力让青少年获

---

① City&Guilds Center for Skills Development. Training in economic downturns [J]. Series Briefing Note 18，2009.
② 鲁昕. 技能促进增长：英国国家技能战略 [M]. 北京：高等教育出版社，2010：123.

得世界一流的技能。尽管最近有所改进,但英国接受教育和培训的16岁青少年的人数仍低于OECD国家平均水平。83%的17岁青少年正在接受教育和培训,而表现最佳的国家则有90%。为使16岁青少年接受教育与培训的人数达到世界一流水平,2007年3月,英国政府发布绿皮书《提高期望:16岁以后留在教育与培训》,提出把青少年离开教育与培训体系的年龄提高到18岁。这一计划的实施分为两个阶段:从2013年9月开始延长到17岁,从2015年9月开始延长到18岁。绿皮书提出,所有青少年在18岁之前都必须持续接受教育或培训;可以学习学校和继续教育学院的课程,以及以工作为基础的学习或雇主提供的认可培训课程;为了证明学习过程,将需要青少年努力获得普遍认可的资格证书;对于每周大部分时间都没有工作的青少年来说,应当接受全日制教育,而每周工作时间超过20小时的青少年,则接受非全日制教育①。

2013年,把青少年接受最低教育的要求提高到17岁,这意味着首先对2008年9月的7年级学生开始实施——从这些青少年上中学开始就提升他们接受继续教育的明确期望。这些提议将适合英国所有16岁和17岁的青少年。为此,需要确保四个关键的事情:为每个青少年提供一条适当的教育路径,让他们能够参与教育与培训,并且持续取得进步和成就;为每个青少年提供正确指导和咨询,帮助他们作出正确的选择;雇主积极参与,为青少年提供有价值的培训机会;需要平等尊重职业教育路径,以便使每个人都能采取恰当的方式提高对教育与培训的参与年龄,并且确保青少年不会在没有为生活做好准备之前离开教育和培训体系。

2007年11月28日,英国下议院通过《教育与技能法案》。法案包括五部分内容,其中重要一部分内容就是改革14~19岁青少年的教育与培训以及青少年和成年人的学习与技能②。法案对于提高青少年和成年人对教育与培训的参与度,实现《里奇技能报告》提出的"建设世界一流技能体系"的目标具有重要的里程碑意义。这是近30年来英国政府第一次通过立法把青少年参与教育年限提高到18岁。在这方面,青少年被给予了参与教育与培训并获得相关支持的新权利,同时,这也对青少年及其家长、学校和学院、地方政府和雇主提出了新的责任。

3. 发展19岁以上高级学徒制

2008年的《世界一流学徒制》提出,到2013年,政府将为每个合格的青少年引进学徒制资格,并作为延长教育年限的主要教育路径,使学徒制成为对青少年更有吸引力的教育选择。改革的远景目标是,到2020年,1/5的学徒都能参与学徒制,使学徒制成为16岁青少年的主流教育选择③。改革肯定了《里奇技能报告》中设定的目标,并提出要通过把学徒制与其他形式的学习有效结合,进一步强化学徒制,通过建立国家学徒制服务(National Apprenticeship Service,NAS)机构,提高学徒制的服务水平和质量,同时进一步

---

① Raising expectations: Staying in education and training post-16 [Z]. Presented to Parliament by the Secretary of State for Education and Skills by Command of Her Majesty, Department for Education and Skills, 2007.
② Education and Skills Bill [Z]. Bill 12 of 2007-08.
③ Department for Children, Schools and Families, Department for Innovation, Universities and Skills. World-class apprenticeships: Unlocking talent, building skills for all [R]. 2008.

增强雇主对学徒制的参与，形成对于学徒制认可的文化。

发展、扩大高级学徒培训机构，对有利于未来经济发展和创造就业所需要的技能进行投资，培养世界一流技能人才。通过技能需求预测及提供更好的信息和课程服务，为人们提供更多的培训机会，为继续教育学院和培训机构发展制定更有效的拨款和监督机制，提高技能人才培养质量。发展高级学徒制是培育技工体系的关键，将大力发展高级学徒制。《世界一流技能》提出，要通过高级学徒制为19～25岁成人提供免费培训，以便使他们首次获得3级技能资格证书，政府将向该项目提供2/3的经费；《国家技能战略》进一步提出，将为19～30岁成年人增设成倍的学徒场所，增加高水平学徒接受高等教育的机会①。

根据英国相关研究，尽管过去10年中学徒数量增长明显，但是很少有人能通过非学术途径进入高等教育。由Alan Mibum领导的公平就业专家组发表的报告称，直到2009年这一比例还只有0.2%左右②。接受报告的建议，要设立学徒奖学金，帮助学徒接受高等教育。英国所有学徒都可以申请这项资助。申请成功者只要确认被高等教育机构录取，就会获得该笔奖学金。战略旨在通过这一举措，扩大高级技能资格学徒计划的培训人数和受众面，与高等教育机构、行业技能理事会、专业机构和雇主组织等密切合作，开设综合学位课程和硕士阶段课程。这些课程将把学徒学习的要求视为基本要求，如就业状态、技术专长、职业能力、技能认证等。一旦学徒期满，成功结业后，学徒即可作出进一步深造的选择，包括继续接受高级学徒制培训和攻读基础学位。采取有力措施，支持学徒毕业后接受高等教育，包括设置公平就业专家组建议的学徒奖学金。

4. 开展高层次劳动力教育与培训

由于在过去10年中，接受高等教育的人数大幅增加，因此现在约有42%的青少年正在接受高等教育，这使得国家高技能人才的比例显著增加。但是，由于进入大学的途径非常不公平，因此近年来青少年上大学的机会与父母收入之间的相关性逐渐增加，从而导致越来越多有能力进入大学的青少年由于没有任何背景而无法接受大学教育。政府想要解决这一问题，需要采取坚定措施，提高整个国家的高等教育入学率，让有能力的人无论在何种背景下都能上大学。政府仍然需要继续保持目前的这种趋势，以便最贫困地区的学校标准能够与最富裕地区的标准相匹配。

为应对中国和印度等经济快速发展国家的挑战，并使英国一直保持在世界关键知识经济体的位置上，2008年4月，英国发布《世界一流学徒制》战略。战略指出，为使学徒制成为16～18岁青少年的主流选择，到2013年使所有有资格的青少年都能获得学徒培训的位置，并推动成年学习者参与学徒培训，政府将采取以下措施：把学徒制作为建立国家技能基础的一个关键路径；与雇主合作，帮助青少年和成年人获得雇主需要的技能和资格；发展一个新的国家学徒制服务系统，引导学徒制的发展；采取行动，使雇主更容易改革他们的学徒制；为小企业提供工资补助，增强其吸引力，以提供高质量的学徒培训位

---

① 鲁昕. 技能促进增长：英国国家技能战略［M］. 北京：高等教育出版社，2010：226.
② Progression through apprenticeships: The final report of the skills commission's inquiry into apprenticeship［R］. 2009.

置;推动公共部门学徒制培训的发展;采取措施,使雇主在学徒培训中受益①。在此基础上,2009年,英国议会正式通过的《学徒制、技能、儿童与学习法案》首次为学徒制确立了法律地位,该法案明确指出学徒制培训系统不同部分之间的关系及其应包含的要素,以使学校为青少年学生提供明智的建议,使其把学徒制作为一种生涯选择,从而提高青少年学徒的数量。具体目标是到2020年,使1/5的青少年学生都能参与学徒制,并使学徒制成为与进入学院和大学并列的主流学习机会②。

三、权力运作:通过技能承诺实现雇主、个人和政府之间的责任共担

实现明确的权责分配仍然是布朗政府技能人才培养培训改革的重要关注点。在这方面,《国家技能战略》提出了五个改革原则:一是责任共担。雇主、个人和政府都必须增加投资和行动投入。雇主和个人应当在他们取得最大私人回报的领域作出最大贡献。政府投资必须侧重于打造一个所有人都能使用的基本技能平台,解决市场失灵问题,在最需要帮助的地方提供帮助。《国家技能战略》对于政府、企业和个人的职责作出了明确划分。二是投资具有较高经济价值的技能。技能发展必须为个人、雇主和全社会提供真实的回报。若可能,技能应当能够为个人和雇主在劳动力市场提供流动性。三是发展需求导向型技能。技能人才培养培训体系必须满足个人和雇主的需求。职业技能必须是需求导向的,而非中央计划型技能。四是提高技能人才培养培训体系的适应性和响应性。技能人才培养培训体系框架必须适应和响应未来的市场需求。五是在现有结构上建立。技能人才培养培训政策不能总是变化无常,而要通过简单化、合理化以及更强有力的绩效管理和更明确的职责实施政策,提高现有培训体系的实施成效③。

实现政府、雇主和个人之间的责任共担是布朗政府的重要改革原则。《世界一流技能》提出,如果要在基础水平和中等水平的基础上达到世界一流技能水平,到2020年,3级技能资格以内的额外年度投资需增加15亿~20亿英镑。除此之外,还需要增加对高等教育领域的投资,这些投资必须由政府、雇主和个人共担。《国家技能战略》进一步对不同主体的权责作出了明确界定,如表3-3所示。

表3-3 《国家技能战略》对于不同主体的职责界定

主体	职责划分
政府	(1) 投资更多地侧重于最缺少的技能。 (2) 确保教育系统能够为劳动力市场输入高技能人才。 (3) 建立一个确保雇主和个人能够引导的技能体系框架,以便它能提供有经济价值的技能型人才。 (4) 准备好应对市场协调失灵的情况,在最需要的地方提供帮助。 (5) 需要时由政府进行监管,以便实现英国的技能目标

---

① Department for Children, Schools and Families. World-class apprenticeships: Unlocking talent, building skills for all: The government's strategy for the future of apprenticeships in England [R]. 2008.
② Draft apprenticeship bill [Z]. London: DCSF, DIUS, 2009.
③ Department for Business, Innovation and Skills. Skills for growth: The national skills strategy [R]. Presented to Parliament by the Secretary of State for Business, Innovation and Skills By Command of Her Majesty, 2009.

续表

主体	职责划分
雇主	（1）增加企业对于技能的投资，以便提高生产力，若可能，增加便捷认证培训的投资。 （2）确保通过有效影响技能系统，让该系统输出有经济价值的技能型人才。 （3）承诺资助他们的低技能员工，让他们至少基本达到 2 级技能资格。 （4）如果获得业内大多数雇主的支持，可引入征税一类的行业措施
个人	（1）提高他们对于技能投资的愿望和意识。 （2）更加严格地要求他们自己和他们的雇主，在发展他们自身技能方面进行更大的投资

资料来源：Department for Business, Innovation and Skills. Skills for growth: The national skills strategy [R]. Presented to Parliament by the Secretary of State for Business, Innovation and Skills By Command of Her Majesty, 2009.

1. 政府：解决市场失灵问题

根据政府在取得经济效益条件下针对市场失灵和责任共担方面的明确原则，《世界一流技能》提出了一个更加清晰的财政责任平等建议：政府应当提供基本技能和就业能力技能平台需要的大部分资金，并且与雇主合作，确保员工都能获得这些技能；针对更高的中级技能（3级），雇主和个人应当作更大的贡献，至少贡献50%；在4级或以上级别，个人和雇主受益最多，所以他们应当支付大部分额外成本。政府技能投资的重点应当是保证每个人都有机会发展基本技能[①]。各技能水平都有关键市场失灵的现象，但是对最底层的影响最大。具体改革举措包括以下三个方面：

第一，对教育管理机构进行调整。在国家教育最高管理机构方面，将布莱尔政府时期的教育和技能部分为两个机构，分别是儿童、学校和家庭部与创新、大学与技能部。前者主要负责原教育和技能部有关 19 岁以下人口的教育工作，同时接管其他部门与儿童和家庭相关的工作；后者主要分管教育和技能部原有的技能、继续教育和高等教育等方面的事务，同时接管原贸易工业部负责的知识产权和创新事务，负责总体的继续教育服务、19 岁以上培训项目资助、学徒制资助和基于工作的培训，并通过高端毕业生技能的拓展，提高广大成年劳动力技能（包括目前技术不熟练劳动力的技能），确保英国拥有可以在全球经济中竞争的熟练劳动力，实现"建设世界一流技能基础"的目标。设立该部门的主要目的是：推动政府有关国民技能的项目实施，促进对研发、科学、创新和技能发展的投资，并最终推动英国成为"全球科学、研究与创新最佳之地"[②] 目标的实现。

第二，将创新、大学与技能部与就业和养老金部联合起来，创立一个就业和技能相结合的体系，为期望提高生活质量的成年人提供帮助。这种提高可能是从无业状态提高为可持续就业状态，也可能是从低技能、低前景岗位走上新的、更好的职业生涯。为保证就业服务中心、学习和技能理事会、新型职业服务机构之间强大的合作伙伴关系，以及保证技

---

① Department for Business, Innovation and Skills. Skills for growth: The national skills strategy [R]. Presented to Parliament by the Secretary of State for Business, Innovation and Skills by Command of Her Majesty, 2009.
② 何伟强. 英国教育战略研究 [M]. 杭州：浙江教育出版社，2013：72.

能和就业体系更有效地协同工作，提供以下服务：综合性、需求导向的成人技能、就业和雇主服务；为在职及非在职人员提供更多的获得各种技能和资格证书的机会；为最低技能和资格群体以及劳动力市场弱势群体提供更有针对性的支持；为个人和雇主提供专业化的就业和技能信息、建议与指导；提供各种方法，刺激需求，解决个人和雇主技能水平低的问题，积极为最需要帮助的人提供就业指导。

第三，发挥区域发展署的作用。区域发展署与行业技能理事会、地方政府领导人和次级区域机构密切合作，负责制定区域技能发展战略，充分表达雇主的需求，并将优先发展技能与经济发展有机结合起来。技能资助机构将联合高校和培训机构，共同支持发展战略中的优先技能。区域技能发展战略可以重点关注两个方面：将地方就业与培训项目相结合，形成体系，确保该体系反映地方雇主需求；增加雇主参与和投入，促进经济发展和社会重建[①]。

此外，此次改革还把简化政府的治理程序作为重要目标。一是学习和技能理事会将变为行业所属机构，具备广泛的质量改进功能，2010年4月前，停止运作9个地区的学习和技能理事会。二是把更多用于质量提升和劳动力培训的资金转入学校和培训机构，使学习者能够决定是否申请和到哪里申请这些资金支持。三是成立技能资助机构。2010年4月，成立技能培训资助机构，把更多的资金投入关键行业和市场，以保障必要技能的发展。优先投入资金的领域包括生命科学、数字媒体技术、高级制造业、工程建设和低碳能源等。

2. 行业企业：强化责任，提升参与主导性

这一举措的主要目标是建立雇主导向的技能人才培养培训体系，让雇主对技能和就业体系有更大的发言权，从而确保培训适应并满足雇主需求，并支持他们增加技能培训的投入。具体举措包括以下五个方面：

第一，建立以雇主为导向的就业和技能委员会。为加强雇主在就业和技能体系中心的发言权，建立新的英国就业和技能委员会，该委员会将是英国具有全国性职能的机构，并于2008年开始全面运作，同时撤销行业技能发展署和全国就业委员会。其主要职能为：就增加就业和技能水平的战略、目标和政策向大臣提出建议；评估英国推进《世界一流技能》战略的进展；监测就业和技能人才培养培训体系各部分对持续性就业与职业发展的贡献，对技能人才培养培训政策及其实施提出改善建议；确保英国就业和技能服务的完整性，使其符合个人与雇主的需求，并就进一步进行机构改革的必要性向政府提出建议；促进各级雇主对人力资源的投入以及更充分地利用技能，包括就业能力与工作团队发展能力；负责行业技能理事会的运作，并就再许可事项向大臣提出建议。

第二，改革行业技能理事会。行业技能理事会及行业技能网络是布莱尔政府《21世纪技能》中提出的重要举措。《世界一流技能》提出进一步发挥行业技能理事会的作用，但要对其进行改革。一是撤销行业技能发展署，让就业和技能委员会对行业技能理事会的整体运作进行管理。二是把行业技能协议（SSA）和行业资格战略（SQS）作为实施新的行业技能理事会的核心问题，使其关注提高雇主的参与和技能投入，确保技能和资格培训

---

① 鲁昕. 技能促进增长：英国国家技能战略[M]. 北京：高等教育出版社，2010：165.

得到雇主的推动，同时阐明所在行业未来的技能需求①。三是确保雇主提供促进技能与职业资格的培训，能够在职业资格改革中发挥关键作用，并建议学习和技能理事会为哪些资格提供资金支持。四是提高雇主对技能的需求与投入，并考虑是否在这些行业对引入税收计划的支持。五是作为整理并沟通最新劳动力市场信息的主要机构，对所在行业的技能需求发表权威观点。

第三，实施行业资格战略，发挥雇主主导作用，改革职业资格，使职业资格反映行业技能理事会确定的雇主技能需求。让行业技能理事会代表雇主在职业资格改革中发挥主导性作用，明确在英国新的资格证书和学分框架内，如果这些职业资格被予以认可，则此资格更有可能反映雇主需要的技能。若符合要求，则行业技能理事会将批准这些资格。图 3-2 概括了新的程序，依据程序，雇主处于职业资格设计、批准和实施的中心。

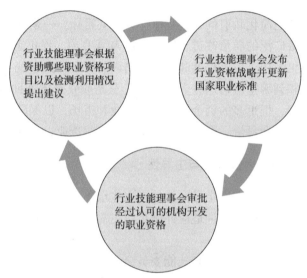

图 3-2 职业资格设计、批准及资助流程

资料来源：Department for Innovation, Universities and Skills. World - class skills：Implementing the Leitch review of Sskills in England [R]. Presented to Parliament by the Secretary of State for Innovation, Universities and Skills by Command of Her Majesty, 2007.

第四，推出雇主技能承诺，提升雇主对于培训的责任。《世界一流技能》接受《里奇技能报告》的建议，提出实施雇主"技能承诺"（skills pledge）制度。技能承诺是 2007 年 6 月发布的一项公开、自愿的承诺。任何签署技能承诺的雇主都要支持其员工获得基础的读写和计算技能，包括兑现技能承诺的规模、范围和时间表，同时努力让他们首次获得对雇主和行业发展具有重要意义的 2 级资格证书。这是技能承诺的核心需求，但是需要企业把其承诺延伸至更高级别的培训和技能。这一改革的目标是鼓励所有雇主在政策的帮助下，通过履行技能承诺支持员工获得更高技能和资格的方式，承担其相应的劳动力技能开

---

① Department for Innovation, Universities and Skills. World class skills：Implementing the Leitch review of skills in England [R]. Presented to Parliament by the Secretary of State for Innovation, Universities and Skills by Command of Her Majesty, 2007.

发的责任。鼓励雇主通过技能承诺负责所在工作场所的技能培训,支持其员工在政府的支持下获得更熟练的技术和高级资格证书。

第五,增强雇主对技能人才培养培训的投资。《国家技能战略》提出,要让雇主充分认识到,加大对员工技能培训的投入,能明显提高企业生产力,并进一步增加对员工技能培训的投入及提供更多的实习机会。鼓励雇主与政府合作,创造实习机会,联手建立2万个培训基地。与雇主合作,保障有关员工培训时间的法案得到有效执行[①]。要创造一种文化,使雇主形成一个共识:投资技能培训来开发员工的潜能是推动企业发展的最有效方式之一,并使每一位员工也认识到提升个人技能是他们发挥个人潜力、获得职业发展的最有效路径。通过一项保障员工培训时间的法案,与雇主、工会共同保障法案的顺利实施。

总体来看,虽然同为工党执政,布朗政府的《世界一流技能》对布莱尔政府的《21世纪技能》有了很大的改革和发展。一方面,继续保留并发挥行业技能理事会的作用,显示了布朗政府对布莱尔政府技能人才培养培训政策的继承;另一方面,建立就业和技能委员会,表明布朗政府更加重视从就业和社会公平的角度发展技能。此外,《世界一流技能》还提出,要进一步发展布莱尔政府时期的国家技能学院,推出国家技能学院项目第五轮竞标计划,继续支持雇主推动和决定经济发展重点领域的需求。国家技能学院一直是雇主集体行动和投资合作的成功范例,其让雇主在关键经济领域决定培训的供给。动用超过1 600万英镑的政府资金投入国家技能学院2010—2011年培训计划中,以吸引雇主对技能培训的投资,努力实现每个主要经济行业至少有一所国家技能学院的目标[②]。

3. 教育机构:精简机构、提升质量

为确保最好的学校受益于更加简捷的资助方式和监督程序,将采取以下措施:大幅减少政府全额资助的技能培训机构的数量。《国家技能战略》提出,要在一个更简洁的技能体系内改进所提供的服务或产品的质量,要开辟一个新的纪元,让继续教育学院和培训机构拥有更多的自主权,让它们灵活配置内部资源,同时,让继续教育机构在提升质量方面承担更大的责任。推广基于成果的经费资助模式。建立质量框架,精简技能拨款机构,方便所有学校和培训机构对雇主需求作出反应。在技能人才培养培训体系中,教学质量卓越的学校和培训机构将拥有越来越大的自主权,对非重点课程的拨款也将逐渐减少,未来3年将精简30多个政府资助的技能培训机构。

4. 学习者:建立学习文化,为个人提供更多自主权和选择权

强调建立学习文化,"让学习者在自己的学习和培训中有更大的自主权"成为这一时期的核心目标,也是布朗政府技能人才培养培训政策的一大特色。

《世界一流技能》提出,在个体生涯发展的各阶段,都必须在全社会建立一种新型的学习文化,以便使所有群体,特别是那些数以百万计没有资格证书或资格证书极低的人都

---

① Department for business, innovation and skills. skills for growth: The national skills strategy [R]. Presented to Parliament by the Secretary of State for Business, Innovation and Skills by Command of Her Majesty, 2009.
② 鲁昕. 技能促进增长:英国国家技能战略 [M]. 北京:高等教育出版社,2010:166.

能够投入技能发展，不断提升和改进技能，在"建设世界一流技能基础"中发挥自己的作用。"此项革命的核心是改变本国与技能相关的文化。需要将技能的价值以前所未有的方式融入我们的文化中，需要每个人了解，在其一生中，不断提高技能是他的责任，因为技能的提高将为他自己和家人带来利益。"① 要开展一项持续性的新全国运动，让人们意识到获得有经济价值的技能、获得好的工作和在其从事的职业中取得进步之间的关系，以提高人们的学习欲望及对学习效益的意识，确保个人获得他们需要的帮助和支持，以便在全球经济不断变化形势下找到一份好工作，建立自己的职业生涯并提供经济保障。正如《世界一流技能》所强调的：

技能的力量改变生活。在公民职业和技能发展的各个阶段，我们都必须建立一种新型学习文化。即使在今天高就业率和技能水平不断提高的背景下，仍旧有许多人落在后面。在消灭贫困、无职业或底薪、低技能、无前景的职业方面，我们必须为那些面临最大挑战的人做更多工作②。

从上述表述可以看出，与布莱尔政府时期试图建立面向全民的技能培训框架不同，布朗政府对于低收入的社会弱势群体给予了更多关注和重视，希望能够通过建立技能文化及相关举措从整体上提升弱势群体的技能水平。

首先，为每个学习者引进技能账户。将账户作为成年学习者获得承担其全部或部分课程费用的资金补偿权利的途径，提供更多关于工作、技能和培训的信息和建议。具体来说，账户将明确告知学习者有权参加哪些培训，政府能提供多少资助，哪些费用需要个人支付等。此外，技能账户还能反映学习者的能力和培训经历。开设技能账户之后，每个人都能获得新型成年人职业服务所包括的各种培训信息、建议和指导服务。他们还将获得一个账号和账户卡，有助于他们了解其培训投资的等级。技能账户、就业服务中心及新型成年人职业服务将一同实施，为客户提供所需的无缝服务，使其在适当时间得到适当的培训和技能服务。这一改革的目标是把学习者的选择作为技能体系改革的核心因素，在学习方面，为个人提供更多的自主权和选择权，鼓励个人学习技能、获得资格证书、参加工作并取得进步。确保更多的人能够在最好的培训机构接受培训，确保对于技能人才培养培训体系的预算能够用于最能推动经济和就业增长的领域，以使技能人才培养培训体系满足企业的需要③。

其次，使每个学习者选择有助于自己未来发展的院校和课程。确保更多的院校提供帮助人们获得从业资格的培训，确保为了创业发展而参加继续教育的学习者能进入大学学习，帮助他们在获得合适资格的同时，真正拥有创业能力，在全国范围内建立切实可行的创业资格。

---

① 鲁昕. 技能促进增长：英国国家技能战略 [M]. 北京：高等教育出版社，2010：123.
② Department for Innovation, Universities and Skills. World – class skills: Implementing the Leitch review of Sskills in England [R]. Presented to Parliament by the Secretary of State for Innovation, Universities and Skills by Command of Her Majesty, 2007.
③ Department for Business, Innovation and Skills. Skills for sustainable growth: Strategy document [R]. 2010.

第三节 布朗政府技能人才培养培训政策的实施成效及影响

作为布莱尔政府时期工党政策的进一步延续，与2003年的《21世纪的技能》战略相比，布朗政府执政时间虽然较短，但面对金融危机、财政赤字等各种压力，在短短三年时间内，接连推出两个重要白皮书，鲜明提出了"建设世界一流技能基础"的目标，强调培养技能文化，并在2009年推出《国家技能战略》，把工党政府的技能人才培养培训政策推向高潮。总体来说，这一时期的技能人才培养培训政策是对布莱尔政府时期政策的一种延续，是一种渐进主义的改良和变化。正如布朗在《世界一流技能》中所提出来的："改革将帮助我们在国家对教育和技能的态度方面，进行一种渐进式变化。"① 无论从实践还是后期发展来看，其改革的影响都是深远的。

一、对"建设世界一流技能基础"目标产生了深远影响

以《里奇技能报告》提出的"建设世界一流技能体系"为基础，布朗政府提出了更加明确的"建设世界一流技能基础"的目标，并为此进行了详细的目标和制度设计。为实现"建设世界一流技能基础"的目标，在布莱尔政府时期广泛提升公民2级技能资格的基础上，布朗政府把关注点更多放到了资格框架中3级水平和高级学徒制培训。这表明，21世纪以来，英国技能人才培养培训的层次和水平实现了逐步提升，更加强调培养高层次技能人才。《国家技能战略》提出，保障3/4的人在30岁之前或者能接受高等教育，或者能参加高级学徒培训，或者能完成同等水平的课程学习。根据相关数据统计，在经济危机时期企业普遍减少对于学徒制投资的形势下，2009—2010年，英国总共有279 700人参加学徒培训，比2008—2009学年增加了17%，比2002—2003学年增加了67%②，如图3-3所示。同时，从中等层次学徒制进入高级学徒制的比例也出现了显著提升，如图3-4所示。

二、以文化为核心的技能人才培养培训体系变革具有一定创新性

布朗政府从布莱尔政府时期对于培训规模和培训对象广泛性的关注，转移到了对于社会公平和发展质量、发展水平的重视。这表现在其更加注重弥补公民之间的技能差距，关注低技能水平者的技能提升。在改革目标和理念上，《世界一流技能》提出了"技能革命"的理念，提出英国要实现技能革命，努力弥补所有教育层次的技能差距，强调把文化变化作为改革的核心，把改变国家的技能文化作为革命的核心要素；强调要把技能的价值纳入文化体系，让个体感受到他们在整个生命过程中提升技能的责任，把建立技能文化、

---

① 鲁昕. 技能促进增长：英国国家技能战略 [M]. 北京：高等教育出版社，2010：125.
② DOLPHIN T, LANNING T. Rethinking apprenticeships [R]. Institute for Public Policy Research, 2011.

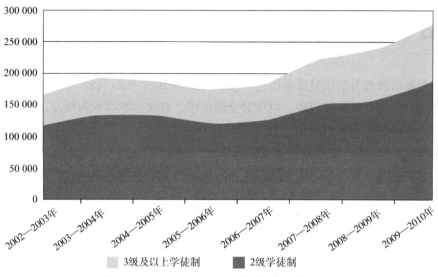

图 3-3 2002—2009 年英国学徒制发展情况

资料来源：DOLPHIN T, LANNING T. Rethinking apprenticeships [R]. Institute for Public Policy Research, 2011.

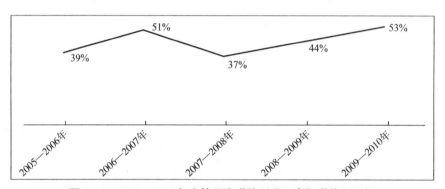

图 3-4 2005—2010 年中等层次学徒制进入高级学徒制比例

资料来源：DOLPHIN T, LANNING T. Rethinking apprenticeships [R]. Institute for Public Policy Research, 2011.

改善国家和公民对教育和技能的态度作为改革的核心目标。这一改革思路和制度设计是布朗政府对于英国长久以来忽视技术技能人才的一种政策设计，具有一定的创新性。

三、行业企业参与技能人才培养培训治理的制度设计产生良好效果

进一步增强雇主及行业企业对于技能人才培养培训的参与是布朗政府改革的一个重要方面。在这个方面，有两个举措取得了积极成效：一是建立了具有较大影响力的就业和技能委员会。该委员会作为协调政府与行业企业间的重要政策咨询机构，发挥了其在需求导向技能人才培养培训体系中的重要作用，这是对于布莱尔时期增强技能人才培养培训体系

响应性的进一步提升。这一机构成立后，先后发布多个重要的政策咨询报告，发挥了重要作用。在 OECD 对英国技能体系的评估中，对于就业和技能委员会在沟通政府与行业企业间的作用给予了积极评价。二是技能承诺、技能账户、国家技能学院等举措取得良好成效。《世界一流技能》把继续推进国家技能学院作为一个举措。根据 2010 年发布的评估报告，国家技能学院在运行中取得了积极成效。2006 年，第一轮国家技能学院开始建立，到 2010 年，国家技能学院已经完成第五轮竞标计划。根据评估报告，每个国家技能学院都建立了雇主主导的委员会，根据雇主需求开发了相关新的课程和资格，特别是新的学徒制框架，使这些学院以更加灵活的方式开展培训，包括组建雇主群体，促进学徒制项目共享，满足中小型企业的需要等[①]。

---

① JOHNSON C, HILLAGE J, MILLER L, et al. Evaluation of national skills academies [R]. Institute for Employment Studies, 2010.

第四章 卡梅伦政府以《可持续增长技能战略》为核心的技能人才培养培训政策（2010—2016）

在全球经济持续低迷、对公共支出赤字和国家债务规模的评估呈螺旋式上升的背景下，英国于2010年5月进行了大选，并在保守党和自由民主党之间组建了联合政府。2010年5月，布朗宣布将向英国女王提出辞职，结束了3年的执政生涯，保守党领袖卡梅伦出任英国第75任首相，自民党领袖克莱格担任副首相，开始了保守党和自民党联合执政历程。2015年5月，卡梅伦领导的保守党赢得了英国大选，卡梅伦再次当选首相。从2015年5月一直到2016年4月，由卡梅伦领导的保守党执政。卡梅伦执政后，面临金融危机的持续影响，提出了"大社会"执政理念，并从经济复兴的角度发布了一系列以《可持续增长技能战略》为核心的技能人才培养培训改革政策，持续推进技能人才培养培训体系改革进程。

第一节 卡梅伦政府以《可持续增长技能战略》为核心技能人才培养培训政策的生成过程

一、问题源流：金融危机背景下严重的技能短缺及失业问题

2010年5月，卡梅伦和克莱格领导的联合政府执政后，消减财政赤字、恢复经济增长是政府最需要解决的重要问题。受2007年以来爆发的金融危机的影响，英国多年以来努力维持的"世界一流强国"地位受到了严重威胁。从某些方面衡量，英国已经成为世界主要经济体中负债最多的国家。10年间，房价飙升了3倍之多。政府开支远高于财政收入，即使是在经济危机之前也是如此。如图4-1所示，从2001年开始，政府每年都会出现结构性赤字，2009—2010年，公共支出占到了GDP的47.5%，接近历史最高峰[①]。

---

① WILLIAMS B. The evolution of conservative party social policy [M]. Palgrave Macmillan, 2015: 91.

第四章 卡梅伦政府以《可持续增长技能战略》为核心的技能人才培养培训政策（2010—2016）

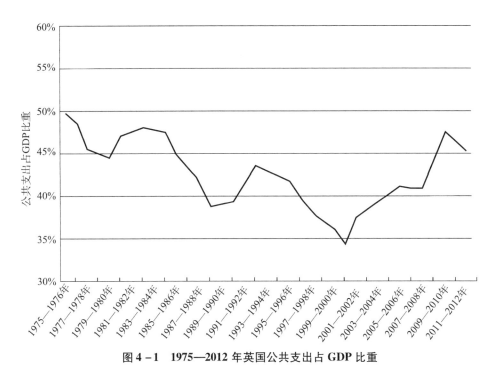

图 4-1 1975—2012 年英国公共支出占 GDP 比重

资料来源：WILLIAMS B. The evolution of conservative party social policy [M]. Palgrave Macmillan, 2015: 91.

受金融危机以及自 20 世纪 80 年代以来经济金融化趋势的影响，2010 年以来，英国经济仍然表现出衰退长期化、复苏乏力的特点。1998 年，英国在世界经济论坛发布的《全球竞争力指数》中排名第 4，而在 2010 年则下降为第 12，已经被德国、日本、芬兰、荷兰以及丹麦等国家超过。越来越高的税率和越来越严苛的监管、较低的劳动力技能和职场需求吻合度以及逆势而为的规划制度，严重削弱了英国赢得市场竞争、投资未来以及创造新的就业岗位的能力。由于撒切尔夫人执政期间实施的一系列经济金融化政策，导致英国经济已经不再像 18 世纪及 19 世纪一样，靠传统工业和制造业来支撑，当时的英国经济已经逐渐变成由第三产业作为支柱的后工业时代经济模式。如图 4-2 所示，自 1990 年以来，英国制造业产出和就业一直呈下降趋势①。这样的经济模式在金融危机爆发前的时间里，为英国带来了较快的经济增长速度，但随着金融危机的到来，这种经济模式又为英国带来了前所未有的致命打击。

随着国际金融危机的持续发展，当时英国的经济遭受了严重打击，英国经济完全陷入危险的泥潭中。有学者分析指出，当时英国经济的下滑程度比预期更为严重，且持续时间更久。英国渣打银行首席经济学家李籁思说，金融危机摧毁了民众对英国经济的信心和信任，生产者及消费者都对英国经济发展前景失去了信心②。面对被金融危机洗劫和摧毁的英国经济，卡梅伦感叹道："这是英国现代政府所接手的最严重的经济烂摊子。"巨大的主

---

① Department for Business, Education and Skills. The plan for growth [R]. 2011.
② 邓永标. 卡梅伦新传 [M]. 北京：中国编译出版社，2016：195.

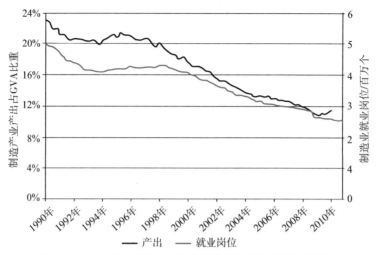

图 4-2 1990—2010 年英国制造业产出和就业变化趋势

权债务和日渐飙升的财政赤字,成为阻碍英国经济复苏的最主要障碍之一。

与经济危机相伴随的是,英国面临严重的青年失业率和技能短缺问题。这种技能短缺在制造类行业尤其严重。一项调查显示,20%的企业表示有技能差距,而在高科技制造业则为31%,这表明"因为英国国内劳动者缺乏适当技能必须从英国以外的地区进行招聘"①。除了提供企业所需的技能,具有竞争力的经济体还需要一个灵活、流动的劳动力市场,能够对企业需求作出反应。英国灵活的劳动力市场是具有相对优势的。来自商界的证据表明,就业监管负担的日益加重正在阻碍企业的发展,尤其是缺乏核心人力资源功能的小型企业。至关重要的是,福利体系要支持经济增长、实现公平,这意味着要确保工作是有回报的,而且要与明确的责任和支持相匹配,才能进入工作岗位。但失业人数仍然与10年前持平,约500万人口处于失业状态并享受救济金福利。

基于上述问题,卡梅伦政府对之前的技能人才培养培训政策提出了批评,其在一份改革报告中提出,"失业和技能短缺难题有力证明了之前的教育和技能体系是失败的。尽管意图是好的,但是之前的技能体系不但令人困惑还经常变化,政府对课程自上而下的控制、极少的雇主参与以及低质量资格证书考试都是非常严重的问题,这些问题最终导致教育系统教给年轻人的技能并不是企业所需要的。"② 值得注意的是,自2007年国际金融危机以来,加强人力资本投资,通过教育培训培养劳动力市场需要的技能型人才,已经成为国际社会的重要战略。包括发达国家和发展中国家在内的全球主要经济体和重要国际组织纷纷从提高全民技能水平的角度,制定技能开发战略和政策,并将其作为经济社会发展的根本战略。这一国际技能人才培养的趋势对卡梅伦政府的技能人才培养培训政策改革也产生了一定影响,其在改革报告中提出,经济增长迅速的国家正在对各个水平的人群进行大

---

① Department for Business, Innovation and Skills. The plan for growth [R]. 2011.
② Department for Education, Department for Business, Innovation and Skills. Rigour and responsiveness in skills [R]. 2013.

量投资①。预计到2020年,中国和印度的大学生将占全球大学毕业生的40%。报告引用OECD的数据提出,目前在15岁的青少年当中,上海在数学领域占据国际排名的第1位,紧随其后的是新加坡和香港。印度正在职业培训方面大量投资,并设定了到2022年提高5亿人的技能水平的目标②。教育领域的这种转变将加强其经济增长,因为更高的技能水平可直接转化为更高的劳动生产率并使国家采用新技术。对英国来说,这既是机遇也是挑战,英国必须发展具有全球竞争性的技能,通过增强职业教育的竞争力增强经济部门的竞争力,支持企业的发展。

二、政治源流:大社会理念对于自由、公民责任和分权的追求

2010年开始,卡梅伦开始担任保守党领袖。卡梅伦一直坚持实用主义的改革立场。一方面,他受到"撒切尔主义"的深刻影响,在经济领域持自由主义观,在欧洲问题上持"疑欧主义";另一方面,他也深受工党"第三条道路"中社会投资理论的深刻影响。与传统保守党相比,卡梅伦领导的保守党更注意社会公正,认为贫穷是相对的概念,造成贫穷的原因是多方面的;同时卡梅伦对中央政府的作用持一定的怀疑态度,认为小政府更有利于有效治理国家③。2009年11月,时任保守党领袖的卡梅伦首次在纪念雨果·扬的演讲中提出"大社会"(big society)一词。演讲中,他描述了自己的雄心壮志,那就是要"从大政府向大社会"过渡——将国家的权力、责任和所做决策,赋予个人、社区或"政府的最底层"。这一思想更多地被描述为地方分权或权力下放,也有"地方主义"一词的说法④。

对保守党来说,"大社会"是对其竞选活动的核心主张——我们生活在"支离破碎的英国"的一种回应。"大社会"的目标是通过更好、成本更低的部门取代超额支出、奢侈膨胀的公共部门,并帮助失业者重新从事有收入、有生产力的活动,来帮助"财政崩溃"的英国得以修复。大社会的意识形态基础在很大程度上要归功于18世纪埃德蒙·伯克(Edmund Burke)的保守自由主义及其所称的小政府,以及包括道格拉斯·赫德(Douglas Hurd)在内的上一代保守党大臣对积极公民权的重新发现⑤。这一概念还与托尼·布莱尔(Tony Blair)的"第三条道路"哲学有关联。"第三条道路"的提出,被视为是调和"左

---

① Department for Education, Department for Business, Innovation and Skills. Rigour and responsiveness in skills [R]. 2013.
② Department for Education, Department for Business, Innovation and Skills. Rigour and responsiveness in skills [R]. 2013.
③ 王展鹏. 英国发展报告(2010—2013)[M]. 北京:社会科学文献出版社,2013:51.
④ Ben Williams Tutor in Politics, University of Salford, UK. The evolution of Conservative party social policy [M]. Palgrave Macmillan, 2015:105.
⑤ JACKSON S, LENNOX R, NEAL C, et al. Engaging communities in the 'big society': What impact is the localism agenda having on community archaeology? [J]. The Historic Environment: Policy & Practice, 2014, 5(1): 74-88. DOI: 10.1179/1756750513Z.00000000043.

翼"国家拥护者和自愿响应支持者之间破坏性分裂分歧的一种方式①。"大社会"旨在通过培养人们的利他主义、对时间的慷慨精神,将更大的权力和信息交到选民手中,让他们为自己的所作所为、预算和成就负起责任,让他们自主改变他们感受最强烈的事物的主动性,来修复"支离破碎"的英国社会。"大社会"一词突出三大广泛议程,即公共服务改革、积极的公民权、透明度和问责制②。

一是提供公共服务改革。联合政府计划通过公共服务改革来修复"财政崩溃的英国",而"大社会"是整个计划中最大的限制之一。公共服务改革本身是几十年来受公共开支削减影响最大的一项议程。政府承诺将与地方当局合作,共同促使社会企业、慈善机构和公益部门提供公共服务。

二是提升积极公民权。"大社会"的第二个大目标是通过强调个人行动、激进主义和自力更生的重要性——人们出于自身的善良或心中的激情做事情来帮助自己和彼此,而不是等待,或"依赖"政府为他们做事,来修复支离破碎的英国社会。这方面的主要工具是志愿服务,但也要强调培养人们的社区意识、公民意识和公民责任。

三是为政府创设新的透明度和问责制。"大社会"的第三大目标是修复政治上支离破碎的英国,其对整个社会有着广泛、激进的潜在影响。"大社会"强调对政府权力结构进行全方位改革,减少政府治理中的官僚主义,让公民有更多的知情权。在这一方面,强调将预算和责任大规模下放,同与预算和责任使用和交付方式有关的几乎所有集中核算范围、法规和要求的革除相结合。这是对检查机构、监管框架和监督机构以及数百家大型国家组织进行基本审查背后的推动力,因为审查往往表示政府具有官僚主义,效率低下,对纳税人和服务使用者的优先权和需要视而不见,而且倾向于挥霍公共财政支出,这些支出在很大程度上是不负责任的。这一理论对于英国 2010 年以来政府治理体系的改革产生了重要影响,中央政府不再对地方政府进行绩效管理和监督,白金汉宫各部将重新聚焦于只在其直接控制范围内实施改革的计划,而不是自上而下地对整个公共服务体系负责③。取代原先对当地政府绩效进行评估、检查和评价的框架结构。

基于"大社会"的执政理论,为应对严峻的财政状况,卡梅伦领导的联合政府采取了近乎休克疗法的严厉紧缩政策,将减少赤字和政府债务与防范系统性宏观经济和金融风险设定为政府所有工作的首要目标④。在支持建立更强大公民社会的内阁府咨询文件的前言中,公民社会部部长尼克·赫德(Nick Hurd)写道,希望"结束自上而下、多层削减支出的举措"。政府明确表示,战略伙伴关系的时代即将结束。对卡梅伦政府来说,"大社会"的目标是实现"权力从国家到公民的再分配",涉及社会行动、公共服务改革和社区赋权三股力量,以及地方分权、政治透明和供给经费三方面治理改革。2011 年推出的国民

---

① LINGARD B, SELLAR S. A policy sociology reflection on school reform in England:From the "third way" to the "big society"[J]. Journal of Educational Administration and History, 2012, 44 (1):43 - 63. DOI:10.1080/00220620.2011.634498.

② LOWNDES V, PRATCHETT L. Local governance under the coalition government:Austerity, localism and the 'big society'[J]. 2012, 38 (1):21 - 40, DOI:10.1080/03003930.2011.642949.

③ MACKINTOSHA C, LIDDLEB J. Emerging school sport development policy, practice and governance in England:Big society, autonomy and decentralization [J]. Education 3 - 13, 2015, 43 (6):601 - 618. http://dx.doi.org/10.1080/03004279.2013.845237.

④ 王展鹏. 英国发展报告(2010—2013)[M]. 北京:社会科学文献出版社, 2013:1.

服务（national citizen service）是重中之重，是为 16~17 岁的青少年提供个人发展和志愿服务经验。政府承诺要培养多达 5 000 名社区组织者。2012 年，设立"大社会资本"（big society capital），用银行休眠账户的资金做运营资本。到 2015 年，社会资本总额达到 14 亿英镑①。

英国有研究提出，卡梅伦虽然对于工党的"第三条道路"思想给予了批评，但是"大社会资本"在很大程度上是对工党倡导的社会投资理念的重新塑造，表明新政府与前任政府之间的政策存在一定程度的连续性②。早期，"大社会"的主要焦点是将权力下放给基层，从社区购买权和社区挑战权开始，具体体现在 2010 年的"地方主义"法案中③。他主张"从大政府转向大社会"，将更多权力从中央下放到地方，鼓励社区和人们承担更多责任。将政府的责任、权力赋予个人和社区。"政府不能提供所有问题的答案。"只有当人们和社区有更多的机会并承担更多责任时，才能实现社会的平等，提高社会的包容性和流动性，进而实现经济的持续增长④。作为新一届政府的政治策略，这一思想为联合政府削减公共开支、减少财政赤字以及技能人才培养培训都提供了重要的理论基础。

从"大社会"理念中积极的公民权思想出发，联合政府认为，提高劳动力技能是实现经济可持续增长、提高社会包容性和流动性、构建"大社会"的基础⑤。很明显，社会包容和社会流动是向大社会转型的内在因素，这一点成为其技能人才培养培训政策发展的重要基础。基于此，技能人才培养培训政策的发展是保守党的重要施政纲领。卡梅伦在竞选中就提出，经济的不断发展产生了许多有高技能要求的工作岗位。英国每年有成千上万的青少年毕业时没有掌握足够的技能。英国要进一步参与国际竞争，就需要大幅提高青少年的技能。因此，要让来自不同背景的青少年能公平地接受大学教育，获取职业技能；要加大投资于工党没有多大建树的就业和培训计划，改善国民技能。一是为接受过两年以上学徒、学院与培训机构学习的人创造 40 万个工作岗位；二是企业每招聘一位学徒将获得 2 000 英镑补助；三是成立"社区学习基金"，帮助人们重启职业生涯；四是创建一个新的涉及所有年龄阶段人口的就业服务处，使每个人都能获得有效的建议⑥。

三、政策源流：《沃尔夫报告》和《理查德报告》的公布

自 2010 年以来，为推动技能人才培养培训体系改革，英国各部门接连委托专门研究

---

① JACKSON S, LENNOX R, NEAL C, et al. Engaging communities in the 'big society': What impact is the localism agenda having on community archaeology? [J]. The Historic Environment: Policy & Practice, 2014 (5): 1, 74-88; DOI: 10.1179/1756750513Z.00000000043.
② Ben Williams Tutor in Politics, University of Salford, UK. The evolution of conservative party social policy [M]. Palgrave Macmillan, 2015: 108.
③ EVANS K. Big society in the UK: A policy review [J]. Children & Society, 2011 (25): 164-171. DOI: 10.1111/j.1099-0860.2010.00351.x.
④ BIS. Skills for sustainable growth strategy document full report [R]. 2011: 4.
⑤ 王雁琳. 英国职业教育改革中市场和政府的角色变迁 [J]. 职业技术教育, 2013 (4): 84-89.
⑥ 何伟强. 英国教育战略研究 [M]. 杭州: 浙江教育出版社, 2014: 247.

人员对19岁之前的职业教育、学徒制等进行了评估审查,并针对这些评估提出一系列有针对性的建议,为联合政府技能人才培养培训政策改革提供了"政策原汤"①。

1.《沃尔夫报告》的发布

2010年9月,英国教育部委托艾莉森·沃尔夫(Alison Wolf)教授对19岁之前的职业教育进行评估,对多方面利益相关者进行广泛调查后,2011年3月,沃尔夫教授发布《职业教育评论——沃尔夫报告》(简称《沃尔夫报告》),报告对14~19岁职业教育实施现状进行了评估。报告提出,英格兰大约有250万年龄在14~19岁的青少年,他们中的绝大多数人在接受全日制或非全日制教育。职业教育是教育体系的重要组成部分。现在,大多数英国青少年在16岁之前就开始接受一些职业课程;大多数人在16岁以后会继续接受大部分或全部职业课程。今天的职业教育仍然包含以高标准教授的、重要的、有价值的技能课程和计划,其提供了一条进入高等教育的直接路径,数十万青少年已经接受了这种路径。职业教育提供了享有名望的学徒制,学徒制大量招收学徒。传统的学术研究只包含劳动力市场价值观和要求的一部分,而职业教育可以提供不同的内容、不同的技能、不同的教学形式。因此,良好的职业教育课程会受到尊重,有价值的职业教育课程是所有国家教育供给的重要组成部分,但是许多青少年并没有学习这类课程。虽然有许多青少年接受了职业教育为就业或高等教育提供的成功路径,但仍然有成千上万的人没有接受这些路径②。

报告强调如下事实,许多16岁和17岁青少年断断续续地接受教育和进行短期就业。他们在两者之间穿梭,试图找到一个提供真正进步机会的课程,或者找到一份永久性工作,然而却两者都找不到。在16岁以上青少年中约有1/4~1/3的人获得的主要教育是低级职业资格,其中大多数几乎没有劳动力市场价值。在16~19岁青少年中,至少35万人没有从16岁后的教育系统中获得收益,或者获益很少。英语和数学GCSE(A*~C级)是青少年获得就业和教育前景的基础。然而,只有不到50%的青少年处在两科的第4关键阶段(15~16岁);对于18岁的青少年群体,这个数字仍然低于50%。只有4%的人在16~18岁期间获得了这一关键证书。而且政府实施的教育补贴和问责制扭曲了16岁以上青少年的学习动机,让他们去选择品质较差的替代资格课程。这造成的结果是,许多14~19岁青少年没有就业,也没有接受更高水平的教育和培训③,他们中的许多人在离开教育体系时并没有获得能够使他们在以后取得进步的技能。尽管一些青少年接受了高质量的职业规划,但是1/4~1/3的人接受的职业课程在劳动力市场上只有很少或几乎没有任何价值,因此还需要采取行动提高雇主的投资和技术水平。而在奥地利、德国和瑞士,大约有25%的雇主提供学徒职位,这与英国的8%形成了鲜明对比。

针对上述问题,报告提出,要确保14~19岁青少年的职业教育能够为所有青少年创造和保持机会。报告为此提出三个明确改革原则。首先,所有青少年的学习计划,无论是

---

① 根据金登的解释,政策原汤就是由研究人员、专家小组等提出的一系列政策建议或改革方案.
② WOLF A. Review of vocational education:The Wolf report [R]. 2011.
③ WOLF A. Review of vocational education:The Wolf report [R]. 2011.

第四章 卡梅伦政府以《可持续增长技能战略》为核心的技能人才培养培训政策（2010—2016）

"学术教育"还是"职业教育"，都应立即或在以后的生活中在广泛的范围内促进劳动力市场和教育的进步。其次，为人们提供准确有用的信息，使他们作出恰当的生涯选择。良好的信息变得越来越关键，决策也变得越来越重要。对于青少年来说，他们选择的职业课程、资格或机构确实可以"一考定终身"。应该为14～19岁青少年的教育提供资金，并且为此目的提供教育，而不是出于教育机构的目的提供教育。最后，简化教育与培训体系，作为向人们提供良好和准确信息、释放教学和学习资源、鼓励创新和效率的先决条件。根据欧洲和国际标准，英国的职业教育极其复杂和不透明，这是因为中央政府的重复、重叠的指令，以及由此产生的复杂、昂贵和适得其反的机构。

报告提出，必须根据目前的经济和劳动力市场背景对职业教育体系进行改革，职业教育体系必须能够应对五个关键的劳动力市场特征。第一，18岁的全日制教育或培训是现在的主导模式。在英国，几乎每个人都没有达到GCSE标准，绝大多数人都只参加了18岁之前的教育。这种变化对劳动力市场产生了连锁效应，也反映了青年劳动力市场的情况。第二，青年劳动力市场的这种变化是当今劳动力市场的第二个关键方面，职业教育必须认识到这一点。这是目前涉及青少年选择的巨大变革。20年前，16岁和17岁的青少年也有大量工作机会。今天，出于各种原因，包括就业相关法规的变化和雇主对于毕业生技能的假设，情况已并非如此。在这方面，整个国际劳动力市场都呈现这一趋势。第三，雇主仍然重视就业和工作经验，而不仅仅是正式的资格证书。良好的学徒制在教授一般技能和特定技能方面都是有价值的。任何形式的就业对于人们以后的职业发展机会都有价值。尽管正式的证书越来越重要，但在事实上，它们并没有决定全部内容，工作经验仍然提供了另一种备选成长路线。第四，良好的英语和数学仍然是最有用和最有价值的职业技能。无论是"职业"还是"学术"课程，它们都是获得可选择、要求高和理想课程的必要先决条件，在个人的整个职业生涯中，这些课程都将直接从劳动力市场得到回报。第五，年轻人在劳动力市场中经常变换工作，劳动力市场也在不断变化。因此，既需要学生掌握一般技能，也需要教育体系快速灵活地应对变化[①]。

针对上述五方面挑战，报告提出了职业教育体系的改革方向。报告强调，目前的劳动力市场状况对年轻人来说变得非常困难。需要确保青少年有机会获得最重要和最普遍的技能，包括在就业中获得的技能。这意味着需要确保教育与培训机构关注青少年的需求，而不是政府机构的需求，而且对14～19岁青少年的拨款和监督制度有助于学院灵活、高效，并直接响应劳动力市场的变化。政府应重点关注其在监测和确保质量、提供客观信息方面的关键作用，并且应退出微观管理。为此，报告提出了一些重大改革。一是对于16岁以上的群体，应该以每个学生为基础提供资金，由教育机构提供连贯的学习计划，而不是根据个人资格进行资助。二是对于那些在一些科目中没有取得良好GCSE的人来说，英语和数学应该成为16岁以后群体课程学习的必要组成部分。对于一些人来说，需要进行强化补救阅读；对于一些人来说，替代资格，例如独立数学资格，将会是适当的；对于一些人来说，立即重新考核GCSE。三是资格授予机构以及职业教育体系应有更大的自由度，向16～19岁青少年提供职业资格。四是监管应从资格认证转向授予机构监督，并且16～19

---

① WOLF A. Review of vocational education: The Wolf report [R]. 2011.

岁的职业资格不应成为资格和信贷框架的一部分。五是政府应该确定高质量的职业资格，作为向公民提供客观信息的一部分。只有那些符合严格质量标准的职业和学术资格才能成为学校绩效管理制度的一部分；但是，学校也应该可以自由地提供公民希望从受监管的颁发机构获得的任何其他资格。

2.《理查德报告》的发布

2012年6月，英国政府委托道格·理查德（Doug Richard）对学徒制进行评估审查，以确保学徒制能满足不断变化的经济需求，持续提供雇主和学徒需要的技能，最大限度发挥政府投资的作用。2012年12月，发布《理查德报告》，报告对学徒制的作用及上届政府学徒制的实施效果给予了肯定。

报告提出，英国学徒制已经实行600多年，学徒制是职业培训的黄金标准。它经受住了时间的考验，带来了可观的经济和社会回报。2011年有超过50万人走上了学徒岗位，20多万个工作场所参与其中。2009—2010年，走上学徒岗位的人数增加了86%，其中高级学徒岗位（即第3级）优先得到了增长，2009—2010年度增加了114%。高级学徒制的价值很高，每英镑的公共支出投资可换来18英镑的收益，其对于雇主、学徒和整个社会都是有益的。但报告提出，英国目前的学徒制在质量和价值方面都存在差异。例如，脱产培训的数量差别巨大，56%的工程专业学徒经历了脱产培训，而在零售领域这个数字却只有24%。建筑领域学徒比其他领域学徒多收入32%，还有一些部门，学徒实习似乎对收入没有产生影响。针对这一问题，报告提出，政府将不会让最好的学徒岗位裹挟那些没有带来同样效果的学徒岗位，未来要采取有力措施提高学徒制标准，引入并执行新的质量标准，要对不能满足最低标准的学徒培训取消合同，提高英语和数学的标准，从2014—2015年度起所有中级学徒都应该在英语和数学领域达到2级水平[①]。然而，对于成千上万的民众和雇主来说，它仍然是一种未被充分利用的选择。一种自上而下、政府领导的方式无法让学徒制达到它的潜能，成为通向令人满意职业的高质量路径。这是因为在全球竞争中，快速出现的变化意味着公共机构一定要成为不断变化的知识基础的后盾。因此，只有当学徒制更加以雇主为中心时，对大多数雇主来说它才会成为一个更有吸引力和可信的选择，才能为想开始学徒生涯的很多青少年提供更多的机会。

报告强调，在全球竞争的背景下，要让学徒制在为人们提供令人满意的职业道路方面发挥更大作用。每个学徒岗位都必须提供一条高质量的职业路径。为达到这个目的，要建立一个从结构到特点都能反映雇主需求的学徒制培训体系；创立并保持严格的标准；将投资优先用于能够创造最大价值的行业领域。报告提出，学徒制的核心是个人和雇主之间的关系，学徒实习的标准应该由雇主制定，学徒岗位必须更加严格并反映雇主的需要，在培训结束时测试学徒的能力。政府对这种关系的贡献就是支持雇主帮助个人达到所要求的标准——这类标准具有充分的延展性并能提供可转移的技能，雇主应该在决定"个人培训如何才能达到标准"方面有更多的灵活性。政府应该支持雇主作出自己的选择，方法是给予他们实际的购买力。报告强调，要积极学习德国和瑞士现代学徒制发展的有效经验，从整

---

① RECHARD D. Rechard review: Apprenticeship [R]. 2012.

体的角度看待学徒制的发展①。报告针对学徒制发展提出了十方面建议。

一是对学徒制进行重新定义。学徒制应明确针对那些需要持续和大量培训的新员工或从事新工作的人。对已完全胜任其工作的现有员工的培训和认可应分开进行；主要规定围绕支持进入劳动力市场就业进行。政府应另外推出新的、独立的工作本位学习计划，支持就业，以此取代一些2级学徒制。

二是学徒制的重点应该放在结果上。学徒制应该有公认的行业标准，这些标准应清楚地列出学徒应该知道什么、能够做什么，使其在学徒生涯结束时，达到对雇主而言有意义且相关的较高水平。这些标准应构成新学徒资格的基础，取代学徒制框架结构、构成这些框架结构的现有学徒资格，以及构成这些框架结构基础的现有国家职业标准。这些标准应与其所在行业的专业注册标准挂钩，并得到广泛认可。

三是政府应举办最佳资格竞赛。应邀请个别雇主、雇主合作伙伴或其他具备相关专业知识的机构，设定其所属行业的学徒任职资格。最佳任职资格的选择应基于政府设定好的标准。相关标准应确保设定的资格是有拓展性的，提供可传承的技能，以保证在大企业和小企业中实现双赢。

四是测试和验证过程应该是独立的，并真正受到业界推崇。测试应全面，并应评估个人是否完全胜任工作，是否能够受雇于其工作领域。雇主应直接参与评估。雇主必须确保始终按照任职资格中指定的标准对学徒进行测评。评估人应完全独立，不能有任何与评估结果相关的动机或不利诱因。政府机构或监管机构应采取少干涉的做法，批准并监督评估过程或负责该过程的组织。

五是所有学徒在完成学徒生涯前，必须达到英语和数学2级资格。学徒期教授的数学和英语，方法上应足够实用，适应学徒期的环境。

六是政府应鼓励多样、创新地传承学徒制。学徒达到标准的途径和方法有很多，应该剔除一切为了达标而作出的不必要的指示和过程规定。

七是政府在促进学徒制高质量传承方面发挥着作用。为了最大限度地提高学习者的学习价值，并将实践失误的风险降至最低，政府应强制要求学习者进行一些校外学习，并设定学徒期的最短期限。政府应确保设有快捷有效的审批程序，以确保培训机构为行业企业提供高水平培训。

八是政府资金必须为学徒培训提供适当的激励措施。用于学徒培训的资金取决于雇主。政府虽应分摊成本，但应通过雇主执行，以确保相关性并提高质量。价格应该能够自由地响应和反映雇主的需求。政府只应分摊支持学徒达到行业约定标准的培训费用。报酬在某种程度上，应与学徒是否通过考试挂钩。一种可取的做法是，利用国民保险制度或税收制度，为学徒提供资金，例如，通过类似于研发税收抵免的规定，进行税收抵免。

九是学习者和雇主需要获得高质量的信息。政府有关数据应以简单的语言和形式进行公开，让雇主及时了解到这些信息。政府应通过自己的沟通渠道和职业咨询服务，确保有关学徒制及其效益的信息得到有效和广泛传播。

十是积极提高对新学徒制模式的认识。推进学习者和雇主的需求是政府的一项积极责

---

① RECHARD D. Rechard review: Apprenticeship [R]. 2012.

任。政府应采取以教育为主的方法来解决这一问题——让雇主学会该如何接收学徒,以及为什么这样做是值得的。推广让雇主和未来的学习者走到一起的新方法,包括"学徒巡回雇佣"方式。还应付出更大努力,确保学校和教师、家长以及所有向青少年提供信息和指导的人,更好地了解高质量学徒制的价值①。

《理查德报告》的发布,在英国引起了很大的共鸣,成为学徒制进一步改革发展的重要依据。

四、政策之窗：经济复苏战略促进《可持续增长技能战略》的产生

金融危机为英国各行各业都带来了难以磨灭的打击,经济前景黯淡,英国国力进一步下滑,这使得联合政府面临巨大的挑战。在这一背景下,为减少财政赤字,促进经济增长,卡梅伦政府执政不久便开始制订经济复苏计划。2010年7月20日,商业、创新与技能部发布《可持续增长战略》,提出要通过建立市场框架,促进市场有效运行；加强对基础设施、技能型劳动力和研究等生产能力的投资；鼓励创业等三方面举措,实现可持续的经济增长②。这也成为这一时期英国技能人才培养培训政策发展的最关键契机,直接促进了"政策之窗"的打开。

《可持续增长战略》发布后,卡梅伦政府积极着手改革技能人才培养培训体系,2010年7月,商业、创新与技能部接连发起"未来技能政策方向"和"简化继续教育和技能拨款体系及方法"两个咨询倡议。在咨询倡议中提出,技能和培训是实现就业、生产力和经济增长的核心要素。同时强调技能培训是社会流动性的重要驱动器,可以促进个人成长、扩大公民理解力、增进社会公正和公平,帮助创造一个更好的社会。为此,要把明智、有能力的学习者和雇主置于一个反应灵敏、灵活的技能体系的核心位置,并支持实现"大社会"的愿景③。到2010年9月,形成关于咨询回复的报告《可持续增长技能：关于未来技能战略发展方向的回复总结》④,并同时发布《可持续增长技能战略》。《可持续增长技能战略》提出,改革的核心目标是发展一个更加自由、用户导向的继续教育和技能体系,促进经济复苏,让经济回到可持续发展状态,扩大社会包容性和流动性并建立一个"大社会"⑤。战略明确了技能人才培养培训政策的改革方向以及政府、雇主和个人应承担的责任。2010年12月,商业、创新与技能部接连发布《继续教育——新的地平线：投资于可持续增长的技能》等报告,推进《可持续增长技能战略》的实施。

在《可持续增长技能战略》的基础上,2011年,联合政府又发布《增长计划》(The Plan for Growth)白皮书,计划的主要目标是推动英国经济走向可持续、长期稳定的增长之路。白皮书提出,在之前的10年里,英国经济增长变得越来越不平衡,英国在国际竞

---

① RECHARD D. Rechard review：Apprenticeship [R]. 2012.
② Department for Business, Innovation and Skills. A strategy for sustainable growth [R]. 2010.
③ Department for Business, Innovation and Skills. Skills for sustainable growth：Consultation on the future direction of skills policy [R]. 2010.
④ Department for Business, Innovation and Skills. Skills for sustainable growth：Summary of responses to a consultation on the future direction of skills strategy [R]. 2010.
⑤ Department for Business, Innovation and Skills. Skills for sustainable growth：Strategy document [R]. 2011.

第四章　卡梅伦政府以《可持续增长技能战略》为核心的技能人才培养培训政策（2010—2016）

争力中的排名从第4下降到第12，制造业在经济中的份额出现了停滞，失去了50%的制造业产业工作。与其他国家相比，英国学生在科学和数学方面的教育水平正在下降。从2000年到2009年，在自然科学方面，在OECD关于国际学生评估的排名中从第4跌到了第16，文学方面从第7跌至第25，数学方面从第8跌至第28[1]。白皮书提出，政府虽然已经采取果断措施来消除财政赤字以及维持经济稳定，但是，仅仅提高稳定性是远远不够的。白皮书提出，要努力发展创新性的产品或服务，进一步创造更多新的就业岗位，恢复经济稳定性，让经济更加繁荣。《增长计划》建立在已经采取的行动的基础上，主要目标是实现强劲、可持续和平衡的经济增长。因此，要通过改革在英国创建一种新的经济增长模式；创建G20峰会成员中最具竞争力的税收体系；使英国成为欧洲创业、融资以及企业成长的最理想地区之一；鼓励投资和出口，以实现更加平衡的经济模式；创建欧洲最灵活、受教育程度更高的劳动力系统[2]。为此，白皮书提出了五方面评估指标，其中第一个就是支持学徒制的大力发展。

白皮书提出，教育与技能是经济繁荣的重要基石，要把英国建成欧洲最灵活、受教育程度更高的劳动力市场，而英国在这方面已经落后了。英国的劳动力与法国、德国以及美国相比，普遍具有较低的技能。这是英国与主要竞争对手劳动生产率差距达15%的一个主要因素。技能人才培养培训体系对于消除这种差距应该担负起主要责任。英国在中级技能方面的实力也相对薄弱，随着工作要求的提高和技术变革的加速，中级技能变得越来越重要[3]。

白皮书强调，增加对劳动力市场的参与是政府《增长计划》和实现公平的核心。要从根本上改革教育以及技能供给的每一个阶段，从官僚主义的中央计划制度转向一种能更好地满足雇主需要和回报学习者努力的制度：开放学校体系，支持家长、教师等团体建立新的免费学校，并通过转换为学院身份，赋予学校新的自由。现在有450多所学院已开放，第一批免费学院将于9月开放。到2014年或2015年，学生奖励计划每年将额外提供25亿英镑，用于支持贫困学生的学习，并为优秀学生提供明确的激励措施；推出新的英语学士学位，鼓励学校提供广泛的学术教育，直至16岁，确保为青少年提供高质量的职业培训课程，并得到雇主及继续教育及高等教育机构的认可；制定一门新的全国课程，列出所有儿童应该获得的基本知识，并给予教师更大的专业自由，让他们能够组织和教授学校课程，以满足学生的需要；到2015年，将义务教育年龄提高到18岁，减少16~18岁没有接受教育、就业或培训的人数，并确保所有青少年都能获得劳动力市场所需的技能；减少对培训机构管理的复杂性，取消对继续教育和成人教育的集中微观管理；在学徒计划上进行有史以来最大的公共投资，到2014—2015学年，使7.5万多名成年人接受资助进入学徒计划；使英国世界级的高等教育体系建立在可持续发展的基础上，并确保该体系由学生的选择推动。此外，还将在全国范围内推出新的企业津贴，为多达4万名创业、失业超过6个月的人提供生涯指导和财政支持[4]。为了促进技能提升和就业，尤其针对年轻人，在

---

[1] Department for Business, Innovation and Skills. A strategy for sustainable growth [R]. 2010.
[2] Department for Business, Innovation and Skills. The plan for growth [R]. 2011.
[3] WOLF A. Review of vocational education: The Wolf report [R]. March 2011.
[4] Department for Business, Innovation and Skills. The plan for growth [R]. 2011.

未来4年里政府将采取以下措施：为多达5万个额外的学徒名额提供1.8亿英镑；提供4万个就业岗位来补充失业年轻人的就业位置，尤其是通过工作体验计划所获得的进步；为解决中小企业在获取学徒机会方面所面临的具体障碍，支持企业联盟在赠款的支持下，建立和维持先进和高效的学徒计划，再增加1万个学徒名额；为年轻人搭建10万个工作岗位，帮助他们在工作中掌握核心工作技能，并且在职场上实现持续提升；扩充大学技术学院（UTC）计划，到2014年至少建立24所新学院①。通过大学、学院和企业之间的合作，为11~19岁的青少年提供领先的技术培训机会，与重点产业合作，确保技能人才培养培训体系满足该行业的需求。

为实现《可持续增长技能战略》中的目标，2010年以来，英国商业、创新与技能部开展了广泛的咨询，联合政府接连从多个方面发布一系列政策，如表4-1所示。

表4-1 联合政府执政时期发布的技能人才培养培训政策

时间	政策名称	颁发机构
2010年	《可持续增长技能战略》(Skills for Sustainable Growth)	商业、创新与技能部
2011年	《教育法案》(Education ACT)	议会
2011年	《新挑战、新机会：继续教育和技能体系改革计划——建设世界一流技能体系》(New Challenges, New Chances, Further Education and Skills System Reform Plan: Building a World Class Skills System)	商业、创新与技能部
2011年11月	《新挑战、新机会：继续教育改革项目下一步骤》(New Challenges, New Chances: Next Steps in Implementing the Further Education Reform Programme)	商业、创新与技能部
2012年7月	《雇主的技能所有权：确保长期可持续的合作关系》(Employer Ownership of Skills: Securing a Sustainable Partnership for the Long-term)	就业和技能委员会
2013年4月	《技能体系的严格性和响应性》(Rigour and Responsiveness in Skills)	商业、创新与技能部
2013年10月	《英国学徒制的未来：实施计划》(The Future of Apprenticeships in England: Implementation Plan)	政府
2015年12月	《英国学徒制：我们的2020年愿景》(English Apprenticeships: Our 2020 Vision)	商业、创新与技能部

一是进一步发挥行业在技能人才培养培训中的主导作用。于2011年12月发布《雇主的技能所有权——确保长期可持续的合作关系》（以下简称《雇主的技能所有权》）报告，英国就业和技能委员会主席查理·梅菲尔德（Charlie Mayfield）专门为报告撰写序言。报告提出，要在技能培训方面让雇主掌握更多的主导权，把技能人才培养培训置于经济增长议程的核心位置，为在职和失业人员创造真正的机会，并在公共支出方面提供更丰厚的投

---

① Department for Business, Innovation and Skills. The plan for growth [R]. 2011.

资回报①。这一改革的核心目标是充分发挥雇主在技能人才培养培训中的主导作用，使其与高校和培训机构密切合作，为青少年和成年人提供更多掌握技能的机会，确保英国实现可持续增长和经济繁荣。雇主所有权的好处在于，其将为雇主、雇员、高校和培训机构创造条件，让他们对技能培训负起责任。报告发布后，教育部就对这一项目作出了积极回应，总理宣布一项新的试点计划，承诺在未来两年内投入 2.5 亿英镑来实施这一项目。

二是提高继续教育学院的办学质量。2011 年 12 月，英国商业、创新与技能部发布《新挑战、新机会：继续教育和技能体系改革计划——建立世界一流技能体系》（以下简称《继续教育和技能体系改革计划》）。计划依据《可持续增长技能战略》中提出的原则，对 19 岁以上成年人的继续教育和技能体系提出了明确的改革策略。具体来说，改革方案以技能、资格和工作为中心，提出十个改革建议②。2013 年 4 月，商业、创新与技能部和教育部发布《增强技能的严格性和响应性》。这一政策提出，在未来改革中，要把严格性和响应性作为技能体系的核心要求，使雇主和学习者能够主导自己的培训，并为所有培训机构创造激励机制，使其提供更优异、高质量的培训。

三是针对《理查德报告》中提出的建议，2013 年 10 月，英国政府发布《英国学徒制的未来：实施计划》。计划提出，学徒制对于提升国家的技能，以及对于国家经济、雇主和学徒都具有很大的回报，必须确保学徒制严格且响应雇主需求③。在此基础上，2015 年 12 月，商业、创新与技能部发布《英国学徒制：我们的 2020 年愿景》，要努力提高学徒制的数量和质量，实现到 2020 年新增 300 万学徒的目标④。改革的核心目的是使青少年把学徒制作为一条获得成功生涯的高质量、受尊重的教育路径，并使经济发展中的各行业、各层次都能获得学徒培训的机会。

第二节 卡梅伦政府以《可持续增长技能战略》为核心技能人才培养培训政策的特征

一、价值选择：基于公平的质量和自由

根据斯蒂芬·鲍尔的观点，政策是一件"对价值观进行权威性配置"的事情，是对价值观的可操作性表述，是对"法定意图"的表述。但是价值观不是游离于社会背景之外

---

① UK Commission for Employment and Skills. Employer ownership of skills: Securing a sustainable partnership for the long-term [R]. 2011.
② Department for Business, Innovation and Skills. New challenges, new chances: Further education and skills system reform plan: Building a world class skills system [R]. 2011.
③ HM Government. The future of apprenticeships in England: Implementation plan [R]. 2013.
④ English apprenticeships: Our 2020 vision [R]. 2015. https://www.gov.uk/government/publications/apprenticeships-in-england-visionfor-2020.

的，政策突出对理想社会的建构①。由此可见，教育政策的价值观深受社会背景及权力机构执政思想的影响。卡梅伦政府关于技能人才培养培训政策的价值观就深刻体现了这一点。一方面，它要解决金融危机背景下经济下滑、失业率较高的问题，另一方面，它也受到卡梅伦"大社会"执政理念及保守党传统对于自由主义追求的影响。

作为应对金融危机的一个重要策略，实现经济增长、促进就业是这一时期技能战略的基本选择。《可持续增长技能战略》提出，"技能是不断演化的，这是英格兰的一项战略。我们的目标是提供一个由下及上的技能体系，能够反映个人、社区和越来越具有活力经济的需求。技能对我们的将来是至关重要的，技能的改进是建设可持续发展和更强大社区的基本条件。"由此可以看出，联合政府对于技能人才培养的战略地位仍然没有改变。在具体改革方向上，基于当时的经济社会背景，更高的教育质量、更公平的教育机会和更大的学校与教师自主权成为这一时期的基本价值追求。

《可持续增长技能战略》提出，改革的主要目的是让经济回到可持续发展状态，扩大社会包容性和流动性并建立一个"大社会"。要建立一个更具有竞争性、平衡的经济。英国的劳动力在技能水平上低于法国、德国和美国，这也是英国在生产力方面比这些国家低至少15%的原因之一。英国目前在至关重要的中等层次技术技能领域处于弱势，而当工作中对技能水平的要求越来越高、技术上的变化速度加快时，中级水平技能越来越重要。在2020年进入劳动大军的群体中，大约80%的人已经离开了义务教育②。

同时，在技能人才培养层次和水平方面，联合政府接受了布朗执政时提出的"建设世界一流技能基础"的目标，以提高公民技能水平并满足经济发展需求。《可持续增长技能战略》提出，改革的宏伟目标是为英国建立一个世界一流的技能基础，提供具有连贯性的竞争优势，目的是为可持续发展提供技能。为此，要对技能人才培养培训体系进行彻底改革，改革的基础是联合政府的公平、责任和自由原则。在经济目标的基础上，《可持续增长技能战略》也强调了技能在社会包容方面的意义。战略提出，技能不仅仅关乎全球竞争性，还可以通过改变生存机遇和促进社会流动性来改变生活。有更高的技能也能使人们在社会中发挥更充分的作用，使社会变得更有凝聚力、更包容③。

一是公平。战略提出，技能在通过促进社会包容性和流动性创造一个更加公平的社会中起着重要作用。因为那些选择通过职业教育路径进入职场的人大多来自较低层次的社会经济群体，让来自历史参与率较低背景的个人接触更高水平的技能，继续教育可起到关键作用。政府将保证为成人教育提供的资金重新将重点放在最需要它的群体上，支持缺乏基本就业和社会参与技能的成年人，并支持正积极寻找工作的失业人群。

二是责任。战略提出，政府无法独自解决技能领域的问题。雇主和公民必须为保证满足其技能需求担负更大的责任。政府要提供高质量的技能培训，并通过新的全年龄段职业服务使其易于获得，并为每个参加学习的成年人提供一个终身学习账户；雇主将与政府和一个重组的英国就业和技能委员会合作来确定并增加对他们需要的技能的投资。

---

① 鲍尔. 政治与教育政策制定：政策社会学探索 [M]. 王玉秋，孙益，译. 上海：华东师范大学出版社，2003：1.
② Department of Business, Innovation and Skills. Skills for sustainable growth: Strategy document [R]. 2010.
③ Department of Business, Innovation and Skills. Skills for sustainable growth: Strategy document [R]. 2010.

第四章 卡梅伦政府以《可持续增长技能战略》为核心的技能人才培养培训政策（2010—2016）

三是自由。战略提出，中央政府应将控制权下放到公民、雇主和社区，这样他们就能在决定服务的时候发挥更大的作用，保证他们能有效地满足自己的需要。应加大培训机构之间的竞争，鼓励学习内容更加多样化，使培训机构摆脱过多的烦琐手续限制以及中央确定的目标，并从根本上简化成人教育资助方式，以有效回应雇主和学习者的需要。

《继续教育和技能体系改革计划》提出，学习者的成功和他们下一步走向是最重要的考量。没有技能娴熟的劳动大军，国家就无法发展；而没有良好的技能，学习者就无法充分发挥其潜能。公平和责任分担的原则是继续教育和技能体系改革的基础。《雇主的技能所有权》进一步提出，技能是经济增长的优势之源。要实现可持续发展，必须由不同经济部门中供应链上下游人员的技能和创业来驱动。发展技能不是一个单独的议程，而是确保英国发展与繁荣的内在组成部分。即以更富有活力的需求为主导，将技能作为英国经济的竞争优势之源①。

我们必须进行大胆改革，建立一个新体系。在这个体系中，我们能以不同的方式做事。我们必须抛弃手续繁杂的中央规划和调控文化。长期以来，技能体系都是从中心微观管理的，政府为应该提供资格的数目和类型设定目标，而学习者和学院听从资金的安排，而不是学院反映雇主的需要和学习者的选择。公款被规章和中央管控吸收了，而不是用于学习者想要的东西和雇主必须有的东西。无论何时，这都是一种效率低下的花钱方式，在当前的财政气候下，这一点特别不受欢迎②。

《技能体系的严格性和响应性》提出，要把严格性和响应性作为技能人才培养培训体系改革的核心原则，要更直接地将雇主和学习者置于主导地位，并给所有培训机构创造提供优秀计划所需的激励措施。要保证给14岁到成年这个阶段的人提供优秀的职业教育。不论哪个方面，在绩效未达到学习者期望的标准时，政府必须更迅速地介入，不能容忍质量低劣的服务③。

在我们的新体系下，学习者将选择企业看重的培训和资格。大多数的自主培训提供方将依靠服务质量吸引学习者，后者可从中选择。我们将优先为技能水平非常低的学习者或弱势群体提供资金支持，同时希望学习者和雇主与政府共同投资来支付中高级水平培训课程的费用，而他们将从这些培训中获益④。

总体来看，卡梅伦政府对于技能人才培养培训目标和价值的追求一方面反映了国际金融危机背景下，努力提升经济可持续发展能力、减少财政赤字的政府责任；另一方面，"自由"这一原则体现了保守党长期以来对教育市场化的理想追求，自由选择、竞争、多样性作为教育市场的基本要素，是英国保守党一贯追求的核心目标。同时，这一思路也体现了卡梅伦"大社会"执政理念和"还权于民"的执政追求。可以看出，《可持续增长技能战略》提出的"建设世界一流技能基础"是对布朗政府《世界一流技能》战略的继承，

---

① UK Commission for Employment and Skills. Employer ownership of skills: Securing a sustainable partnership for the long term [R]. 2011.
② Department of Business, Innovation and Skills. Skills for sustainable growth: Strategy document [R]. 2010.
③ Department for Education, Department of Business, Innovation and Skills. Rigour and responsiveness in skills [R]. 2013.
④ Department of Business, Innovation and Skills. Skills for sustainable growth: Strategy document [R]. 2010.

但该战略还提出，废除《里奇技能报告》中的目标以及为实现这些目标设立的中央控制机制。培训机构将能够提供本地区所需的培训类型和数量，将有更大的灵活度来响应本地需求以及学习者和雇主对质量的要求。要通过这种方式建立一个响应性、有活力的体系。

二、利益分配：全面关照和重点领域相结合

《可持续增长技能战略》提出，政府资金将在其影响力最大的领域重点支持学习者，把学习者作为继续教育和技能体系的核心。具体来说，政府在财政上重点支持下列人群：

第一，在学校时没有在英语和数学方面达到基本水平的人。一是进一步扩展《生存技能计划》的范围，旨在使成年人提高其基本的读写和计算技能，涵盖需要GCSE英语和2级数学水平的个人。二是使19~24岁的年轻人获得"基础学习"的全额资金，前提是他们需要这笔资金进修或谋求一份工作。他们也可以获得全额资金来争取2级或3级的资格，包括取得英语和数学GCSE的机会。三是为领取救济金的失业群体提供进入劳动力市场的课程，而这些课程会帮助他们提高技能或进修再培训，从而帮助他们找到一份工作。四是对于那些有与社会脱节风险的人，支持他们获得社区学习的机会。政府要致力于为弱势群体和最不可能有学习机会的人群提供学习和进步机会[①]。

第二，通过雇主和个人合作，支持下列人群。一是希望建立学徒制框架的群体。将重新确定学徒制计划的重点，把公共资金更精准地应用到回报最大的领域。二是对于需要进一步管理培训和工作场所培训的中小企业，支持它们的发展计划。三是24岁以上成人——想重新培训2级资格或进行技能提升的群体，目的是获得不同的就业机会或改变他们的生活机遇。

第三，通过继续教育贷款，支持以下人群。一是24岁以上希望获得完整的3级资格（2个A级水平或同等职业水平）或4级资格（高等职业教育）的人，目的是有资格获得一份专业工作或进一步接受高等教育。二是把政府拨款优先提供给需要英语和数学技能的年轻人，以及正在寻找工作的人。这也是有史以来第一次实施一个继续教育贷款体系，它将更多投资转移到个人的学习责任，维持对成年人学习高水平知识的支持力度。继续教育贷款与高等教育学生财务制度一样具有累积特点——学习者无预付成本，在其收入达到2.1万英镑之前无须偿还，并且在30年后未偿付的数额会被注销。贷款的实行是一个重要的步骤，在2013—2014学年实施这项计划时，将与学院、培训机构和利益相关者密切合作。

实施分担资助责任——继续教育贷款。政府仍然承诺为学习3级资格或以上水平的24岁及以上成年人推出一个继续教育贷款体系。虽然用于学习的资金预计在支出审查期内会下降，但还要通过实行以收入作为条件的贷款来保护学习机会。提供这项贷款要求继续教育学院和培训机构提供更高质量的服务——因为个人对自己的投资作出了非常明智的决定。在继续教育和高等教育领域实行一个单一贷款体系，学习者将体验更具连贯性的培训。继续教育更多支持的是有一个或多个不利条件的学习者，也承认许多学习者会要求附

---

① Department of Business, Innovation and Skills. Skills for sustainable growth: Strategy document [R]. 2010.

加的财务支持帮助他们学习下去。因此，继续合并多种资金来源，让学院和培训机构在回应学习者要求时有最大的灵活性。几乎所有被咨询的人都会强调良好信息的重要性，因此需要提供关于贷款条件的清晰信息，并保证所有对贷款感兴趣的潜在学习者得到最好的信息，包括课程的经济回报。以现有的关于高等教育学习者财务方面的交流活动为基础，与行业以及其他关键利益相关者合作提供一个与学习者、合伙人以及利益相关者有效交流的计划，以保证实行政策的方式考虑到不同群体的需要。

第四，加强学徒制。对于学徒制的改革是卡梅伦政府技能人才培养培训政策的重点改革内容。《可持续增长技能战略》提出，要让更多的青少年和成年人申请成为学徒。学徒制可以帮助所有年龄段的人获得职业生涯成功和进步所需的技能，也能帮助雇主打造一支有上进心和专门技能的劳动队伍，而这正是他们在全球竞争中所需要的。基于此，2013年发布的《英国学徒制的未来：实施计划》和2015年发布的《英国学徒制：我们的2020年愿景》都特别针对学徒制提出了明确的改革方向。

一是通过发展标准本位学徒制提高学徒制的质量。《英国学徒制的未来：实施计划》提出，学徒制的目的是训练16岁及以上人员达到雇主制定的学徒制标准，有效发挥技能型人才的作用。学徒制要以满足雇主、行业和更广泛的经济需求而设计的标准为基础，这些标准是描述从事某种职业并自信地在相关行业运作所需技能、知识和能力水平的简短、容易理解的文件，将用学徒制标准取代目前的框架结构。为了确保新标准是严格且有价值的，政府设置了所有新学徒标准都需要满足的最低标准，具体如下：学徒制要提供一种技能型职业的工作培训；学徒制要获得充足的、可持续的培训，持续时间最低12个月，并包括离岗培训；通过学徒制培训，个体要获得一种职业所需的充分能力，这主要由雇主制定的学徒制标准来衡量；要为学徒发展可转移的技能，包括英语和数学方面的技能[1]。在这个最低标准的基础上，雇主负责制定每一个行业具体的学徒制标准。学徒需要通过严格的独立评估来证明自己的能力，主要是在学徒期结束时接受能力考查。评估依据相关标准进行，而且雇主将在制定高水平评估方法方面发挥关键作用。

二是扩大学徒制规模，积极发展高层次资格学徒制。要优先考虑以下领域：让培训项目更精准地集中在学徒制能带来最大回报和更广泛利益的领域，包括定位于年轻人、新雇员、更高水平的资格以及投资影响最大的部门。增加16～24岁学徒的数量，包括鼓励没有施行该计划的小雇主雇用新的年轻学徒。大幅增加高级学徒制培训机会，采取有力措施提高标准和质量，包括收回培训机构的资金（因其没有达到学习者和雇主所要求的高标准）以及保证培训机构支持学徒在条件允许的情况下在英语和数学领域达到2级水平。由雇主牵头对学徒制标准进行评估，通过减少烦琐手续、简化并加快手续流程、废除针对雇主的所有附加的健康和安全要求，使其适应不断演变的雇主和学习者的需求[2]。通过国家学徒制服务中心更好地支持小雇主的需要，方法是提供更多具有针对性的建议和指导。

---

[1] HM Government. The future of apprenticeships in England: Implementation plan [R]. 2013.
[2] English apprenticeships: Our 2020 vision [R]. 2015. https://www.gov.uk/government/publications/apprenticeships-in-england-visionfor-2020.

第五，面向失业人员的教育与培训路径和计划。19~24岁的年轻人能获得学习基金提供的全部资金，可以借此进行进一步学习或找到一份工作。他们还可以获得全部资金，目的是获得首个2级（或3级）资格，包括得到GCSE英语和数学资格的机会。继续教育学院和培训机构也可以根据资格和学分框架提供相关资格的培训，旨在为失业群体设计一项灵活的就业前培训计划，使他们能够在本地劳动力市场找到工作。从2012年起，技能资金署将试行"为工作结果提供报酬"的制度，以保证19~24岁的年轻人获得所有计划项目提供的帮助，使他们能够进行进一步学习或者进入职场。教育部将与地方政府和本地企业合作伙伴密切合作实施这一措施。

第六，开展教育、培训和再培训。通过学院和培训机构，24岁及以上公民可以获得一系列培训和再培训机会，以得到职业资格并进行继续学习或获得一份工作。所提供的计划项目涵盖普通教育、A级水平教育、科学和建筑等领域，还有新兴绿色技术和工业所需的技能。如果他们有自己的工作，学习者应自己支付2级资格学习计划的费用，而对于3级或更高级别学习计划，可获得贷款。

第七，加强社区学习。支持通用社区学习服务，给所有成年人提供广泛的学习机会，将公共资金补贴用来支持覆盖面最广的学习机会和进步，即覆盖到弱势群体和最不可能有学习机会因此也最不可能参与进来的人群。试行不同的以地方为基础的"社区学习信托"模式，目的是分流"保证成人学习"资金并在城市、城镇和乡村地区引导地方服务规划①。从2013年夏天开始在整个英国推出社区学习信托。新信托将考虑地方政府、地方社区和地方企业领军人物的意见，保证预算目的和目标的实施能够满足地方需求。政府支持的社区学习计划的目的是使更多的成年人获得社区学习机会，不管他们的生存情形如何，都会带来新的机会并提高生活水平，使社区学习对个人、家庭和社区的社会经济福祉的影响达到最大化。

第八，增加对重点技能开发领域的拨款。通过与技能资助机构合作，减少运营当前资助体系的成本，目的是给学习者（包括进入职场并仍在工作的群体）提供的资金数额最大化。制定一个面向成人技能的单一资助体系，并从2013年开始实施。与教育部密切合作，确保面向16~18岁和19岁以上学习者的继续教育学院和培训机构能享受到简化拨款带来的好处。这个新体系的指导原则是：公平、透明、承认成年人的多样化需求，如果其中一些人因为不利条件或学习上的困难或残疾而面临阻碍要保证以适当比例使用公共经费。鼓励在继续教育学院、企业和工业部门之间建立更强大的合作关系，强化企业在继续教育学院中的利益，并同时保证学习者能使用行业和市场内领先的设备与设施。为此，2011—2013年提供1亿英镑来支持继续教育机构基本设施的更新、现代化与合理化改造。另外，继续投资主要基础设施、设备与设施，目的是：提高学习者的成绩和就业能力；获得企业的资本投资；解决增长行业的技能需要；增加学徒岗位；支持失业群体；改善残疾学习者的使用设施；应对乡村和城镇地区的贫困问题。

---

① Department of Business, Innovation and Skills. Skills for sustainable growth: Strategy document [R]. 2010.

三、权力运作：基于自由、分权和质量的责任共担

《可持续增长技能战略》提出，技能人才培养培训政策是政府、雇主、个人共同的责任，要创建一个体系，让所有的人都能参与到技能人才培养培训体系的投资中[①]。对于权力的改革是《可持续增长技能战略》的核心内容，改革的核心思想就是移除官僚主义、为培训机构提供更大的自主权。正如继续教育、技能和终身学习大臣约翰·黑斯（John Hayes）2010年提出的：

我们必须移除对于继续教育学院和学习者个人的官僚主义、目标导向、自上而下的管理，实现体系真正的分权，我想看到政府的主要作用是创立一个框架，能够帮助个人及雇主获得他们需要的学习。实现这一目标的最重要一部分就是移除挡在学习机构前的障碍，以有效应对学习者的需要。[②]

1. 政府：精简机构，下放权力

2010年，卡梅伦领导的保守党和自民党联合政府执政后，把儿童、学校和家庭部更名为教育部，将商业、企业与技能部和创新、大学与技能部合并为商业、创新与技能部，就职业教育与培训来说，其主要职能如下：密切关注经济变化对技能的新需求，迅速制定满足需求的技能政策；着眼于英国的未来，以继续教育体系为依托，加强对技能培养培训的投资；发布关于学徒制的培养目标，营造并保护良好的技能开发环境[③]。在此基础上，政府对于经费拨款机构进行了调整，于2012年3月撤销青年学习署，成立教育基金署，同时解散资格与课程开发署，将职能交由标准与考试署（Standards and Testing Agency）。建立了一个独立的主要负责所有教育阶段拨款的强有力的国家部门——教育标准办公室（Office for Standards in Education，OFSTED），并建立了新的学徒制学院（Institute for Apprenticeships）。

为实现自由、分权的目标，《可持续增长技能战略》提出三方面举措，减少技能领域的机构数量，并精简剩余人员。战略提出，继续教育和技能体系过于繁冗，要求学员和培训机构过多地与中介机构交流，这阻碍了灵活性、创新性和办学效率的提高。为此，战略提出以下举措：一是废除区域发展署（Regional Development Agencies），加强地方企业伙伴关系，使地方企业伙伴领导地方经济的转型。二是简化体系和程序，特别是拨款体系，以减少官僚主义，使体系更加有效地运行。三是移除管制，为整个体系引进更多的自由度和灵活性[④]。战略提出，覆盖自然经济区域的地方企业伙伴关系可以作为区域治理结构有效应对地方的重要需求领域。简化成人学习拨款结构，降低继续教育学院或培训机构与技能拨款机构之间的交流频次，杜绝官僚主义管理。移除对于继续教育学院和培训机构的中央规划目标及不必要的管制，为其提供更多的办学自主权，使其能够对自己的内部事务负

---

① Department for Business, Innovation and Skills. Skills for sustainable growth: Strategy document [R]. 2010.
② Department for Business, Innovation and Skills. Skills for sustainable growth: Strategy document [R]. 2010.
③ 翟海魂. 规律与镜鉴：发达国家职业教育问题史 [M]. 北京：北京大学出版社，2019：112.
④ Department for Business, Innovation and Skills. Skills for sustainable growth: Strategy document [R]. 2010.

责,更有效地满足学习者、雇主及广泛社区的需求。废除成人技能培训体系中自上而下的行政管理和集中规划机制,赋予继续教育学院更大的自由度和灵活性,使其能够专注于个人和雇主需要的培训。

战略强调,继续教育学院和培训机构应该加强办学的透明性。目前政府资助的公共技能体系建立在一个复杂的资助模式之上,这种模式往往使雇主和个人无法认识到政府的资助作用,这使他们很难根据质量和性价比对培训作出深思熟虑的决定。政府的公共拨款应该透明、简单、避免官僚。公共拨款的目的是帮助雇主和雇员进行选择,使他们以客户的身份,提高质量、推动创新以及提升价值。公共拨款的责任认定应以实现就业和增长为基础。

布朗政府时期建立的英国就业和技能委员会是一个联系企业与政府的重要战略机构。《可持续增长技能战略》强调要改变英国就业和技能委员会的工作重心,使其成为一个把雇主、行业协会和其他机构联合起来的社会合作伙伴的关系载体,以明确相关举措,支持行业培训的发展。同时,继续加强行业技能理事会对于雇主的领导和影响,形成行业网络,采取创新性举措,增强雇主对于技能开发的承诺,发挥其核心作用[①]。

战略也肯定了国家技能学院的作用,它可以进一步促进雇主参与,因此战略提出,要进一步支持国家技能学院的发展。从上述改革来看,联合政府对于工党政府的技能政策既有继承,也有废除,特别是对于区域发展署的撤销,可以说是对于之前政策的否定,是对布莱尔政府时期努力建立的区域合作伙伴的重大改革。

2. 企业:建立行业企业的技能所有权

2011年12月,英国就业和技能委员会发布报告《雇主的技能所有权》。报告对于不同主体的权责作出了更明确的界定,如表4-2所示。报告指出,这一项目的核心目标是充分发挥雇主在技能开发中的主导作用,使其与高校和培训机构密切合作,为青少年和成年人提供更多的技能培训机会,确保英国经济可持续增长和繁荣。雇主的技能所有权的好处在于:一是它将为雇主、雇员、高校和培训机构创造条件,让他们对技能开发负起责任。报告发布后,教育部就对这一项目作出了积极回应,首相宣布一项新的试点计划,承诺在未来两年内将投入2.5亿英镑来实施这一项目[②]。二是让雇主处于领导地位,实施雇主所有权试点项目。改变雇主和技能状态之间的关系,实行雇主所有权试点项目,如果该项目与教育部合作,在两年时间内将有高达2.5亿英镑的公共投资,同时接受高质量的雇主竞标和持续评估。雇主所有权试点项目将把公共投资直接交给雇主,以提高雇主参与度和投资潜能。预计2012年将推出一本计划书,向雇主征求建议。

---

① Department for Business, Innovation and Skills. Skills for sustainable growth: Strategy document [R]. 2010.
② UK Commission for Employment and Skills. Employer ownership of skills: Securing a sustainable partnership for the long-term [R]. 2011.

表4-2 《雇主的技能所有权》中对于不同主体的权责界定

主体	效益
雇主	• 管控并开发满足发展需求的培训； • 培训市场的购买力更强，培训机构的响应能力也有所提高； • 透明的财务支持，可以更轻松、更好地进行投资决策； • 有机会发展战略投资关系； • 更多的自由和影响力，更少的官僚作风； • 与雇员、工会和培训机构合作推动技能解决方案； • 通过供应链和业务集群为更多小企业提供解决方案； • 技能发展成为商业战略的一个组成部分
青少年和成年人	• 通过提升技能水平提升自己的经济价值； • 在雇主重视和需要的领域作出更高质量的培训选择； • 强大的学徒制品牌； • 更多的学徒机会； • 获得更多的工作机会； • 在与雇主合作开发的工作场所，真正通过培训学到技能； • 建立强有力的雇主—雇员合作关系； • 在技能发展方面得到雇主更多的帮助
高校和培训机构	• 具备以质量和创新而不是数量和优先级为基础的竞争能力； • 有权与雇主建立长期合作关系； • 研究和运用专业知识，了解并说明培训如何使雇主受益； • 使雇主承诺更愿意参与技能开发
政府	• 制定与可持续增长相关联的技能开发长期战略； • 有机会利用更广泛的结果，取得更好的投资收益； • 围绕雇主和个人需求建立系统，提供各种具有经济价值的技能； • 更少参与到技能开发中

资料来源：UK Commission for Employment and Skills. Employer ownership of skills: Securing a sustainable partnership for the long-term [R]. 2011.

报告指出，过去20年中，在历届政府的推动下，英国的职业技能体系不断改革扩展，取得了显著成效。但事实是，英国在技能方面的全球竞争力已经有所衰减，对于许多雇主来说，体系仍过于复杂，形成了鼓励雇主加入政府计划的习惯，所以常常当拨款中断时，培训也会停止。与此同时，有一类制度鼓励前瞻性的高校和培训机构追求政府的优先事项，反而对它们形成了制约。报告强调，英国有两个技能培训市场，一个是以资格证书为基础的公共资助市场，另一个是满足商业需求的私人资助的培训市场，但这两个市场没有充分协调一致，使得技能人才培养培训体系不能满足雇主需求，长期存在缺乏雇主投资的供给侧举措的争论。为此，需要为雇主创造条件，使其成为技能议程的积极推动者，培养他们竞争所需的技能，并使他们更容易着手去做[①]。

报告提出，需要采取积极措施，鼓励雇主更多地掌握技能所有权，努力确保长期可持

---

① UK Commission for Employment and Skills. Employer ownership of skills: Securing a sustainable partnership for the long-term [R]. 2011.

续的伙伴关系。不需要一套新的举措，相反，需要改变技能人才培养培训体系，使之成为由雇主主导的培训体系。必须为雇主创造空间，以便他们在供应链和产业集群中，与雇员、高校和培训机构一起合作，培养他们所需的技能，并将其纳入雇主而非政府的技能议程。雇主所有权越大，意味着责任越大。在其中，雇主和员工都准备好为实现更优质的培训作出更大努力。报告提出，实现这一目标的最有效方式是改变资金在整个体系中的流动，将投资的责任和回报更公平、更明确地交给雇主，让雇主参与以他们为基础的计划，例如学徒计划。对于青少年来说，这意味着从提供者的补助金转为雇主鼓励学徒制和工作经验；对于成年人来说，从提供者的补助金转为雇主投资和贷款。政府需要后退一步，重新审视自己在哪些方面可以鼓励雇主拥有更多的所有权，政府在哪些方面造成了阻碍。正如报告所提出的：

数十年前的技能政策趋于集中，要扭转这种趋势并非易事。这需要作出重大转变。我们赞成政府采取措施，为高校和培训机构引入更加专注于用户的技能体系，从而带来更大的自由度和灵活性。现在的挑战是，让真正以雇主为主导的伙伴关系走到舞台中心来。①

英国就业和技能委员会的目标是确保更大程度上的集体承诺，投资技能开发，以推动企业发展、就业和增长。这需要一种既建立在可持续进行技能发展的市场基础上，又具有国际竞争力的技能基础：不断适应环境，推动企业增长；提供高质量的培训；为青少年创造更多机会；减少对政府干预的依赖。这需要根本性的改革，从政府领导转向雇主掌握更多的雇主培训，如学徒制和岗位培训。对此，报告提出四项基本原则②：

第一，雇主应该拥有自由空间，掌握技能议程。政府应该为雇主创造自由空间，让雇主在行业或产业发展战略中掌握技能议程。长期以来，技能人才培养培训政策一直试图让雇主参与到由政府主导的项目中。现在的改革是让政府退后一步，创造条件，让最优秀的雇主与雇员、工会、高校以及培训机构合作，共同负责并开发优质的培训机会、工作岗位和实习工作。

第二，形成一个统一的技能开发市场。报告提出，要打造一个统一的技能开发市场，围绕个人和企业需求提供培训。目前，英国的职业教育与培训主要围绕两条主线展开：第一个是由政府资助的培训市场，提供围绕政府优先领域的资格培训；第二个是根据企业的技能需求提供有针对性的培训。然而，目前这两方面不同导向的培训没有实现协调一致。在技能开发的统一市场中，要让继续教育学院、高校和培训机构对培训的真正需求作出响应，而不是仅仅为了获得国家的经费支持，最终目标是让继续教育体系提供更具经济价值，适应学习者和企业需求的培训。

第三，技能解决方案应由雇主主导的合作伙伴关系来设计，以惠及更多的雇员和雇主。雇主和雇员知道，什么样的培训是最适合他们的。雇主应该通过与雇员、工会、高校和培训机构合作，来推动其为世界级技能基础设计并提供技能解决方案。更接近实际的决策，将惠及更多的雇主和雇员，包括在各产业、供应链或本地组织和集群内运营的小

---

① UK Commision for Employment and Skills. Employer ownership of skills：Securing a sustainable partnership for the long-term [R]. 2011.

② UK Commision for Employment and Skills. Employer ownership of skills：Securing a sustainable partnership for the long-term [R]. 2011.

企业。

第四,由政府为职业培训进行公共拨款转向对雇主激励和投资。具体来说,目前政府对于劳动力培训的大部分资助是通过技能拨款机构和国家学徒服务机构直接拨付给学院和培训机构的,而并没有直接给雇主。这一改革就是试图改变技能拨款的路径,具体是在两年内将直接向雇主提供 2.5 亿英镑公共投资①,使雇主通过竞标政府直接拨款,设计和实施自己的培训方案。这一改革试点主要由英国就业和技能理事会,商业、创新与技能部以及教育部共同监管。

报告强调,实现雇主的技能所有权是一项长期工作,主要目标是以本届政府和上届政府的承诺为基础,大幅提高工作场所技能培训的参与水平和质量。报告提出,从长远来看,技能的领导权和所有权需要经历两次根本性转变:从政府领导转向雇主主导 16~24 岁年轻人的职业培训;从以培训机构为主体转向雇主自己开发成人劳动力。为实现这些目标,报告对政府提出四方面建议:一是直接资助雇主提供学徒培训,让更多的年轻人(16~24 岁)成为有生产力的劳动力,例如,通过税收制度和物质激励实习工作。二是鼓励雇主和雇员加大对成年劳动力技能培养培训(为 24 岁及以上人员提供培训进行技能提升)的投资,通过从基于资格的供应商融资转向基于雇主的结构性投资和贷款。三是审查当前的政策和基础设施在哪些方面使雇主拥有所有权,以及这些政策和基础设施在哪些方面阻碍了雇主的技能所有权,从而为雇主创造条件,使他们能够与雇员、工会、高校和培训机构合作,加强并获得技能所有权。四是通过扩大竞争性投资基金的范围,支持各种规模的雇主通过其产业链、供应链和当地网络共同开展更多的集体行动,鼓励雇主对技能开发的投资②。政府对职业培训的公共拨款通过雇主流动,从而形成一个对劳动力市场反应更快的培训机构网。转向激励和投资,将会赋予雇主在投资方面的责任并为雇主投资带来回报。

3. 教育机构:提高办学自主权,增强发展活力,提高教育质量

《可持续增长技能战略》提出,"高质量的继续教育部门"是技能战略的核心。为提升继续教育机构办学质量,依据这一原则,联合政府制定了《继续教育和技能体系改革计划》及《增强技能的严格性和响应性》,提出要创造公平竞争的环境,为继续教育学院提供更多的自主权,放开对于学生的数量限制,促进继续教育机构间的竞争和创新,从根本上提高技能人才培养质量。继续教育学院的具体改革方向如图 4-3 所示。

第一,对继续教育部门进行战略性管理,提高其发展活力。《继续教育和技能体系改革计划》提出,继续教育部门正进入一个新时代,其与政府的关系发生了根本性变化。改革的主要目标是使学院摆脱中央政府的控制,把责任交给学院本身。学校的责任对象也对外成为学院所在社区、学习者和雇主。为学院院长提供更多的办学自主权,使其从战略上领导好自己的学院。要形成一个多样化的继续教育体系,学院院长将负有集体责任,与学

---

① UK Commission for Employment and Skills. Employer ownership of skills:Securing a sustainable partnership for the long-term [R]. 2011.

② UK Commision for Employment and Skills. Employer ownership of skills:Securing a sustainable partnership for the long-term [R]. 2011.

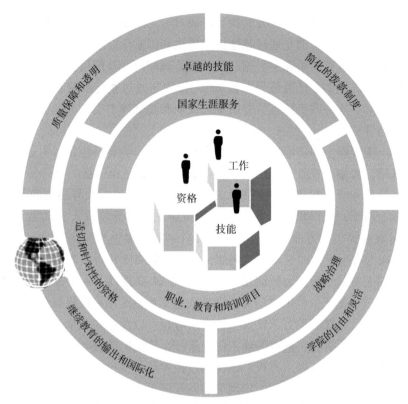

图 4-3 继续教育和技能体系改革的基本框架

资料来源：Department for Business, Innovation and Skills. New challenges, new chances: Further education and skills system reform plan: Building a world – class skills system [R]. 2011.

校、继续教育学院、大学、地方政府和公益部门合作①，在回应动态经济和社会需求变化方面，学院要起到关键性作用，帮助本地企业合作组织推动本地经济增长，还要通过诸如"城市协议日程"等计划与本地社区和企业合作。

推进继续教育学院的资源共享或联盟发展，主要模式有：与其他学院的联盟或企业合作模式；与一位雇主或许多雇主以及一所相关大学合作成立大学工学院，接受教育部资助；合作雇主提供具体培训机会，包括与国家技能学院合作设立专业技能中心；通过群体培训协会或学徒培训协会努力发展创新型的学徒模式。学院可以利用机会赞助、建立专科学校或自由学校，或与它们合作②。

第二，增强继续教育学院和培训机构的自由度和灵活性。《继续教育和技能体系改革计划》提出，将采取"三管齐下"的方式帮助学院和培训机构更好地响应学习者、雇主以及社区的需要：一是简化体系的工作程序。在继续教育领域废除、合并、终止资助或相

---

① Department for Business, Innovation and Skills. New challenges, new chances: Further education and skills system reform plan: Building a world class skills system [R]. 2011.

② Department for Business, Innovation and Skills. New dhallenges, new Chances: Further education and skills system reform plan: Building a world class skills system [R]. 2011.

应缩减政府机构的数量,目的是保证只留下最受关注和重要的部分,这样就减少了提供方与政府互动的数量。二是简化体系和过程。缩减对于培训机构资助的烦琐手续,另外,与年轻人学习机构合作,以减少培训机构花在与机构相关的活动上的时间。三是放松管制。2011年《教育法案》废除了针对学院的繁重职责并赋予了管理机构更多的权力,而技能资助机构将与年轻人学习机构合作,减少针对教育与培训机构的烦琐手续。

为保证在整个继续教育部门实现持续变化,通过继续教育改革和绩效委员会与教育部合作,以实现根据联合行动计划协调变化,为继续教育体系引入更大的自由度和灵活性。报告强调,政府不应该控制继续教育部门,不能强加不必要的改革;要建立一个有活力而又管制宽松的部门,让学院和培训机构自己负责它们管理业务和满足客户需要的方式。更大的自由度和灵活性意味着巨大的责任,同时竞争的加剧会提高培训机构服务的质量、对客户的关注度和响应性,这对学习者、雇主和社区来说都是有好处的。

第三,适切、有重心的学习项目和资格。这一方面的改革目标是继续教育和技能领域中提供的资格要反映雇主的需要、质量好而且简单易懂:高质量意味着要求严格、符合雇主的需要并能向更高级别迈进;资格应相对简单一些——能够被雇主和学习者理解和信任。但报告强调,不会对资格体系作出实质性改变。相反,将与企业、培训机构以及资格授予机构合作,提高资格的质量、简化创建资格的程序,所采取的措施是废除行业技能理事会对每个单元或资格的审批要求,雇主对资格便有更大的主导权。如果有需要,资格授予机构将能够依据标准开发新的评价项目[1]。这项标准要保证严格性并重点关注劳动力市场和个人进步所需的核心英语和数学技能。使雇主能够在更大程度上参与资格和评估模式的制定,后者应具有足够的灵活性,可以支持较低资格的学习者取得进步。

第四,增强技能体系的严格性和响应性。为了满足学习者和雇主的需要,并在全球竞争加剧时能够在本地和国际上具有竞争力,必须用严格性和反应性等核心原则来创造一个世界级的技能体系。所有的技能培训机构都要满足严格性和反应性的标准。建立世界一流技能人才培养培训体系的路径是释放整个体系的潜能,使之能有效地与消息灵通并且尽责的社区合作,并向学习者和雇主提供优质的服务。在全面改革战略的基础上,2013年4月,英国商业、创新与技能部与教育部共同发布新的技能战略《增强技能的严格性和响应性》。战略提出,要建立一个既有严格标准贯穿始终又能保证内容反映个人和雇主需求的技能体系,在未来改革中,要把严格性和响应性作为技能体系的核心要求,使雇主和学习者能够主导自己的培训,并为所有培训机构创造激励机制,使其提供更高质量的培训[2]。

职业资格必须严格,这样才能使雇员胜任他们选择的工作。需要创造一个这样的体系——能够激励所有人取得最佳绩效标准,具有反应性的体系才能做到这一点。这意味着还要保证教育和培训机构的灵活性,使其提供学习者和雇主真正需要的技能。反应性也意

---

[1] Department for Business, Innovation and Skills. New challenges, new chances: Further education and skills system reform plan—building a world class skills system [R]. 2011.

[2] Department for Education, Department for Business, Innovation and Skills. Rigour and responsiveness in skills [R]. 2013.

味着为使用技能体系的学习者或雇主提供重要的选择①。报告为实现上述目标提出了六个重要工作领域：提高标准；改革学徒制；创立受训生制；增强资格的适切性、严格性和认可性；提高拨款的适应性；提供更有效的信息和数据信息服务②。

第五，提高继续教育学院的教育教学质量标准。报告提出，高质量的教学和学习是一个成功的培训体系的核心。可以通过三种方法提高教育质量和标准。首先，继续教育学院的讲师和教师应当受到认可。因此，新继续教育行会组织和"特许地位"的引入将提高继续教育体系的专业化，使其成为国际上承认的针对学习者和雇主的质量标志。其次，在绩效不足的方面，采用更快稳健的干预体制来保护学习者，与此同时通过给不合格的继续教育学院提供清晰的管理程序坚定地打击质量差的服务。最后，通过给予学习者和雇主更优质的服务信息和更大的培训选择权，优化对培训机构的激励措施，让它们达到更高标准。因此，至关重要的一点是体系要改进标准，保证它能让学习者为新工作做好准备，还要具有延展性、创新性，并反映雇主的需要。要实现这些要求，强有力的领导是至关重要的。

4. 学习者：作为体系的中心

从"大社会"的"个人权力"理念出发，联合政府的技能政策提出"把学习者作为继续教育和技能体系的核心"，其主要目标是建立一个更能反映学习者选择的系统，一个让学习者有更好的学习体验并提高社会流动性的系统。

第一，建立国家生涯服务中心，提供一流生涯服务，促进学习者作出正确的生涯选择。《继续教育和技能体系改革计划》提出，要为最需要的人群提供优质的职业和技能信息，以及个性化、专业化的生涯建议和指导，使他们对自己的学习和职业作出明智的选择，促进继续教育、基于工作的培训以及高等教育的改革，而这也反映出个人、雇主和劳动力市场的需求，最终实现促进经济增长的目标。2012年4月，国家生涯服务中心成立，该服务中心将把重点放在专家生涯指导方面，以独立性原则和专业标准为基石，并将确保在信息、建议和指导方面给青少年和成年人提供有力的服务。国家生涯服务中心将针对职业、技能和劳动力市场提供信息、建议和指导，涵盖进修、学徒制和其他类型的培训以及高等教育。学校将负责保证它们的学生能够得到独立、公平的就业指导。依据"到2015年将参与年龄提高到18岁"的目标，就"把这项义务延伸到学校和继续教育机构中的16~18岁群体"进行咨询。教育部将提供法定指导，以帮助学校履行这项职责，并支持最佳实践的分享。

第二，建立终身学习账户，促进个人持续学习。除了国家生涯服务中心，终身学习账户将鼓励个人学习并保持学习习惯，通过账户建立一个有寻求知识和技能的愿望，也愿意给自己的"成功"投资的全国学习者社区。终身学习账户将使成年人对自己的学习有更大的掌控力，方式是在某一方面提供关于技能、职业和财务的支持，以及为个人量身定制的清晰信息。账户将鼓励用户与其他学习者建立联系、分享知识和经验，账户持有人将通过

---

① Department for Education, Department for Business, Innovation and Skills. Rigour and responsiveness in skills [R]. 2013.

② Department for Education, Business, Innovation and Skills. Rigour and responsiveness in skills [R]. 2013.

脸书和推特等社交媒体被举荐到相关的学习者论坛和社区。

第三节　卡梅伦政府技能人才培养培训政策的实施成效及影响

2010年，卡梅伦政府为应对金融危机的持续影响，从实现经济可持续发展的角度出发，推出了《可持续增长技能战略》。与布朗政府以《世界一流技能》为核心的技能人才培养培训政策相比，卡梅伦政府在很大程度上保留了工党把技能作为国家经济竞争力和个人劳动力市场流动性核心驱动因素的理念，但在具体的政策内容和政策实践上实现了一定创新。

一、增加学徒制规模、提高学徒制层次取得积极成效

在改革目标上，《可持续增长技能战略》与布朗时期《世界一流技能战略》在很大程度上具有一致性，都强调通过技能人才培养培训改革实现经济繁荣，促进经济的可持续复苏。《可持续增长技能战略》继承了《世界一流技能》中提出的"建设世界一流技能基础"的目标，把扩大和改革学徒制作为改革重心，提出到2020年把学徒扩大到300万人的目标。

从具体推进和实施来看，如图4-4和图4-5所示，2010年以来，英国2级和3级学徒制参与人数实现了急剧提升，从2014年开始，4级学徒制参与人数也出现了一定幅度增长①。这表明，英国层次完善的现代学徒制体系逐渐形成。卡梅伦领导的联合政府2010年

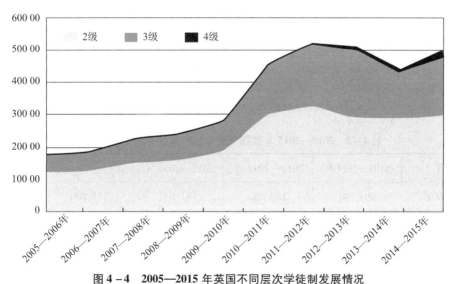

图4-4　2005—2015年英国不同层次学徒制发展情况

资料来源：PULLEN C, CLIFTON J. England's Apprenticeships: Assessing the New System [R]. Institute for Public Policy Research, 2016.

---

① PULLEN C, CLIFTON J. England's apprenticeships: Assessing the new system [R]. Institute for Public Policy Research, 2016.

执政后,由于取消了对于学徒的年龄限制,25岁以上学徒数量增长迅速,但19岁以下学徒数量却出现了下降(如表4-3所示)。这主要是由雇主追求获得政府的工作场所培训拨款造成的。根据2013年英国就业与技能理事会对国家技能情况的调查结果,在英国近年来大力发展学徒制及一系列技能人才培养培训政策的推动下,2013年英国的技能人才短缺达到了近10年来的最低水平。这表明,英国的技能人才培养培训政策取得了一定成效。

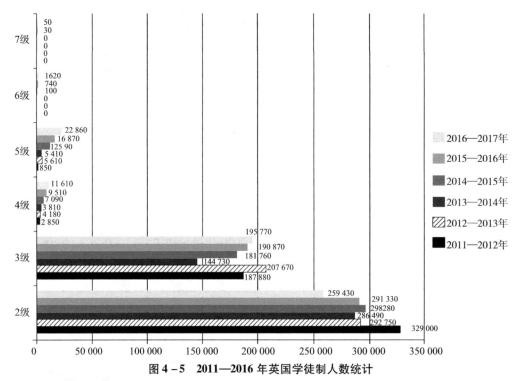

图4-5 2011—2016年英国学徒制人数统计

资料来源:ABUSLAND, T. Vocational education and training in Europe: United Kingdom. CEDEFOP refer Net VET in Europe reports 2018 [R]. 2019. http://libserver.cedefop.europa.eu/vetelib/2019/Vocational_Education_Training_Europe_United_Kingdom_2018_CEDEFOP_ReferNet.pdf.

表4-3 2010—2015年英国不同年龄群体参与学徒制的情况

项目	2010—2011年	2011—2012年	2012—2013年	2013—2014年	2014—2015年
19岁以下	203 100	189 600	181 300	185 800	194 100
19~24岁	251 900	272 100	294 500	308 900	315 000
25岁以上	210 900	344 800	392 900	356 900	362 600
总计	665 900	806 500	868 700	851 500	871 800
总数中19岁以上	462 800	616 900	687 400	665 700	677 700

资料来源:PULLEN C, CLIFTON J. England's apprenticeships: Assessing the new system [R]. Institute for Public Policy Research, 2016.

二、进一步强化了需求驱动的技能人才培养培训体系

受联合政府的主要执政党——保守党传统上对于教育市场化、自由主义追求的影响，卡梅伦政府技能人才培养培训政策的主要目标是建立一个自由、公平、责任共担的技能人才培养培训体系，这进一步强化了21世纪初布莱尔政府提出的建立需求驱动的技能人才培养培训体系。《可持续增长技能战略》把实现教育机构的自由及更大的办学自主权作为重要改革原则，其所持的核心思想是，中央政府的规划和控制会阻碍雇主对于培训的投资意愿。从这一方面出发，联合政府取消了拨款制度中的中央规划，成立了技能拨款机构，并通过这一机构努力创造一个真正的培训市场，减少对于继续教育学院和培训机构的管制，强调移除继续教育学院及培训机构的官僚主义和目标机制，提升教育与培训机构的办学自主权，使其更有效地应对雇主、学习者和地方经济发展的需求。对于继续教育机构的管理方面，强调下放更多的自主权给继续教育学院和培训机构，对继续教育学院实行简单化的管理模式，进一步强化了需求驱动的技能人才培养培训体系改革。

三、形成更加明确的行业企业参与技能人才培养培训机制

在金融危机、财政赤字的背景下，以市场本位的工作场所培训实施为基础，卡梅伦领导的联合政府的技能人才培养培训政策首先消减了对于技能培训的拨款，强调回到市场驱动的模式。就创新性而言，这一时期技能人才培养培训政策制定了一个连贯的制度框架，增加雇主对于培训的投资，其重点关注国家、雇主和个人之间共同承担培训成本，并特别重视鼓励雇主对技能人才培养培训的投资。如图4-6所示，在学徒、雇主和政府的三角关系中，政府的主要作用是制定学徒制的原则和标准，以确保其严格性和响应性；学徒的作用是努力学习和培训，以达到学徒制标准；

图4-6 学徒、雇主和培训机构的三角责任关系

资料来源：The future of apprenticeships in England: Implementation plan [R]. 2013.

雇主的作用是驱动整个学徒制体系的发展，确保学徒制开展的技能培训满足经济需求。由此可见，这一机制把雇主放到了驱动整个体系发展的位置和角色设置上。在此基础上，"雇主技能所有权"强调通过把公共拨款直接给雇主的方式，让雇主对培训有更大的话语权，这也是对于之前布朗政府基于"雇主承诺"政策的改进，并为2015年之后行业企业参与技能人才培养培训政策奠定了基础。

第五章　特蕾莎·梅政府以《16岁后技能计划》为核心的技能人才培养培训政策（2016—2018）

2015年5月，卡梅伦领导的保守党在大选中获胜，再次当选英国首相，摆脱了与自由民主党共同执政的局面。当选后，卡梅伦制定了新的经济增长战略，并在人民的呼声中举行了全民公投，2016年6月24日，脱欧派获得了胜利。在此背景下，卡梅伦宣布辞职。保守党领袖特蕾莎·梅接替卡梅伦成为新任首相。特蕾莎·梅上任后，在卡梅伦政府一系列改革的基础上，2017年发布《产业战略：建设一个更加适应未来的英国》，重组技能人才培养培训治理机构，深入开展以"重建技术教育"为目标的技能人才培养培训改革，开始强制征收学徒制税，从企业法层面确立了学徒制法律地位，促进了英国技能人才培养培训政策的深度变革。

第一节　特蕾莎·梅政府以《16岁后技能计划》为核心技能人才培养培训政策的生成过程

一、问题源流：国民劳动生产率低、技能基础薄弱

在联合政府领导的一系列经济复苏和增长计划的推动下，自2010年以来，英国经济持续复苏，2014年经济增长达到3.1%，首次超过危机前水平，2015年为2.2%，仅次于美国。尽管英国经济出现持续向好态势，但也面临劳动生产率增长缓慢、经济结构转型升级、脱欧风险与挑战、政府债务居高不下等一系列问题[1]。这些问题是特蕾莎·梅上任后亟须解决的问题。

在上述问题中，劳动生产率增长缓慢是其经济发展面临的最严峻挑战。劳动生产率是衡量一国经济增长效率的一个重要指标，劳动生产率越高，相同时间内生产的产品和提供

---

[1]　王展鹏. 英国发展报告（2015—2016）[M]. 北京：社会科学文献出版社，2016：175.

的服务就越多。近年来,劳动生产率增速缓慢成为制约英国经济长期发展的不确定因素。英国这种经济持续复苏、就业稳定增长而劳动生产率停滞的现象也被称为"生产率之谜"[①]。2007年,英国劳动生产率开始停滞。关于英国劳动生产率增长缓慢的原因,英国一家银行的经济学家指出,除企业产能固有的周期性因素以外,以下两个因素不容忽视:投资不足,资本和劳动力在生产性领域的有效配置面临多种多样的障碍[②]。

在对于政策影响最大的指标方面,英国在经济社会发展方面一直把与其他八个国家的比较作为一个重要评价标准。如图5-1所示,尽管近年来英国在GDP增速及就业方面稳步增长,但是英国在生产力方面的增长处于停滞状态,落后于包括日本、加拿大、意大利、美国、法国、德国等在内的G7国家平均水平。英国国内研究表明,20世纪90年代末到21世纪早期,英国国内劳动力技能的提升可以直接为其劳动生产率的年度提升贡献1/5[③]。因此,为解决劳动生产率低的问题,英国还必须进一步加强其技能基础。英国在技能基础方面的薄弱造成了其与法国、德国和美国在生产力方面的长期差距。英国在中级专业和技术技能方面的表现也差强人意,预计到2020年,在33个OECD国家中,英国中级技能水平的排名将从第22下跌到第28。

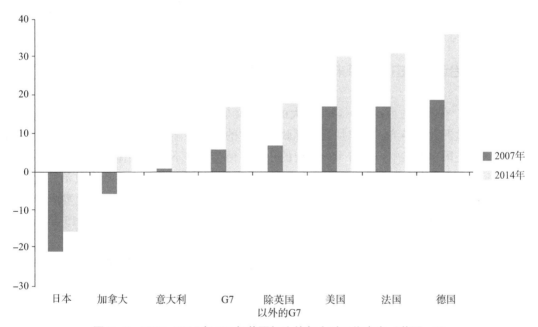

图5-1 2007—2014年G7与英国相比的每小时工作产出(英国=0)

资料来源:Department for Education, Department for Business, Innovation and Skills. Technical education reform: The case for change [R]. 2016.

与经济有关的另一个问题是产业结构调整缓慢。2013年,金融危机过后,为促进制造

---

① 王展鹏. 英国发展报告(2015—2016)[M]. 北京:社会科学文献出版社,2016:181.
② 王展鹏. 英国发展报告(2014—2015)[M]. 北京:社会科学文献出版社,2015:155.
③ Department for Business, Innovation and Skills, Department of Education. Technical education reform: The case for change [R]. 2016.

业回流，提振制造业发展和实现产业"再平衡"，联合政府发布《英国工业2050战略》，并相继公布了一系列重振制造业计划。但在复杂的国际政治经济形势下，英国新一轮产业结构调整效果并不显著。公民技能基础薄弱不仅在一定程度上造成了劳动生产率低，而且不利于其产业结构的调整。恰逢2014年以来以"人工智能"等为特征的新科技革命开始席卷各国，在这一背景下，英国开始从另一个角度——技术教育改革发展的角度考虑技能人才培养培训问题。

尽管造成劳动生产率低的原因有很多，但劳动者自身的技能水平低是一个重要因素。在这一背景下，自2015年以来，英国就开始从生产率的角度对技能人才状况进行评估。评估显示，英国现有的技能人才培养培训体系过于复杂，而且无法提供最需要的技能。预计到2020年，在发展中级技能方面，英国在33个OECD成员国中的排名将会下跌到第28，这对于国家的生产力会进一步产生不利影响。而在生产率方面，英国已落后于德国和法国等竞争对手多达36个百分点。除非采取紧急措施，否则英国将会变得更加落后。而且，提升人口的技能水平不仅是经济上的迫切需要，也是一项社会需要，需要为每一个人提供终身持续就业的机会，并提供发展到最高技能水平的机会。然而，当前的体系在这方面同样是失败的。[①] 目前，16~18岁青少年可以获得超过1.3万种资格证书，但是这些资格证书对于个人或雇主来说通常并没有什么价值。

二、政治源流：由脱欧带来的各种不确定因素的影响

2010年，在政治方面对英国影响最大的事件就是脱欧。自2010年欧债危机全面爆发蔓延以后，欧洲大陆经济体要求加强欧洲政治联盟的呼声逐渐增强。这是英国非常抗拒的事情，尽管英国在欧盟中扮演着十分重要的角色，但英国并不是欧共体创始国，也并未加入欧元区。总的来说，欧盟是以德国和法国为核心的联盟体，如果顺应欧洲政治联盟的呼声，那英国的未来将会是非常危险的。此外，在欧债危机的背景下，作为欧盟成员的英国，有义务对欧洲经济进行援助，这令很多英国民众非常不满。因此，到2015年，脱欧成为英国社会一个不可回避的问题。很多民众基于多方面利益考虑，决定脱欧[②]。在这一背景下，2015年3月，自卡梅伦第二次执政以来，本着"还权于民"的治国理念，在英国举行了公投，2016年6月24日脱欧派获得了胜利，这给技能人才培养培训不可避免地带来一定影响。因为脱欧对于劳动力的移民和就业都有一定影响，会间接影响到对于技能型劳动力的需求。目前这一政治事件对英国技能人才培养培训的具体影响还不能作出具体判断，但是在英国学者对于技能人才培养培训政策的研究报告中出现以下话语：

目前的保守党政府非常关注技术和职业教育，把其作为产业战略及高层次生产力发展的重要部分。尽管财政紧缩意味着对于继续教育和技能的拨款有所减少，但脱欧公投进一步增强了这一领域的重要性……[③]（2018年，Ann Hodgson、Ken Spours等研究者在共同发

---

① Report of the Independent Panel on technical education [R/OL]. 2016. http://www.gov.uk/government/publications.
② 邓永标. 卡梅伦新传[M]. 北京：中国编译出版社，2016：254.
③ HODGSON A, SPOURS K, WARING M, et al. FE and skills across the four countries of the UK new opportunities for policy learning [R]. 2018.

布的研究报告《大不列颠四个国家的继续教育和技能——政策学习的新机会》中提出）

2016年6月，随着脱欧公投的结束，保守党领袖特蕾莎·梅接替卡梅伦成为新的领袖。特蕾莎·梅放弃了卡梅伦提出的"大社会"执政理念，提出了共享社会（shared society）的执政思路，她提出，随着脱欧的到来，英国要打造一个新的发展路径，建构一个面向未来、真正为每个人服务的国家①。要通过政府和企业的合作建设英国强大、公平的自由市场经济。她在一次演讲中提出，"我们要克服分歧，在家庭和社区中互相尊重，建设为每个人服务的共享社会。在这样的社会中，不仅重视个人的权利，而且更注重彼此间的责任。"② 但是，由于执政时间较短，她的主要任务和精力都放在脱欧上，因此这一执政思想的影响相对较小。

三、政策源流：《技术教育独立小组报告》等咨询报告的发布

1. 《技术教育独立小组报告》的发布

2015年11月，英国商业、创新与技能部专门成立了以David Sainsbury为主席的技术教育独立小组。小组成立以后，通过对本国和国际最佳实践经验的考察，以及对企业、培训机构和青少年的调查，2016年4月向政府提交了《技术教育独立小组报告》。报告提出，尽管近年来英国国家技能体系的改革取得了进展，但仍然存在一些严重问题。技术教育依然是学术教育领域中的薄弱环节。课程和资格的选择让人感到困惑，因为它们与职场的联系还不够强大。所面临的主要挑战是：迫切需要更多的技能娴熟人才。数十年来，政府一直试图解决这一问题。尽管上一届议会取得了进步，但是这个问题却变得更加迫切。报告提出，在英国重振制造业的背景下，未来对高水平技术和专业人才有了更高需求。但英国当前的技术教育体系存在一些严重问题，不能给公民提供合适的技能和足够优质的技术知识，在雇主、青少年或他们父母眼中，还不是一个有吸引力的选择。主要问题表现在：标准和资格不是由雇主制定的，没有有效代表雇主的要求；有太多叠加和低价值的资格，无法保证对劳动力市场的清晰理解；体系复杂难懂，对于青少年和寻求再次培训的成年人来说都难以驾驭；没有足够多的学徒机会来满足青少年的需要以及经济需求；高层次的专门性技术教育太少，无法满足对技师水平的技能需求。基于上述问题，报告提出，必须对技术教育进行实质性改革，确保个体能够通过教育和培训来学习行业所需的知识和技能。针对目前技术教育处于弱势地位的问题，报告强调，英国应努力通过建立新的技术教育体系提高技术教育的质量，简化目前过于复杂的体系③。

第一，在广泛的教育和培训体系中通过正确的方式发展技术教育。报告提出，技术教育需要为个体和雇主服务，并且要与其他形式的规定保持一致。从继续教育学院的技术教

---

① Industrial strategy: Building a Britain fit for the future [R]. Presented to Parliament by the Secretary of State for Business, Energy and Industrial Strategy by Command of Her Majesty, 2017.
② SARAH M, CATHERINE W. From big society to shared society? geographies of social cohesion and encounter in the UK's national citizen service [J]. Geografiska Annaler: Series B, Human Geography, 2018, 100 (2): 131–148.
③ The Independent Panel on Technical Education. Report of the independent panel on technical education [R]. 2016.

育路线开始学习的个体中大多数是年龄为 16~18 岁的青少年。报告建议制定一条连贯的技术教育路径，该路径应能开发从事技术工作所需要的从 2 级和 3 级到 4 级和 5 级以上的知识和技能。技术教育路径应具有两种学习模式：基于就业的（通常是学徒制）和基于学院的。基于就业的路径通常通过 2 级或 3 级学徒制来提供，结合在职技能学习（在工作场所）和至少 20% 的脱产知识学习（在学院或私人培训机构中进行）。基于学院的路径通常是一项为期两年的全日制学习课程，其中应包括适合技术教育路线和学生个体的工作实习。报告提出，政府有必要设计一个全面的国家技术教育体系，并将雇主设计的标准放在核心位置，以确保该体系能够在市场上运作。单一、通用的标准框架应涵盖学徒制和学院提供的培训。这些标准的宗旨必须是提供在特定职业中取得成功所需要的知识、技能和行为，而不是解决个体、雇主较狭隘的以工作角色为中心的需求。

报告强调，上述两条技术教育路径，无论是哪一种学习模式，都需要与学术教育路径明确区分开，因为它们是针对不同目的设计的。但是，与此同时，两者之间的相互转换必须是可能的：技术教育路径不应切断朝向大学本科学习的路径，而接受学术或普通教育的青少年也可能会选择直接进入技能行业就业。建议政府制定简短灵活的过渡性条款，以便使个体能够在学术教育和技术教育路径之间向任何一个方向发展，并支持重返学习的成年人。这一体系必须同时适用于青少年和成年人。如果已经从事技能工作的成年人希望寻求新的职业或者希望在所选择的职业生涯中取得更大的进步，也要确保他们能够在可能的最高点加入技术教育路径。达到 2 级（GCSE 或同等学历）但不高于此水平的成年人将希望能够有效进入技术教育，就像普通的 16 岁青少年一样。

第二，基于就业和基于学院的学习应紧密结合。在这两个选项中，青少年和成年人必须清楚知道对于一种目标职业来说，他们需要学习哪些课程，这一点至关重要。报告建议一是建立一个由 15 条路线组成的共同框架，其中包括 2~5 级所有基于就业和基于学院的技术教育；二是推荐一些通过分析关于分组职业规模和性质的劳动力市场信息而确定的路线，以便反映职业相关技能和知识的共同要求；三是建议这 15 条技术教育路线为那些对技术知识和实践技能有很高要求的技能职业提供培训。

第三，治理和标准。报告提出，应尽可能让接受学院技术教育路径的个人有机会学习与参加学徒制人员相同或相当的知识和技能。为实现这一目标，应在一个单一的组织之上建立一个共同的标准框架，以确保将基于学院和基于就业的技术教育紧密结合在一起。报告建议扩大学徒学院（Institute for Apprenticeships）的职权范围，使其覆盖 2~5 级的所有技术教育。学徒学院应负责确保建立标准，并将相关专家聚集在一起，以便商定在学院提供的每条路线中获得知识、技能和行为。这将使学徒学院能够保持一个单一的、共同的技术教育标准、资格和质量保证框架。报告建议，政府应把学徒学院建成一个具有很大自治权的机构。但是，政府应该继续负责管理整个国家体系的设计，作出关键战略决策的责任必须保留给国务大臣。至关重要的一点是，如果要确保新体系随着时间的推移保持连贯和稳定，这些决策必须包括与整个国家技术教育体系有关的决策。

报告提出，雇主在制定标准和个人需要的知识、技能和行为方面应发挥更大作用，以便个体可以在职业活动中表现良好。每条技术教育路线的标准应该由经验丰富的教育专业人员与支持相关职业的专业人员或具有相关职业知识的专业人员共同制定。建议学徒学院

第五章 特蕾莎·梅政府以《16岁后技能计划》为核心的技能人才培养培训政策（2016—2018）

召集专业人员组建座谈小组，就每条路线的标准获取的知识、技能和行为，以及适当的评估策略提供建议。学徒学院应尽快审核现有的学徒制标准，以便确保标准之间没有实质性重叠，并且每个标准都是职业标准，而不是企业标准，并且包含足够多的技术内容，以便保证至少20%的脱产培训。在广度或技术含量方面发现重叠或缺失的标准应进行修订、合并或撤销。

第四，建立高效机制，开发符合行业需求的技术教育资格证书。报告提出，采用基于市场的资格认证方法导致了大量的竞争资格。2015年9月，资格与课程管理委员会（OFQUAL）的受监管资格登记册上已有超过2.1万种资格，由158个不同的授予组织提供。这使得该体系对于个体和雇主非常混乱[1]。对于2级和3级资格证书，报告建议政府放弃目前以市场为主导的资格授予模式，即提供类似但不同结果的资格相互竞争后许可的方法。第2级和第3级的任何技术教育资格应由单一机构或财团提供和授予，根据公开竞争后固定时间段的许可授予。对于4级和5级证书，并且在针对18岁人群的技术教育方面，需要确保从4级和5级发展到更高级别，特别是学位培训和6级、7级培训的明确路线。建议政府研究如何确保从4级和5级发展到其他高级教育的明确路线，这项工作应在现有的和拟议的英国高等教育结构和资金规则的背景下进行。

对于路线内容，随着最好的国际技术教育系统的路线从广泛的课程开始，然后随着个体发展到更高水平的知识和技能，这些路线也会越来越专业化。基于这种方法，建议每条基于学院的路径应从适合16～18岁青少年的两年制课程开始。这些为期两年的课程中的每一个项目都应以"共同核心"为开头，这个"共同核心"适用于所有这条路径学习的个体，并且与学徒制保持一致。建议在"共同核心"之后，个体应该专门为进入某一职业或一系列职业做好准备。对于年龄超过18岁的个体，预计许多人将继续在更高层次学习技术教育——包括全职和兼职工作，或通过更高等级的学徒制学习。

对于英语和数学，报告建议，应对技术教育和学徒制中的英语和数学提出一系列共同要求，作为所有个体在获得技术教育认证之前必须达到的最低水平，学徒制的情况与此相同。目前的要求仍然低于国际标准，个体应该有更高的期望。从长远来看，随着16岁左右青少年的数学和英语教学质量，以及相关学习者学习成果的提高，政府应提高对数学和英语的要求，以提高技术教育体系的教学质量和学习成果。对于基于学院的技术教育路线学习的学生，工作实习可以提供获得在教育环境中很难学习到的实用技能和行为的机会。这些学生需要一个从短期工作经验到持续更长时间的结构化工作实习的彻底转变，工作实习机会通过与学生学习计划相关的行业中的雇主进行提供。除了第一年的工作尝试或短期工作经验机会，每个16～18岁的学生在完成为期两年的大学技术教育课程之后，应获得高质量、系统的工作实习机会。

第五，资格和认证。报告提出，技术教育资格和认证体系应向雇主表明个人能够做什么工作。为了确保有效，认证活动必须具有真正的劳动力市场货币——通过雇主选择雇用具有技术教育证书的人员证明这一点，同时将在未来在他们寻找工作的任何地方得到认可。报告建议，对于2级和3级的就业和大学技术教育来说，建议显著简化资格证书系

---

[1] The Independent Panel on Technical Education. Report of the independent panel on technical education [R]. 2016.

统,只为每个职业或职业群批准一个技术资格证书,每条技术教育路线都应该有一个单一的国家认可的证书,建议只能有一个授予组织(或联盟)可以获得许可,以便提供这些技术级别。政府应确保雇主和个体清楚地知道哪些已开发的资格证书符合国家技术教育标准。一个关键的杠杆是资金①。建议政府对大学技术教育的公共补贴限制在旨在获得学徒学院批准的资格的技术教育中。这包括为16~18岁的人提供资金,为19岁及以上成年人提供高级学习者贷款。根据新系统批准的资格可能包括多种形式的评估,每种技术水平根据要评估的内容而有所不同。学徒学院应与专业人员座谈小组合作,商定如何评估标准中描述的知识、技能和行为。对于以大学为基础的技术教育,建议学徒学院发布一个关于使用一系列共同评估策略的指南,并制定适用于所有技术水平的总体质量标准。无论使用哪种评估形式,大学技术教育中使用的所有资格都应评估相关路线的共同核心以及专家/职业特定的知识和技能。对每项技术教育资格的评估应包括现实的任务以及概要评估,这些评估应共同用于测试学生整合和应用其知识和技能的能力。所有的资格都应包括外部评估,以便确保可比性和可靠性。

第六,为16岁学生设立转型年。报告提出,所有青少年都应获得从技术教育中受益的机会,包括那些有特殊教育需求的人员和残疾人,当他们在16岁完成义务教育时,会有一些人尚未准备好接受技术教育。没有准备好在16岁(或者更年长的人,如果他们的教育被推迟)时接受技术教育路线的个体应该获得一个"转型年",以便帮助他们为进一步的学习或就业做准备。转型年的设置应该灵活,并根据学生的先前成就和意愿量身定制。报告建议政府在转型年的设计和教育内容方面开展进一步的工作,确保为学生提供量身定制的路径,这些路径重点关注基本技能的发展。应及时开展此类工作,以便确保学生可以在首次采用技术教育路线学习的同时获得新的转型年。

第七,高质量技术教育的更广泛系统要求。报告提出,要使英国的技术教育体系达到世界一流水平,其他标准同样重要。生涯教育和指导将对改革后技术教育体系的成功起到至关重要的作用。2014年,盖茨比基金会(Gatsby Charitable Foundation)发布了《良好职业指导》报告,该报告将海外的学术文献和良好的实践经验提炼成了一套基准,确定了良好生涯指导的不同方面。报告建议政府采用盖茨比基金会的基准作为生涯教育和指导国家通用方法的基础,并期望学校和大学在制定其生涯指导规划时使用该基准;政府还应该支持学校和大学从低年龄段就开始将新的15条技术教育路线的细节嵌入职业教育和指导中;用于技术教育路径的劳动力市场数据必须提供与当前和未来可能的劳动力市场相关的信息。

报告提出,良好的技术教育需要专业化的教师队伍,以及符合行业标准的设施,由于这些设施的开发和维护成本很高,因此专业技术教育设施的配置应该合理,并应集中配置在少数高质量、财务状况稳定的机构中,这些机构才更容易被雇主和学生所认可。报告建议,在制定有关技术教育资助的国家和地方决策时,应考虑限制向那些符合质量、稳定性、设备和基础设施能力标准的学院和培训机构提供资金②,而且应有充足的资金来支持

---

① The Independent Panel on Technical Education. Report of the independent panel on technical education [R]. 2016.
② The Independent Panel on Technical Education. Report of the independent panel on technical education [R]. 2016.

改革。

《技术教育独立小组报告》提出的改革建议和方案对英国2016年的技能人才培养改革产生了深远影响,这一方案被教育部采纳,成为新时期英国技术教育改革的体系指南。

2. 面向未来的技能体系咨询报告的发布

在英国生产率停滞、脱欧不明朗的背景下,英国一些重要智库机构也开始对技能人才培养培训进行研究,提出了一系列有影响力的政策改革方案。英国公共政策研究所(Institute for Public Policy Research,IPPR)发布了《失去的10年——建构面向2030年经济的技能体系》《2030技能:为什么成人技能体系不能建立服务于每个人的经济》等系列研究报告。

报告提出,英国政府正在努力建立能够有效服务于每个人的经济。随着脱离欧盟,英国需要确保整个国家能够在全球经济竞争中保持竞争力,同时努力提升公民的生活水平、国家经济生产力,并解决社会中存在的根深蒂固的不公平问题。报告提出,为建立适应未来的技能体系,促进英国向创新型、高技能的经济转型,必须更加关注成年人的技能开发及其在工作场所的运用。要形成更加广泛、有力的成人技能开发政策,并努力实现以下目标:增强雇主对技能的投资和应用;增加高质量专业化职业教育的供给;支持行业和社区有效应对经济下滑,并适应全球经济的发展。然而,报告强调,英国的技能开发体系在这方面并没有发挥出应有作用,具体体现在:一是雇主对技能的需求比较低;二是大部分成人技能培训的质量较低、结果较差,造成技能供需不匹配,在以OECD为主体的发达国家中,英国成人的技能处于中等偏下水平,已经落后于很多发达国家;三是培训体系未能有效应对地区和社会的不公平问题。因此,报告认为,英国现有市场导向的培训体系在培训数量和质量方面都未能有效满足经济社会发展的需要,特别在满足最需要的公民需求方面是失败的。在这些问题中,最需要解决的是对技能人才培养培训的投资和经费不足,然而,目前英国实施的学徒税制度虽然可以增加对于技能的投资,但这一举措既没有把对于培训的投资提升到10年之前的水平,也没有把其拉回到欧盟平均水平。基于此,在公共投资及雇主投资都不足的情况下,报告建议,将学徒税改为更加广泛的技能税①。具体内容包括:将这一制度应用于所有具有50人及以上雇员的企业,具有50人及以上雇员企业的缴税标准为雇员工资的0.5%,具有250人及以上大企业的缴税标准为雇员工资的1%,利用大企业缴纳的技能税形成地区技能基金,根据地方发展需求,发展相应高质量、专业化的职业培训。《失去的10年——建构面向2030年经济的技能体系》进一步提出,为应对生产力停滞、低收入和工作贫困的挑战,英国需要进一步对技能体系进行改革,并提出五点建议:一是把学徒税扩大到生产力和技能税;二是为低收入、低技能雇员引进个人学习贷款;三是把技能需求和运用作为现代产业战略的一部分;四是建立生产力委员会,推动工作质量和工作场所绩效;五是支持低技能雇员重返劳动力市场,建立跨政府框架②。

---

① DROMEY J, MCNEIL C. Skills 2030: Why the adult skills systems is falling to build an economy that works for everyone [R]. Institute for Public Policy Research, 2007.
② DROMEY J, MCNEIL C, ROBERTS C. Another lost decade? building a skills system for the economy of the 2030s [R]. Institute for Public Policy Research, 2007.

四、政策之窗：再工业化经济政策促进了"重建技术教育"改革的推行

金融危机后，英国意识到以金融和房地产为主要产业的经济结构已经难以为继，开始把重振制造业及实现产业结构再平衡作为经济发展的重要战略。为促进制造业回流，2013年，英国政府发布《英国工业 2050 战略》，并相继公布一系列重振制造业计划。但面临复杂的国际政治经济形势，英国产业结构调整效果并不显著①。在此基础上，卡梅伦第二次执政后，2015 年 7 月，英国政府发布《筑牢基础：创造更加繁荣的国家》白皮书。白皮书提出了保守党政府面向 2030 年的发展目标——成为世界上最富裕的国家之一。对此，报告提出，提高生产力水平是英国面临的关键挑战。生产力的驱动因素包括：由公共和私人对基础设施、技能和科学的长期投资支持的动态、开放、有活力的经济。只有实现所有公民技能的充分开发，国家才会繁荣。报告提出了英国生产力提升的基本框架，框架有两个支柱：一是鼓励对经济资本，包括基本设施、技能和知识的投资；二是促进动态经济的发展，鼓励创新，使资源实现最充分的利用②。这一生产力增长模型建立在被广泛认同并已经过充分论证的学术理论分析的基础上，具体如图 5-2 所示。

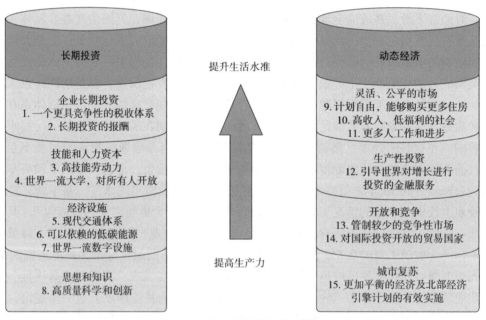

图 5-2 生产力提升的基本框架

资料来源：HM Treasury. Fixing the foundations：Creating a more prosperous nation [R]. Presented to Parliament by the Chancellor of the Exchequer by Command of Her Majesty，2015.

战略提出了提升生产力的 15 个计划。其中，第一个支柱包括 4 个要素、8 个计划，分

---

① 王展鹏. 英国发展报告（2015—2016）[M]. 北京：社会科学文献出版社，2016：204.
② HM Treasury. Fixing the foundations：Creating a more prosperous nation [R]. Presented to Parliament by the Chancellor of the Exchequer by Command of Her Majesty，2015.

别是：企业长期投资，技能和人力资本，经济设施，思想和知识；第二个支柱包括4个要素、7个计划，分别是：灵活、公平的市场，生产性投资，开放和竞争，城市复苏。由此可见，英国把技能型人才作为经济长期发展的核心要素，这一要素又由两方面计划组成：一是雇主驱动的高技能劳动力，为此将实施三方面改革：提高教学质量；通过改革拨款模式更有效地应对企业的需求；增强GCSES和A Levels的严格性。二是引进一个新的强制性的学徒税，要求大企业对自己的未来进行投资，从而使本届政府的300万名学徒得到资助，实现高质量培养，并满足企业的真实需求。三是从根本上简化继续教育资格，取消按资格计算的资助。四是使地方政府更多地参与地方继续教育供给，并创建一个由知名理工学院组成的网络，专注于雇主要求的更高水平技能。具体来说，这一计划中提出了建立技术学院（Institutes of Technology，IoT）的计划，技术学院主要提供3、4、5级的高水平STEM教育，提供相关领域雇主需要的技能。技术学院不仅仅是对现有教育机构的改革，它将拥有自己独立的身份、地位和治理框架，并将在提供高水平的STEM技能方面形成品牌，技术学院应该是可持续发展的，并对现有教育供给提供一种补充，并能带动现有机构的发展[①]。基于此，要加强现有机构与新机构的合作，包括加强继续教育学院与其他机构的合作，提供高质量技术培训。《筑牢基础：创造更加繁荣的国家》虽然是卡梅伦任期制定的，但其对于2016年新的技能人才培养培训计划的出台具有一定影响。

2017年11月27日，英国政府发布名为《产业战略：建设适应未来的英国》白皮书。白皮书主要针对2010年以来第四次工业革命对于产业变革的挑战，提出了英国的应对战略。白皮书提出，世界正在经历技术革命，人工智能将改变我们的工作和生活方式，而且这一革命在范围、速度和复杂性上都是前所未有的，其对于公民个人和企业的影响都是巨大的。因此，作为对2015年《筑牢基础：创造更加繁荣的国家》的回应，这一战略提出，一个真正战略性的政府不能仅仅筑牢已有的基础，还要为迅速变化的未来社会做好准备[②]。

白皮书认为，就未来发展而言，英国在以人工智能和大数据为基础的新工业革命、实现清洁能源增长、老龄化社会等方面面临挑战。英国首相特蕾莎·梅专门为白皮书撰写了序言。她提出，要通过这一战略在全国范围内创造高质量、具有较高收入的工作。"我们将创建一个国家，其中每个人在他们所有人生阶段皆可提高技能，提升他们的赚钱能力并获取更好的工作机会。"[③] 针对这些问题，战略提出了未来国家生产力提升的五大基础，即：创新思想——世界上最具创新性的经济；人力资源——为所有人提供最好的工作和最强的赚钱能力；基础建设——对英国基础设施进行一次重大升级；商业环境——让英国成为创业和经商的最佳场所；地方经济——在英国各地创建繁荣的社区（如图5-3所示）。在第二个核心要素——人力资源中，白皮书深入探讨了改革目标和策略，尤其把改革技术教育体系作为其中的核心要素。针对这一要素，白皮书提出了四个关键目标和三个关键政策。

---

① HM Treasury. Fixing the foundations: Creating a more prosperous Nation [R]. Presented to Parliament by the Chancellor of the Exchequer by Command of Her Majesty, 2015.

② Industrial strategy: Building a Britain fit for the future [R]. Presented to Parliament by the Secretary of State for Business, Energy and Industrial Strategy by Command of Her Majesty, 2017.

③ Industrial strategy: Building a Britain fit for the future [R]. Presented to Parliament by the Secretary of State for Business, Energy and Industrial Strategy by Command of Her Majesty, 2017.

图 5-3 实现经济转型的五个支柱

资料来源：Industrial strategy: Building a Britain fit for the ruture [R]. Presented to Parliament by the Secretary of State for Business, Energy and Industrial Strategy by Command of Her Majesty, 2017.

第一，提升技术教育的品质和声望。很久以来，英国技术教育的影响和吸引力都不够强，该系统复杂混乱，不能符合个人或雇主以及经济发展的需求。国内技能短缺的情况意味着要求外来劳动力帮助填补此空缺。

第二，解决 STEM 技术短缺的问题。这些技术对很多雇主来说，从制造业到艺术，都很重要。过去几年来，STEM 本科生人数一直上升，但是雇主的需求尚未完全满足。40% 的雇主报告 STEM 毕业生短缺是招聘合格雇员的主要障碍。从现在到 2023 年，科学、研究、工程和技术方面的职位预计是其他职位的两倍，且办公室短缺职业清单上的大多数职位都是 STEM 相关角色或工业方面的职位[①]。

第三，解决教育和技能水平方面根深蒂固的地区差异。根据英国工业联合会的研究，教育和技能的差异是导致生产力地区差异的最大原因。在伦敦，几乎 90% 的中等学校都很好或非常出色，而在英国东北部，则只有 67% 的学校是好学校。18 岁学生高等教育的入学率在伦敦是 40%，但是在英国东北部只有 29%。

第四，要确保每个人，不管他们的背景或技能水平如何，都有机会通过教育和培训体系进入职场并取得进步。例如，英国不足 1/2 的女性可能处在"低工资低技能"工作职位上。因为技术变革改变了企业所要求的技能，需要确保公民在他们整个职业生涯中都有机会学习和培训。在整个产业战略中，要致力于确保利用新技术和手段帮助那些受技术变革影响的人。

---

① Industrial strategy: Building a Britain fit for the future [R]. Presented to Parliament by the Secretary of State for Business, Energy and Industrial Strategy by Command of Her Majesty, 2017.

为实现上述目标，白皮书列出了三项关键政策：一是建立与英国世界一流高等教育体系齐名的、世界一流的技术教育体系；二是额外对数学、数字和技术教育投资40 600万英镑，解决STEM技能短缺的问题；三是建立一个新的国家再培训计划，支持人们提升或重新进行技能培训，先从对数字和建筑行业6 400万英镑的投资开始。白皮书特别强调，教育体系要与雇主建立更加密切的联系，到2020年，要将学徒数量增长到300万名①。

正是在推行再工业化战略、重振制造业的背景和紧迫要求下，保守党政府组建了"技术教育独立小组"，开展专门研究，推行技术教育改革。这成为2016年以来技能人才培养培训政策的最直接影响因素。因此，《技术教育独立小组报告》发布后，2016年7月，英国教育部就发布《16岁后技能计划》白皮书，白皮书接受了技术教育独立工作小组提出的培训建议，并承诺施行这些建议，强调要通过建立技术教育路径以及对技能人才培养体系的持续改革，使技术教育成为学生的核心选择。报告提出，要对技术教育进行一揽子改革，使每个学生都能取得成功。强调为学习者提供优质的技术教育选择，以连贯的方式建立更广泛的教育和培训体系，支持青少年和成年人，确保他们终身都能持续通过技能培训实现就业，并满足经济不断增长和迅速变化的需要，从而提高个人的社会流动性和劳动生产率。

为切实推进《16岁后技能计划》的实施，自2016年以来，特蕾莎·梅领导的保守党政府又推出了一系列培训政策实施计划，如表5-1所示。一是2016年10月，教育部发布《16岁后教育与培训机构的地区评估——实施指南》及相关文件，试图通过对继续教育学院的资源整合，从根本上提升继续教育学院的教育质量。二是2017年10月，教育部发布《16岁后技术教育改革——T水平行动方案》，正式推出了T级课程、T级问责制、建立T级资格监管保障体系等措施，旨在为英国建立一个更广阔的以高质量、有吸引力的技术教育为主要内容的技能人才培养培训格局，让技术教育与普通教育享有同等声望，并为青少年获得可持续发展的就业技能提供保障，满足英国不断变化的经济和技能需求②。三是2017年12月，教育部发布《生涯战略：充分开发每个人的技能和潜能》（以下简称《生活战略》），加强对学生的生涯指导。战略提出，要把所有与生涯指导有关的机构，包括对学校、继续教育学院、大学及其他教育与培训机构的生涯指导进行有效整合，把教育与就业体系衔接起来，为所有年龄段人群提供高质量的教育、信息、咨询和指导，建立面向人人、有活力的生涯指导体系③。2017年12月，英国议会正式发布《技术和继续教育法案》，作为对2009年《学徒制、技能、儿童和学习法案》的更新，法案的核心思想是把雇主作为技术教育的核心，建立一个更加有力的继续教育体系，全面开发经济发展需要的技能④。

---

① Industrial strategy: Building a Britain fit for the future [R]. Presented to Parliament by the Secretary of State for Business, Energy and Industrial Strategy by Command of Her Majesty, 2017.
② Department for Business, Innovation and Skills, Department for Education. Post – 16 skills plan [R]. Presented to Parliament by the Minister of State for Skills by Command of Her Majesty, 2016.
③ Department for Education. Careers strategy: Making the most of everyone's skills and talents [R]. 2017.
④ Technical and further education act 2017 [Z]. http://www.tsoshop.co.uk.

表 5-1 2016—2017 年英国政府发布的技能人才培养培训政策

时间	政策名称	颁发机构
2016 年 7 月	《技术教育改革：变化的事实》(Technical Education Reform：The Case for Change)	商业、创新与技能部，教育部
2016 年 7 月	《16 岁后技能计划》(Post-16 Skills Plan)	商业、创新与技能部，教育部
2016 年 10 月	《16 岁后教育与培训机构的地区评估——实施指南》	教育部
2016 年 10 月	《企业法案》(Enterprise Act)	议会
2016 年 12 月	《学徒制税法案》(Apprenticeship Levy Financial Bill)	议会
2017 年 10 月	《16 岁后技术教育改革——T 水平行动方案》(Post-16 Technical Education Reforms：T Level Action Plan)	教育部
2017 年 11 月	《产业战略：建设适应未来的英国》(Industrial Strategy—Building a Britain fit for the future)	议会
2017 年 12 月	《生涯战略：充分开发每个人的技能和潜能》(Careers Strategy：Making the Most of Everyone's Skills and Talents)	教育部
2017 年 12 月	《技术和继续教育法案》(Technical and Further Education Act)	议会

第二节 特蕾莎·梅政府以《16 岁后技能计划》为核心技能人才培养培训政策的特征

一、价值选择：以提高劳动生产率为核心目标的高质量技术教育

质量、公平、效率是教育政策追求的永恒目标。在保守党的第二届任期内，提高劳动生产率、实现产业结构转型是其首要解决的社会问题。基于此，在价值选择的天平上，通过改革教育内容、提高教育质量促进生产力的提升和经济繁荣，成为这一时期技能人才培养培训体系改革的首要价值选择。正如《作为知识经济的成功》咨询报告所提出的，不管是在学术还是在技术领域内，改革都具有一套共同的原则：提高教育质量并增加学生的选择；增强大学、学院和其他培训机构的多样性。

《16 岁后技能计划》提出，改革愿景是实现经济繁荣，确保企业具有国际竞争力并能够对技术变化作出迅速反应。雇主，不论是大是小，都将成为动态技能体系的核心，以保证个人所接受的教育和培训能真正符合行业企业的需要。支持青少年和成年人获得持续性的终身就业能力，以满足日益增长并迅速变化的经济需求。其核心是建构一个易于理解、由雇主主导、优质而稳定的技术教育体系，使学生最终达到与学术选择同等的最高水平。改革的目标是，让每个年轻人在核心学术学科打下牢固基础，并在 16 岁前接受广泛平衡

的课程教育之后,可以有两个选择:学术性路径或技术性选择①。英国的学术性路径已经较为成熟,而技术性选择也必须是世界一流的,因此要提高教育质量和增加学生的选择,提供合适的衔接课程,使学生能在这两种教育路径之间实现轻松转换。技术性教育路径要使个人有胜任技能娴熟工作的能力,这类工作要求具备工业领域需要的技术知识和实际技能。以学徒制改革为基础,技术教育将涵盖在大学和工作岗位(学徒)上获得的教育。

计划提出四个改革原则:第一,也是最重要的一点,雇主必须起主要作用。与教育界专家合作的雇主需要确定标准,它们必须规定技能型就业所需的技能、知识和行为准则。第二,技术教育需要让每个人感到满足、顺心并有吸引力,不管他们是什么性别、种族,也不管有无残疾或者什么身份,或者有什么他们自己无法控制的其他因素。历届政府都将职业教育视为成绩达不到A级的年轻人的一条出路,而没有考虑大多数学生。而所有世界一流技术教育体系采取的是另一种不同的方式:它们从较高技术水平的世界级质量开始,然后再回过头来规定每个阶段应该提供的计划。第三,保证更多的人依靠自己努力达到雇主规定的国家标准。有两条路径可以实现这一目的:使技术教育成为一种有吸引力的选择;确保有实力和积极响应的大学和其他教育与培训机构提供优质机会。第四,将以大学为基础和以就业为导向的技术教育紧密融合,使学习者能做到从一条教育路径到另一条教育路径的无缝衔接。

2017年12月,英国教育部发布的《生涯战略》是提高英国社会公正透明、提高社会流动性及为每个人提供就业机会的计划的一部分,其终极目标是促进国家生产力的大幅增长以及提高全国公民的创收能力。战略提出,要把所有不同的生涯指导体系,包括学校、学院、大学及其他教育与培训机构的生涯指导进行有效整合,把教育与就业体系衔接起来,为所有年龄段人群提供高质量的教育、信息、咨询和指导,建立一个人人都能获得的有活力的生涯体系。

我们希望这个国家的每个公民,无论背景来历,都能够打拼出一份具有价值的、能够为自己带来收益的事业。我们希望能够终结这种代际循环体制所带来的先天缺点,这种体制最明显的特征是来自贫穷家庭的人的收入水平远低于有一个富足小康家庭的人,即使他们做着同样的工作,拥有同样精彩的履历,而且也有对等的职业资格认证。希望打破目前这种职业壁垒,比如具有特殊培训需求以及疾病,或者那些来自弱势群体的人,他们目前的就业率明显低于其他群体②。

战略强调,卓越的生涯指导服务保障了整个社会的机会均等,这能够释放各个年龄段人口的潜力,并且能够改变他们的命运。有效、公平的生涯指导对于来自工薪阶层背景的学生尤其重要。战略强调,要达成一种能够获得正确建议的职业文化,在适当的地方、适当的时机并由具有影响力的雇主和教育工作者共事的经历来支撑这种文化。

---

① Department for Business, Innovation and Skills, Department for Education. Post – 16 skills plan [R]. Presented to Parliament by the Minister of State for Skills by Command of Her Majesty, 2016.
② Department for Education. Careers strategy:Making the most of everyone's skills and talents [R]. 2017.

二、利益分配：建构与学术教育均等认可的技术教育体系

与之前历任政府对于技能人才培养培训资源重组和关注重心的改革不同，《16 岁后技能计划》从理念到结果推出的技术教育改革是对体系的重建，如图 5-4 所示。

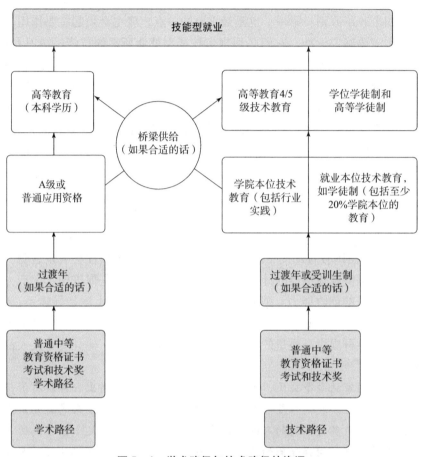

图 5-4 学术路径与技术路径的沟通

资料来源：Department for Business, Innovation and Skills, Department for Education. Post-16 skills plan [R]. Presented to Parliament by the Minister of State for Skills by Command of Her Majesty, 2016.

第一，实施可延伸到最高水平技能型就业的新技术教育路径。《16 岁后技能计划》提出，将推出涵盖全部技术教育领域的由 15 条路径组成的通用框架，包括以学院为基础的学习和以就业为基础的学习。这些路径将专注于技能型职业，即对技术知识和实际技能有很高要求的职业，路径将把职业分成小组来反映有共同要求的方面。表 5-2 列出了 15 条技术教育路径。

表 5-2 《16 岁后技能计划》提出的 15 条技术教育路径

路径	内容
路径 1：农业、环境和关爱动物	雇用人数：454 726 典型工作岗位：自然资源保护论者、公园护林员、农民、园艺家、农业管理人员、农业技术人员
路径 2：商业和管理	雇用人数：2 204 478 典型工作岗位：人力资源官员、办公室经理、行政管理官、住房官
路径 3：餐饮服务和酒店业	雇用人数：568 998 典型工作岗位：厨师、屠宰师、餐饮服务和活动项目经理
路径 4：育儿与教育	雇用人数：1 060 804 典型工作岗位：托儿所助理、早教官、教学助理、青年工作者
路径 5：建筑	雇用人数：1 625 448 典型工作岗位：砌砖工/石匠、电工、建筑/土木工程技术人员、木工/细木工、施工监理
路径 6：创意设计	雇用人数：529 573 典型工作岗位：艺术制作人、平面设计师、视听技术人员、记者、产品/服装设计师、裁缝、家具制造商
路径 7：数字	雇用人数：351 649 典型工作岗位：IT 商务分析师/系统设计师、程序员、软件开发商、IT 技术人员、网络设计师、网络管理员
路径 8：工程设计和制造	雇用人数：1 319 645 典型工作岗位：工程技术人员、机修工、飞机装配工、印刷工人、工艺技术员、电厂操作工
路径 9：美容美发	雇用人数：293 004 典型工作岗位：美发师、理发师、美容师
路径 10：健康和科学	雇用人数：915 979 典型工作岗位：护理助理、制药技术员、运动治疗师、化验员、牙科护士、食品技术员
路径 11：法律、金融和会计	雇用人数：1 325 482 典型工作岗位：会计员、律师助理、金融会计经理、金融官和法律秘书
路径 12：保护服务	雇用人数：398 400 典型工作岗位：警察、消防官、军士（NCO）、海事行动官（海岸警卫队）
路径 13：销售、营销和采购	雇用人数：957 185 典型工作岗位：采购人员、销售业务经理、市场调研分析师、房地产代理人
路径 14：社会关怀	雇用人数：865 941 典型工作岗位：护工、常驻看守、家庭护工、缓刑监督官、福利顾问

续表

路径	内容
路径15：交通和物流	雇用人数：589 509 典型工作岗位：船员、铁路信号技术员、大型货运卡车司机

资料来源：Department for Business, Innovation and Skills, Department for Education. Post – 16 Skills Plan [R]. Presented to Parliament by the Minister of State for Skills by Command of Her Majesty, 2016.

第二，在每条路径的起点创建高质量的学习计划。在每条路径的起点建立两年制优质的以学院为基础的计划，该类计划适合16~18岁年龄群体，成年人也可以利用这个机会。每项计划将在每条路径的起点与学徒制保持密切一致；学习者可以从一条路径转移到另一条路径。计划项目必须有真实的劳动力市场价值。以此为基础，将在2级和3级的每条技术教育路径设立国家承认的证书。《16岁后技能计划》认同塞恩斯伯里小组对现有资格的强烈关切，在一条路径内，只为每种职业或每组职业设立一种经批准的技术水平资格。每个学习计划将包括一个"通用核心"，适用于在那条路径上学习的所有个人。"通用核心"包括四个要素：一是良好的读写和计算能力；二是基本的数字化技能；三是包括交流、团队合作以及解决问题等技能在内的普通就业能力；四是高质量的实习安排，每个计划内高质量的实习安排将是关键因素。

以建筑业为例，一名学生选择在一所本地大学学习建筑业。在这条路径的一开始，该学生学习了广泛的建筑课程，包括核心建筑标准、工程原则和可持续性方法，另外还有健康法规、安全法规、项目管理，以及如何设计、规划和组织工程项目在内的更多具体技能。健康和安全方面的培训可使学生有资格申请一张建筑技能认证计划（CSCS）卡，而该卡是进入建筑工地的必要条件。有了这张卡，他们能够造访当地的建筑工地并深入了解建筑行业的各项工作。在第二学年，该学生决定专修石工方向的技术，学习具体的知识和技能，包括了解砖石工程、行业术语、应用数学、计算比例以及设计图解背后的理论知识。他们也学习如何依据行业标准使用工具和石工设备、行业的安全规定、粘合方法、砌砖和组合块、建筑基础以及安全砌砖。作为工作安排的组成部分，学生能够完成许多实际活动；然后由一名专业评估师通过接收来自评估人和学院的反馈进行评估。通过他们的最终评估后，学生会收到一份总结其成绩的证书。证书包括取得的资格等级以及在他们的实际评估和面试时所依据的评估标准。学生还会有一本日志簿，需要在整个活动期间填写完成。这个日志簿可以出示给未来的雇主①。

第三，保证路径能达到最高技能水平。计划提出，技术教育路径必须能延伸到更高层次的继续学习和技能水平。高等教育不同于中等教育，其专业性更强。例如，学习创意和设计的年满18岁的个人可以学习较为广泛的内容，一些专业化的内容会直接使其谋得技能型工作。但是，较高技能水平的技术教育也必须遵循国家标准并接受学徒制学院的监督。对于这15条路径来说，学徒制学院将对4级和5级的资格登记在册，这些资质有资格通过政府支持的学生贷款获得公共补贴。首先，从现有技术资格中抽取出被认为最符合

---

① Department for Business, Innovation and Skills, Department for Education. Post – 16 skills plan [R]. Presented to Parliament by the Minister of State for Skills by Command of Her Majesty, 2016.

国家标准的进行登记。使用的标准将由专业人士小组依据更高级别的相关技术知识、技能和行为准则设定，它们将符合同一路径内学徒制的标准。登记时，研究所通常希望在某一领域只认可一种资格。

为了培养更高层次技能，改革计划提出要创建国立专科学院（Specialist National Colleges）来领导重要经济领域的技能发展，如高铁和数字化领域。国立专科学院有两个主要作用：教授学生最高水平的知识，所任用的教师具备行业最新知识，并为他们提供准确模拟工作场所的环境；在其专业领域内授予资格并设立全国其他大学也能使用的标准。国立专科学院重点弥补高水平技能的缺口（主要是4级和5级），但也提供6级的教育和培训，包括学位的学徒资格，并努力获取授予特殊学位的权力，特别是那些雇主认为有特殊需求的技能空白[1]。

第四，保证新体系适用于每一个人。计划关注的是能在一条路径上开始学习并取得进步的所有16岁青少年和成年人。还有其他一些群体，他们在进入学习路径之前需要额外的帮助，包括可能在不同节点开始学习的成年人以及有特殊教育需要或残疾的年轻人。对这些群体来说，合适的技术教育体系是同样重要的，而要实现这一目的需要那些具有相关领域内深层次专业知识和技能的人员的参与。这些群体包括：一是妇女和女孩，确保女性能够有广泛的职业选择，鼓励更多女性在科学、技术、工程和数学（STEM）领域内任职或进行学徒培训。二是与学校、大学和雇主合作，提高所有教育阶段（包括16岁后的群体）的读写水平和计算能力，并把下列要求作为提供资助的条件：要开始一项学习计划却没有在数学和英语方面达到 A*~C GCSE 水平的所有16~19岁年龄段的人必须继续学习这些学科，直到达到上述级别要求（除非有特殊教育需要或残疾阻碍了他们）。三是尽最大努力满足有特殊教育需要或残疾学生的培训需求，为他们提供具有获得性、包容性、灵活性、个性化的教育路径，使大多数年轻人能够胜任可持续性的有偿就业。四是对没有上学、没有就业或接受培训的个人和年轻人提供额外支持，包括通过成年人资助计划优先为19~24岁年轻人安排免费或有补贴的培训。五是将从2017年4月引入一项新的年轻人义务，以保证年龄在18~21岁申请通用福利的年轻人得到他们需要的支持、技能和经验，然后能进入职场，发挥自己的能力。六是对于成年人，关注重点仍是支持那些在劳动力市场外的人找到一份工作并把工作做好，计划强调，支持那些返回职场的人，特别是生完孩子之后返回职场的妇女。七是很多未得到关爱的年轻人会经历心灵创伤，这种经历会打乱他们的教育，阻碍他们发挥自己的潜能。对此将同时更新关爱毕业生战略，规定如何改善这些年轻人的生活，增加他们的生存机会[2]。技术教育改革，特别是"过渡年份"，将给他们在培训和就业道路上提供急需的帮助。

为促进上述改革计划的实施，2017年10月，英国教育部发布《16岁后技术教育改革——T水平行动方案》，正式推出了T级课程、T级问责制、建立T级资格监管保障体系等措施，旨在为英国建立一个更广阔的教育体系，让技术教育与普通教育享有同等声

---

[1] Department for Business, Innovation and Skills, Department for Education. Post – 16 skills plan [R]. Presented to Parliament by the Minister of State for Skills by Command of Her Majesty, 2016.

[2] Department for Business, Innovation and Skills, Department for Education. Post – 16 skills plan [R]. Presented to Parliament by the Minister of State for Skills by Command of Her Majesty, 2016.

望，并为年轻人获得可持续发展的就业技能提供保障，以满足不断变化的经济和技能需求。这一改革是政府、企业、教育和培训机构之间技能合作关系的核心，这种合作关系将造就满足经济需求的技能革命。方案提出，只有政府、企业、教育和培训机构真正携手合作，共同设计和推行这些改革，才能取得成效。改革的终极目的是建立一个国家技术教育体系，这一体系具有容易理解、受到雇主信赖并保持相对稳定的资格等特征。方案提出，将在2020年9月引入T级改革方案，并且阐述了这条新途径的引入时间表。

具体来说，T级是指新技术学习方案，它将与学徒制一并纳入改革后的技能培训系统[①]。就像大学对A级水平考试的要求一样，技术选择路径将培训出技能人员，这些技能人员需要具备行业内重视的技术知识和实践技能。它将提供T级课程和学徒制两种不同的制度，这两条途径都是专为技能就业准备的有效途径。这些改革也考虑了4级和5级的技术教育方案以及为入门级和1级学员提供的方案。技术选择路径中的各种不同研究方案将适合大量学生，无论他们对什么感兴趣，他们有什么强项或愿望，以及他们是选择技能就业、高级技能培训还是要获得高等教育水平下的技术文凭。表5-3总结了技术教育改革的路径，它将会给已经离开学校体系、资格水平低或无资格水平的16岁青少年提供机会，确保他们能够获得继续教育或就业需要的技能。

表5-3 T级技术教育改革的路径

路径	对象	目标
1. 学术选择	选择学术教育路径的学习方案包括以学术主题为基础的3级资格水平，它需要深度学习，并且其主要目标是培训出拥有高等学术教育水平的人才，包括A级和AS级水平。此学术选择也包括应用通用资格水平（AGQ），它更注重应用学习，并且满足他们自己的一些高等教育课程要求或在他们取得A级或其他3级资格水平时满足他们的教育课程要求。因为从2015年开始，全新的A级水平考试呈线性增长，考虑到相关的AS级水平并未与考核挂钩，因此AS分数不计入最终的A级水平考试分数中。基本上在所有学科中，学生在确定他们是否继续参加A级培训之前，都会继续接受AS级培训。学生也可以参加独立的AS级课程，以便增加他们的研究范围。 学术路径中的学习方案一般在高级中学、第六级学院和其他一些继续教育学院进行，全日制授课两年	一般适合旨在实现下述水平提高目标的16～19岁青少年： ● 高等学术教育 ● 学位学徒

---

① Department for Education. Post – 16 technical education reforms T level action plan [R]. 2017.

续表

路径	对象	目标
2. 技术选择 ● T 级课程； ● 学徒制	机构或学校本位的技术教育途径将与雇主和其他利益相关者合作，设计出满足技能就业需求的技术教育选择。技术路径包括以 T 级方案和学徒制为基础的学习课程。 （1）T 级课程 T 级课程一般学习两年，包括一个新的技术资格证书，可以在教室、车间或模拟工作环境中授课。此类课程包括为期 3 个月的工作岗位实践以及英语、数学和数字内容课程。 T 级课程设计用来培训青少年进入特定职业领域就业所需要的知识、技能和行为，例如软件开发，或者继续研究更高级的技术主题。T 级课程的学习内容以相同的职业标准为基础，它同样可把学校本位的路径延伸至由雇主和其他利益相关者确定学习内容的学徒制。 （2）学徒制 工作本位的技术教育途径：学徒是一份工作，包括一个重要培训过程，此过程允许学徒获得其参加职位竞争所需要的知识、技能和行为。在课程结束时将对学徒进行考核，以便检测和证明他们的技能。 在雇主和其他利益相关者设计的学徒标准中阐述了学徒培训的内容。 学徒是一份真实付薪的工作，预计其持续时间至少为 1 年，但也有 20% 的培训在工作之外进行	（1）T 级课程一般面向 16～19 岁的青少年，但是在课程设计时，也会考虑成年人学习者的需求。T 级课程适合想要提高相关工作知识和技能，但是仍然不清楚他们工作的具体职位的学生。他们都是想要获得专业知识和技能，需要成长发展的学生： ● 在高技能岗位就业（包括高级学位学徒）。 学徒是指 16 岁以上清楚知道他们想要的职位，想要参加工作，接受工作培训的人。 （2）学徒制主要为想要在职场获得更高技能就业机会所需要的专业知识、技能和行为的学生而设计，也可以帮助学生提高： ● 更高水平的学徒制（包括一个学位学徒）； ● 高级技术培训

资料来源：Department for Education. Post – 16 technical education reforms – T level action plan ［R］. 2017.

注：在第一波技术教育改革工作中，我们计划重点开发适合 16～19 岁青少年的 T 级课程。随着时间的推移，也计划审查 4 级和 5 级的成人技术教育水平和技术规定。

除上述两条教育路径外，还有一种实习生学习方案。实习生学习方案包含就业技能、工作实习类课程及英语和数学学习，这些课程至少持续 6 周，最长 6 个月。实习生学习方案适合想要开始学徒培训或其他就业的学生，这些学生一般都进行在职学习，而不需要职业资格。改革方案强调，学生在学术和技术路径之间的流动性对学生选择学习方向来说非常重要。这可能需要学习其他衔接内容。

经过几轮成功的改革，学术教育路径已经非常完善，已经成为支持就业或继续深造的严格选择。目前改革的关键是为 16～19 岁青少年引入高品质连贯的技术教育路径，这一路径包括学徒制和 T 级课程。已经开始对基于工作的学徒制进行改革。而基于教育机构的 T 级课程是一个引入的新方案，它可提供与基于课堂教学本位的 3 级技术学习同样严格的学习课程。T 级课程的设计原则如下：

第一，T 级课程是以雇主设计标准和内容为基础的 3 级技术学习课程，为想要获得高技术工作职位的学生授课，并且让这些学生能够满足未来的技术需求。T 级课程主要支持学生实现技能就业，成功完成 T 级课程的学生将获得与他们的研究领域相关的技能职位所需要的知识、技能和行为。

第二，完成 T 级课程的学生也能够达到他们的最高技能就业水平，或者直接进入 4、5 和 6 级技术教育和培训，未来选择将包括更高的学位学徒身份或更高的技术教育水平，包括技术学位。

第三，学徒制和 T 级课程都将以雇主和其他利益相关者设计的相同标准为基础，但是二者在整体内容上并没有差异，只是学徒制课程主要在工作场所授课，而 T 级课程主要在教室授课。学徒制将针对一个单一职位进行培训，而 T 级课程的学生将学习广泛的课程，获得与职业发展相关的技能和知识。在培训结束时，学徒将获得学徒标准中的所有知识、技能和行为。T 级课程的学生将在相关知识、技能和行为标准方面有很大进步，并且他们能够直接就业、参与高级学徒课程或更高级的学习课程。

第四，完成 T 级课程学习的学生将能够成功入职，具备就业所需要的计算能力、读写能力、数字技能和广泛的可转移技能、态度和行为，并且他们未来将有更大的工作发展空间。

第五，T 级课程内容广泛、品质高。它们的规模可能等同于 3 个 A 级课程，并且将有更多的教学时间，让学生能够获得比目前提供的其他职业资质培训更多、更全面的知识、技能和行为。

第六，所有 T 级课程都必须包括一个由雇主提供的重要工作场所，该场所需远离学生的学习环境，以便帮助学生实践应用他们在教室里学到的知识和技能。

三、权力运作：以雇主为核心的强有力合作关系

《生涯战略》提出，作为一份雄心勃勃的计划，需要在政府、雇主、教育机构以及联盟间建立强有力的伙伴关系。把关键领域的地方教育管理机构进行整合；把关于技能的预算下放到地方教育管理机构；采取地区技能战略，促进经济包容性增长。T 级改革是政府、行业、教育和培训机构之间技能合作关系的核心，这种合作关系将引发满足经济需求所需的技能革命。战略提出，只有政府、商界和教育及培训机构真正携手合作，共同设计和推行这些改革，才能取得成效。《生涯战略》也提出，要将教育界和产业界紧密连接起来，使学校、继续教育学院、大学及其他教育与培训机构，以及就业专家一起帮助人们作出正确的生涯选择，为转变英格兰就业供需关系奠定坚实基础。

1. 政府：规范、设计与问责

第一，对国家技能管理机构作出调整。2016 年 7 月，特蕾莎·梅任首相后，又对教育机构进行了进一步调整。2017 年，商业、创新与技能部与能源和气候变化部合作，成立了企业、能源和产业战略部。这一部门主要负责企业、产业战略、科学、研究和创新、能源和清洁增长及气候变化等方面的事务，关于学徒制、技能以及高等和继续教育的管理职责被转移到了教育部统一负责。教育部统筹负责儿童发展和教育，包括早期教育、学校教育、高等和继续教育政策、学徒制和更广泛的技能开发。继续教育和技能体系归属于教育部管理，并通过教育与技能拨款机构进行拨款，教育标准办公室根据共同监督框架，对继续教育和技能机构进行监督。资格和考试规范办公室负责对继续教育学院的资格、考试和评估进行规范。2019 年 4 月，与职业教育和培训有关的这一任务已经移交给学徒制学院，

并把学徒制学院改为学徒制和技术教育学院(Institute for Apprenticeship and Technical Education)。根据英国政府的改革计划,将扩大学徒制学院的职责,让其对这个框架负责。它将是唯一对技术教育负责的机构,将有权制定一个连贯的战略并将雇主置于设计涵盖全部技术教育领域标准的主导地位,包括以大学为基础的技术教育以及学徒制。教育部将保证学徒制学院有高效完成这项系统核心工作所需要的资源。

教育与技能拨款局把之前教育拨款局和技能拨款局的职责进行了整合,形成了一个独立的负责对儿童、青少年和成年人教育与培训进行拨款的机构,创立这一机构的主要目标是持续改善提供的服务,对学院、继续教育学院和第六级学院、培训机构等进行规范,促进其不断提高教育和培训质量。

第二,增加投资,下放预算权力。通过向雇主征收学徒制税大幅增加对技术教育的投资,同时利用高级学习者贷款刺激个人对技能开发的投资,到2019—2020年,对学徒制的年度预算比2010—2011年翻一番,达到25亿英镑,其资金来源为新征收的学徒制税。同时,到2019—2020年,高级学习者贷款数额将达到4.8亿英镑[①]。在此基础上,通过经费激励系统支持个人选择并能迅速适应新的技术教育路径。对于16~19岁年龄段的学生,将引入一个提供资金的系统,它给学生提供资金,而不是按照资格提供资金。这个年龄段的资金提供将继续由国家规定确定,这项规定让青少年普遍享有接受教育或培训的权利,直到年满18岁。对于19岁以上学生,对学徒制税所做的投资和为成年人提供的高级学习者贷款的范围扩展将支持学生和雇主的选择。最后,政府将继续为需要附加支持的人的学习机会进行投资,包括通过成人教育预算进行投资,与多个机构一起下放2018—2019年的成人教育预算权力。

第三,加强问责、提高质量。对16~19岁年龄段学生的问责系统的重要改革从2016年开始实施,改革的目的是实现四个关键目标:重点强调进步和进展;绩效内容扩展到学徒制和3级以下结果;学校和大学之间更大的一致性和可比性;给学生和家长提供清晰可靠的信息,以便他们依据课程和学校的质量、竞争和提供的刺激手段作出选择。进一步改革19岁以上年龄段技能开发的问责系统,目的是增加对学生和雇主的直接责任并刺激学院和其他培训机构提升标准并且关注所有学生的需要和进步。

2. 行业企业:强制性与激励性相结合,突出主导地位

《16岁后技能改革计划》强调,要把雇主置于技术教育改革的核心,"首先,也是最重要的一点,雇主必须起主导作用。要让参与技能人才培养培训的雇主确定具体培训标准;它们必须规定技能型就业所需的技能、知识和行为准则。"[②] 为确保雇主作用的发挥,实施了两项重要改革:为雇主在开发培训标准方面赋予更大的权力,一旦学院成立就会为每条路径组织一个小组。然后针对下列内容提供建议:要想符合每条路径的标准,个人需要有什么样的知识、技能和行为准则;适合以学院为基础的学习的评估战略。将由学院来

---

① Institute for Apprenticeship. Driving the quality of apprenticeships in England: Response to the Consultation [R]. 2017.
② Department for Business, Innovation and Skills, Department for Education. Post–16 skills plan [R]. Presented to Parliament by the Minister of State for Skills by Command of Her Majesty, 2016.

决定制定学徒制标准和评估计划的程序细节,还有如何才能在最大限度上保证与以学院为基础的学习的一致性。总之,雇主群体要主导标准和评估计划的设计。

第一,成立学徒制和技术教育学院。成立这一机构的根本动因在于回应《理查德评论》《沃尔夫报告》以及《技术教育独立小组报告》中特别强调的3、4、5级的技能人才短缺问题,让雇主掌握学徒制的控制权,发展新的、高质量的学徒制标准。正如在发展规划中提出的:"我们的目标不仅仅是看到更多的学徒,我们想看到更多行业发挥更大作用、培养更高质量的学徒;我们要让更多的雇主提供学徒培训岗位,并享受学徒制带来的收益。"①

具体来说,根据政府的定位,学徒制学院成立于2017年4月,2018年被改为学徒制和技术教育学院,它是一个由雇主领导的非政府公共机构,其主要职责是监督学徒制培训标准及评估计划的制订、批准、公布。其核心职能是提高学徒制和继续教育学院的质量和运行情况,对英国广泛的技能人才培养培训政策产生持续深刻的影响。该学院主要负责以课堂为基础元素的T级技术资格。T级课程是为期两年的技术学习课程,将成为学生学习3级课程的三个主要选择之一,其他两个选择是学徒制和A级课程。学院与名为"开拓者"的雇主团体合作,制定学徒标准和评估计划,并就每个学徒标准的资助级别向教育部提出建议②。该机构主要负责学徒制和技术教育的质量,积极推动国家开展高质量的学徒制和技术教育,以从整体上支持雇主、潜在学徒和经济的发展。该学院将成为一个高效的组织,持续推动全国范围内开展实施高质量、雇主驱动的技术资格和学徒制,以从根本上改变英国的技能格局,建立世界上最高级的技术教育体系③。

第二,征收学徒制税。学徒制税旨在通过发展一个激励企业对高质量学徒培训进行投资的拨款模式,扭转对于学徒培训投资不足的趋势。为充分发挥雇主在技术教育体系中的核心作用,2016年12月,英国议会通过《学徒制税法案》,提出从2017年4月开始,向企业征收学徒制税。学徒制税是向英国雇主征收的对学徒制进行经费资助的一种方式,其主要运行机制是通过数字化学徒服务机构给学徒制的拨款交到雇主手中。征缴的税收占雇主所支付工资总额的0.5%,每个雇主都会收到15 000英镑的补贴作为对其税收的补偿。大企业确定学徒标准,征收学徒制税(企业营业额的5%),开展学徒培训后返还学徒制税,对学徒开展评估,建立学徒制和技术教育学院,重点发展高等层次学徒制(学位学徒制)。这一制度于2017年4月被正式引入,政策的主要目标是通过提高公民的职业技能,提升学徒的数量和质量。其直接目标是实现到2020年,使英国开始学徒制培训的人数增加300万人。通过把雇主置于体系的中心,实施新的学徒制,支持高质量培训的开展。积极致力于开展培训的雇主可以获得更多的回报④。

3. 教育机构:提升办学实力、增强办学活力、实现机构多样化

为切实保障技术教育体系改革的有效进行,对于继续教育机构的改革是一个重要方

---

① Institute for Apprenticeships. Strategic plan 2018 - 2023 [R]. 2017.
② Institute for Apprenticeship. Driving the quality of apprenticeships in England: Response to the consultation [R]. 2017.
③ Department for Education. Careers strategy: Making the most of everyone's skills and talents [R]. 2017.
④ Apprenticeship Levy: Draft legislation[EB/OL]. https://www.gov.uk/government/uploads/system/uploads/attachment_data/file/455101/bis - 15 - 477 - apprenticeships - levy - consultation. pdf.

面。改革的主要方向是《16岁后改革计划》中所提出的，建设更有影响力、更大的继续教育学院，提高学院的教育质量。

第一，对继续教育机构的评估调整，提升继续教育学院的总体办学实力。考虑到继续教育在职业教育与培训、地方技能、社会包容以及包容性经济发展中的作用，这一时期把继续教育学院的布局调整作为一项重要行动，主要是基于地区本位评估，把继续教育学院重新组织成大的教育集团。

2015年的《巩固基础——建立一个更加繁荣昌盛的国家》提出，提高生产力是一项重大的国家挑战，16岁以后教育对提高生产力和经济增长至关重要。除了扩大学徒计划，另外两项重要的改革计划对于实现目标至关重要，分别为：明确、高质量的专业和技术教育路径，以及强大的学术教育路径，使个人能够获得雇主所重视的高水平技能；更好地响应当地雇主的需求和优先领域，提高继续教育体系的灵活性，满足未来不断变化的技能要求。这些目标只有实力强大的机构才能实现，并且这些机构必须具备较高的地位和专业性。这将包括一个由著名的技术学院和国立学院组成的新的组织结构，以提供3、4、5级的高层次培训。虽然英国已经拥有许多优秀的继续教育（成人）学院，但要在保持严格的财政纪律的同时实现这些目标，还需要进行重大改革。

在这一背景下，2015年9月，英国商业、创新与技能部实施了一项以区域为基础的继续教育审查计划，审查每个领域16岁以后的教育供给和实施。审查的重点是继续教育学院和第六级学院，每个地区所有16岁以后教育设施的可用性和质量也被考虑在内。根据计划，审查分五轮进行，到2016年11月结束。截至2017年10月，教育部网站公布了针对所有地区的审查报告。审查目的是确保教育与培训机构有足够的能力，保障16岁以后教育机构办学经费的稳定性；提高教育机构办学效率和质量，加强不同类型教育机构间的合作，以满足各个地区学生和雇主的需要；提升16岁后教育与培训机构的专业化水平，支持高水平专业和技术学科的发展，确保所有有能力的学生，包括那些有特殊教育需要和残疾的学生，从16岁起能普遍获得高质量的教育和培训[1]。

审查范围包括继续教育学院和第六级学院，并且包括愿意接受审查的其他机构；在分析阶段，还将考虑更广泛获得16岁以后教育的机会和质量，包括第六级学院和高等教育机构。审查主要考虑以下因素：当地的经济目标和劳动力市场需求；国家政策，包括全国扩大学徒计划；创立清晰、高质量的专业和技术教育路径，促进学习者就业；对专业化的期望，包括确定和建立技术学院等卓越中心；对高质量英语和数学课程的需求；在合理的范围内获得适当的优质服务，特别是针对16~19岁学生和有特殊教育需求和残疾的学生；16岁后培训机构在紧缩财政环境中尽可能有效地运作资金；有效支持失业者重返工作岗位[2]。

每次审查将由一个指导小组领导，该小组由该领域内的一系列利益攸关方组成，成员包括各院校的校长、继续教育和第六级学院委员、地方当局、地方企业合作伙伴和地区学校委员。商业、创新与技能部以及教育部也通过资助机构或与资助机构一起派代表出席，

---

[1] Department for Business, Education and Skills. Reviewing post - 16 education and training institutions: Updated guidance for area review [EB/OL]. http://www.gov.uk/bis.

[2] Department for Business, Education and Skills. Reviewing post - 16 education and training institutions [EB/OL]. http://www.gov.uk/bis.

体现政府对保护学生的责任。指导小组成员应考虑到当地的权力下放安排,例如,在权力下放安排到位的情况下,联合权力机构发挥领导作用。指导小组将监督和指导审查的工作,包括分析并审议各种备选方案。但是,每个机构的理事机构将决定是否接受这些建议——体现其作为独立机构的地位。指导小组还需要考虑建立技术学院,以提供专业的、更高级的专业和技术教育。如果审查过程将现有机构确定为技术学院的候选机构,则需要认真考虑并保证质量。作为资金的提供者,政府也要参与到对于继续教育学院的审查,因为16岁后培训机构获得了大量公共资金,政府有责任保护学生的利益。政府希望通过审查,从根本上提升继续教育学院的教育质量,把继续教育学院建设成获取更高技能和专业知识的机构。当地区域,特别是在权力下放的背景下,也有责任影响供给结构,以确保其满足所在地区的经济和教育需求。地方当局在审查指导小组中的作用反映了这一责任,也期望他们参与推动审查的分析,并制定最能满足青少年、成年人和当地经济需求的解决方案。政府将作出安排,确保拟议的审查在国家体系内进行,最终结果将实现政府更广泛的经济和教育目标,并确保纳税人资金发挥最大价值。该方法将考虑到学习者和雇主当前和未来的需求,同时考虑人口变化和所涉及的财务问题。在国家层面,政府将与各代表机构合作,确保拟议的审查是全面的,并且将在每次审查中分享经验。风险评估将考虑财务健康状况以及一个地区人口变化的预计影响。

审查将从对地方经济和教育需要的分析开始,然后在指导小组的指导下评估一系列机构方案以满足这一需求。该分析将研究每种方案对提供有效课程的影响,包括提供更高水平和专业技能的新途径、16~19岁培训的当地可获得性以及经费可持续性。根据审查结果,审查结束后,将向每个学院提出改革建议,教育部要求这些建议得到尽快实施。具体实施方式是,根据对资源运用情况进行学院资源重组。这可以通过多种方式进行,同一个地区的学院可以加强非正式的合作,也可以由一个学院接管另一个学院,甚至是把现有的学院都解散,重新建设一个新的机构。教育部发布的《补充审查指南》甚至提出,创立一个新的学院是更有吸引力的选择,因为这代表了重新开始。但指南也提出,一个机构接管另一个机构是更简单的过程。指南强调,无论实施怎样的建议,都要在三个方面打好基础:进行有效的规划,建立一个过渡委员会,实施变革①。

在考虑审查结果时,重要的是,学院管理者们非常重视学院的长期稳定发展。资助机构只为那些采取行动的学院提供资金,以确保它们能够为学习者和雇主提供优质的服务,且在财务上是长期可持续的。从继续教育学院的运行来看,区域审查对于继续教育学院的办学具有较大影响。例如,在诺福克和萨福克地区,有五所学院受到人口趋势和竞争加剧的不利影响,它们同意参加由继续教育学院和第六级学院协助的试点地区审查。首先对区域需求进行分析,并根据课程合理化、分担成本和实现更大专业化的范围,提出了七种不同的改革方案。审查之后,三所学院正积极考虑在保持独立身份的团体架构中进行合并,而另外两所学院正在考虑正式合作的方案②。

---

① Department foe Business, Education and Skills. Reviewing post - 16 education and training institutions: Updated gauidance for area review [EB/OL]. http://www.gov.uk/bis.
② Department for Education. Area Reviews of post - 16 education and training institutions: Additional guidance for local enterprise partnerships, combined authorities and local authorities [R]. 2016.

第二，在10个重要行业领域建立技术学院——一种把继续教育和高等教育机构混合的机构。《16岁后技能计划》提出，要采取措施在需要的地方设立新的专业培训机构。大学技术学院以及技术自由学校已经为年轻人提供雇主需要的技术知识和技能。承诺保证所有的大学技术学院提供优质教育并进一步扩大大学技术学院和技术自主学校的计划。

为培养高层次技术人才，建立了新型国家学院，负责领导核工业、数字化技能、高速铁路、陆上石油和天然气、创意和文化产业等五个关键行业4～6级技术技能培训的设计和实施，每所国家学院都将成为一个专门技能拓展中心，可提供领先的设备和优质的从业人员。计划提出，要特别提高供水平的STEM技能，因此计划成立技术学院，在3、4、5级水平上提供STEM学科的技术教育[①]。所有技术学院都会使用原有的基础设施，但是它们将有自己独立的身份，改革的主要目标是在高等教育、继续教育、私人机构和工业领域建立新的创新型合作模式。

4. 个人：加强生涯指导，实现终身成长

T水平行动方案成功实施的关键是学习者要在技术教育和学术教育间作出正确选择，因此，对于学习者的生涯指导是技术教育改革的关键。为此，教育部发布《生涯战略》，提出了对于学习者的系统改革路径，为学习者提供高质量就业信息和生涯发展建议，使其作出正确的人生规划。此外，战略强调，将支持成人继续进行学习及培训，无论他们正处于人生的哪一个阶段。对于那些刚刚开始职业道路或是想要学习新技能或者提升自己技能的人来说，终身学习都是一件非常重要的事情。这也可以保障雇主能够雇用到具有恰当技能的雇员为他们工作，实现促进经济增长及生产力大幅提高的目标。

《生涯战略》提出，将把生涯指导的重点放在最需要支持的人和方面，同时提高每个人的标准[②]。对于青少年，学校要围绕学生的特定需求制定一份特定的职业规划，保证得到七次在学校里面和雇主直接接触的机会，以及与教育培训机构见面的机会，从而获得清晰准确的劳动力市场信息，以及作出职业决定的私人指导。对于成年人，地方的国家就业服务中心要为其提供高质量的就业建议。

中等学校和继续教育学院仍然负责保证它们的学生获得独立的就业指导。将采用盖茨比慈善基金会运作成熟的关于良好的就业指导的八条基准原则，来确立卓越的标准。以就业企业目前取得的通过支持学校以及专业学院通过全部盖茨比基准的进展，其将扮演更加重要的角色。国家就业服务中心将成为唯一提供就业信息、建议以及指导的服务机构。青少年和成年人可以通过国家就业服务中心新的改良后的网站，或者一系列个人、父母以及学校都可以使用的在线工具获得这些信息。

第一，激励人们进行继续教育或高等教育，以及与雇主和职场接触的机会。《生涯战略》强调，雇主是好的职业建议不可或缺的重要部分。需要来自不同行业、不同经济体量的雇主提供接触机会以鼓励人们并且给他们机会去学习工作是什么，以及如何在工作中获

---

① Department for Business, Innovation and Skills, Department for Education. Post-16 skills plan [R]. Presented to Parliament by the Minister of State for Skills by Command of Her Majesty, 2016.

② Department for Education. Careers strategy: Making the most of everyone's skills and talents [R]. 2017.

得成功。这些活动应该包含工作经历和工作实习、工作坊或者雇主举办的会谈，或者其他能够提高解决工作挑战的技能活动。

第二，设立卓越的生涯咨询和指导方案。战略提出，将采用"盖茨比生涯基准"这样一套世界级标准进行生涯咨询。每个青少年都应该获得他们所在的中学或学院的支持，为他们将来成功的职业生涯做好准备。青少年以及父母和雇主，都应该从学校与专业学院的建议和指导规划的设计、实施以及评价阶段就开始参与其中。盖茨比慈善基金会已经集合了国内以及国际上最前沿的研究并且提炼出了八条基准原则来定义卓越的生涯规划，这些基准原则已经被很多学校、继续教育学院以及雇主赞同。具体来说，这八条基准原则包括：一是稳定的职业规划。每一所学校和学院都应该有一个生涯教育和指导项目，学生、家长、教师、管理者和雇主都应该了解和理解这个项目。二是从职业和劳动力市场信息中学习。每个学生及其家长应该有权获得关于未来学习选择以及劳动力市场机会相关的优质信息。他们将需要一名知情顾问的支持，以便充分利用现有资料。三是满足每个学生的需求。学生在不同阶段有不同的生涯规划需要，获得建议以及支持的机会应该视每个学生的需求量身定做，一所学校的生涯规划应该包含平等和多样化考量。四是职业相关课程的学习。所有教师都应该把课程学习和职业联系起来。STEM专业教师应该重点强调STEM课程与广泛的未来职业路径之间的关系。五是雇主与雇员之间的接触。每个学生应该有很多机会向雇主学习职场上重要的工作、职业以及与技术相关的知识。这可以通过一系列丰富的活动来实现，包括访问演讲者、现场指导和企业计划。六是职场经历。每个学生都应该掌握职场的第一手经验，这些经验可通过工作访问、随同工作以及工作获得，这些经验帮助他们找寻事业机会，并且扩大自己的交际网络。七是接触继续教育以及高等教育的机会。所有学生都应该全面理解对他们来说可望可及的机会，这些机会包括学术以及技术路径、学院、大学或者职场学习。八是个人指导。每个学生都应该拥有被就业顾问指导面试的机会，这些就业顾问可以来自体制内的（学校工作人员）或者体制外的，他们必须接受过一定水准的培训[1]。

第三，根据个人需求量身定做生涯支持和指导服务。战略提出，针对个人的生涯指导很重要，因为其能够为每个个体提供量身定制的建议，并且帮助人们通过教育、培训以及职业选择驾驭自己的人生走向。个人指导对于未成年人的事业和进步具有显著影响，并且青少年仍然倾向于能够获得面对面的支持。指导必须做到公平，并且由具有资格认证的从业人员提供，能够将个人需求放在第一位。

第四，利用数据和技术帮助每个人作出职业选择。战略提出，必须利用数字信息技术为新一代提供生涯建议，利用科技、网上工具或活动来保证各年龄段的人能够学习不同的技能以及选择不同的职业路径。国家就业服务中心可以提供大量有价值的网上资源，为青少年、考虑自己职业选择的成年人以及那些帮助青少年为未来的职业路径做决定的人群提供就业信息。但事实上，要想满足这些在网上寻求建议的人们的需要和期望，需要找到新的方法来鼓励他们上网并且帮助他们探索新的职业选择。建立一个新的、参与性、启发性的国家就业服务网站，用于给青少年和成年人一个清晰的图景，包括这份工作可能涉及的实质内容、薪酬待遇、资格认证以及他们需要的进入所选行业的经验。一个改进的和互动

---

[1] Department for Education. Careers strategy: Making the most of everyone's skills and talents [R]. 2017.

的课程目录将清楚地说明各种各样的职业和学术学习的机会和途径,包括学徒、学位和基本技能课程。

第三节 特蕾莎·梅政府技能人才培养培训政策的实施成效及影响

为应对第四次科技革命的挑战,面对复杂的政治经济形势,特蕾莎·梅领导的保守党政府推进落实了卡梅伦政府时期的一系列技能人才培养培训改革设想,并从治理机制、立法、体系建设等方面进行了更为精细化的设计和改革——21世纪英国技能人才培养培训政策改革。

一、培养高层次技术人才成为技能人才培养培训的核心目标

英国技能人才培养培训深受其精英主义、贵族主义教育传统的影响,职业技术教育吸引力低、不被认可一直是其面临的重要挑战。

在卡梅伦政府《技术教育独立小组报告》的基础上,特蕾莎·梅上任后发布的《16岁后技能计划》及《16岁后技术教育改革——T水平行动方案》从建设与学术教育平等、具有较高影响力的技术教育体系的目标出发,对技能人才培养培训体系、人才培养目标、学徒制等进行了一系列改革。

在发展理念上,"技术教育"成为这一时期改革的核心关键词。在英国的相关政策表述中,还出现了"专业与技术教育"的提法,这在某种程度上代表了英国正在努力实现技能人才培养培训的精英化、高层次、高地位。在实施路径上,《16岁后技能计划》提出建立与学术教育相平行、可以衔接贯通的技术教育体系,这一体系设计了15条清晰的、导向技能型就业的路径,通过这些路径,可以获得行业需要的技术知识和实践技能,可以说,这在制度上确立了技能人才培养培训与普通教育或学术教育的平等地位。同时,对继续教育机构开展了以提高质量和人才培养水平、打造优质教育机构为主要目标的地区本位评估,旨在从根本上提升职业教育和技能人才培养培训的地位和吸引力。

总体来看,虽然这一改革还没有完全落实,但已经在国内外产生了重要影响。英国伦敦大学教育学院 Ken Spours 教授指出,重建技术教育是英国21世纪最有影响力的改革。

二、建构起从低级到高级的完整学徒制体系框架

卡梅伦执政后,一方面积极扩大资格框架中3级学徒培训机会,增加学徒的数量,为青少年提供更多实现其潜能的机会;同时,积极发展高级资格层次的学徒制,在汽车、银行、大数据、航空等更加专业化行业领域广泛发展6级和7级的学位学徒制。英国高等教育拨款理事会专门在两年内拨款850万英镑[①],成立学徒制学院和国家学院,支持大学与雇主合作

---

① CEDEFOP. Developments in vocational education and training policy in 2015–2017:United Kingdom(England)[R]. CEDEFOP Monitoring and Analysis of VET Policies,2018.

实施高质量、高层次学徒制,培养资格框架中 4~6 级的高技能人才,同时为 2 级、3 级的学徒提供广泛的接受高等教育学习的机会,打通学徒制上升通道。这已经与 21 世纪初布莱尔政府技能人才培养培训战略中所重点强调的培养 2、3 级资格的技能人才有了很大区别,代表了英国技能人才培养培训重心向更高级别上移的发展趋势。根据欧盟 2018 年的研究,到 2017 年年底,英国已经建构起层次完整、可以晋升的学徒制体系框架,如图 5-5 所示。

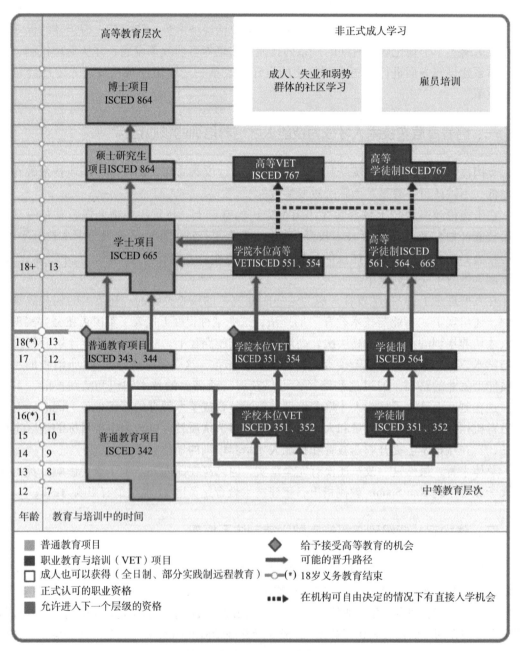

图 5-5 英国建构起层次完整的学徒制体系框架

资料来源:CEDEFOP. Developments in vocational education and training policy in 2015-2017:United Kingdom (England)[R]. CEDEFOP Monitoring and Analysis of VET Policies,2018.

第五章　特蕾莎·梅政府以《16岁后技能计划》为核心的技能人才培养培训政策（2016—2018）

从国际视野来看，英国把发展高层次学徒制作为改革的重要目标，这也代表了国际学徒制发展的一个方向，是英国为应对新技术革命而对技能人才培养培训进行的重要改革。

三、从法律上确立了企业在技能人才培养培训中的责任并取得成效

加强行业企业对于技能人才培养培训的参与，发挥其在技能人才培养培训中的主导作用，一直是英国技能人才培养培训改革的核心追求。根据美国学者凯瑟琳的研究，早在1909年，一个教育咨询委员会就针对英国企业自愿参与职业教育的行为进行了调查，得出的结论是，在职业教育领域，自愿主义注定是要失败的。她提出，英国职业教育发展的问题是，缺乏一个能够打破国家自由主义传统的机制，只有打破这种自由主义传统，才能建立起一个稳定的制度安排，从而解决长期困扰英国企业实行自我职业培训的两个问题，即可信承诺和合作协调的问题[①]。因此，如何打破企业参与技能人才培养培训的国家自由主义传统，一直是英国技能人才培养培训面临的重大挑战。21世纪以来，经过近20年从国家战略角度深入推进相关改革，到特蕾莎·梅政府时期，终于从法律层面确立了行业企业参与技能人才培养培训的责任定位。

从2015年卡梅伦执政末期开始，英国对技能人才培养培训的经费、指导框架、工作经验和职业教育与培训路径的复杂性在公共政策中进行了充分讨论。在2016年5月发布的《企业法案》中为学徒制提供了与大学学位相同的法律地位，并强调要从法律的层面保障学徒制的实施，如果培训机构或企业对学徒制有违法情况，政府有权对其制裁[②]。同时，改革学徒制的治理，在经费拨款、设计、购买和实施学徒制方面为企业赋予了更多的责任，移除了国家对于学徒制认可资格的强制要求。2016年7月，学徒制和技能以及高等教育和继续教育一起转交给了教育部统一管理，并于2016年10月通过的《学徒制税法案》在英国技能人才培养培训发展史上具有重要意义，标志着企业参与学徒培训成为强制性和法定义务，而不仅仅是自愿。在某些方面，学徒制税的设立标志着脱离了过去企业以自愿和承诺为基础参与职业教育的模式——政府对企业的培训投资提出具体和强制要求。根据英国相关机构发布的最新数据，企业对征税的态度各不相同，约1/3的企业支持征税，而只有超过1/4的企业持反对态度。根据学徒制学院监测到的数据，学徒制税自2017年4月开始实施以来，从2017年8月到2018年3月，参与标准学徒制的人数达到了10.5万人，这比同期2016—2017年增加了1 000%，2016—2017年开始参加标准学徒制的人数只有1万人[③]。这表明，强制性的企业参与职业教育取得了成效。

---

① 西伦. 制度是如何演化的：德国、英国、美国和日本的技能政治经济学[M]. 王星，译. 上海：上海人民出版社，2010：128.
② CEDEFOP. Developments in vocational education and training policy in 2015 – 2017：United Kingdom（England）[R]. CEDEFOP Monitoring and Analysis of VET Policies，2018. http：//www.cedefop.europa.eu/en/publications – and – resources/countryreports/vet – policy – developments – united – kingdom – 2017.
③ Institute for Apprenticeship. Driving the quality of apprenticeships in England：Response to the consultation[R]. 2017.

第六章 21 世纪英国技能人才培养培训政策总体评析

本部分以对英国职业教育与培训的历史分析为起点，从四个阶段对 2001 年以来英国技能人才培养培训的政策进行系统分析，发现在近 20 年的发展历程中，21 世纪英国技能人才培养培训政策的发展变革以对历史的反思和修正作为逻辑起点，从把技能人才培养培训作为促进经济繁荣和社会公平的战略定位出发，从政策目标、利益分配及治理机制等方面都进行了系统改革。本部分试图在阶段分析的基础上，系统总结 21 世纪英国技能人才培养培训政策变迁的过程变化、本质特征、实施成效及改革动因，实现对研究问题的回答。

第一节 政策轨迹：从渐进主义的路径依赖到政策范式的变革

政策变迁是指决策者通过政策评估及监测，在获得政策执行及政策结果的信息之后，对政策去向作出判断和选择：是维持、延续、调整这项政策，还是中止该项政策？政策的这一变化过程称为政策变迁[1]。政策变迁有两种模式：一是常规变化模式，即政策在保持基本方向或目标的前提下发展演化，或在新旧政策之间保持较大程度的连续性。二是范式转换或中断平衡模式，即政策连续过程中出现中断或飞跃，新政策取代旧政策[2]。英国政策学家彼得·霍尔在借用托马斯·霍尔"范式"思想的基础上，提出了政策范式的概念，并以此解释显著的政策变迁。他将政策变迁划分为三种类型——特定领域政策的总体性目标变化、实现这些目标所采用的手段或政策工具的变化、工具精确设置的变化，并将三种形态与之分别对应，总结出三种政策变迁逻辑：第一序列的变化——总体目标和政策工具保持不变，同时工具设置依据经验和新知识作出调整；第二序列的变化——政策总体目标

---

[1] 陈振明. 公共政策学：政策分析的理论、方法与技术 [M]. 北京：中国人民大学出版社，2018：321.
[2] 陈振明. 公共政策学：政策分析的理论、方法与技术 [M]. 北京：中国人民大学出版社，2018：339.

保持原样，政策工具及其配置按照过往经验进行调整变化；第三序列的变化——政策三个组成部分同时发生变化，即政策范式的变化。他依据这一范式对 1970—1989 年英国宏观经济政策变迁进行了深入分析①。依据霍尔提出的政策变迁序列理论，本研究对于 21 世纪英国技能人才培养培训政策变迁作出如下解释：在关于公共政策学的研究中，普遍认为英国具有既保守又进取、自我管制和灵活性的政策风格②。从 21 世纪以来英国技能人才培养培训政策的变化历程来看，其技能人才培养培训政策呈现出明显的延续性和制度依赖特征，是一种较为明显的渐进主义改革模式，同时，其积极进取的政策风格终于使技能人才培养培训政策实现了发展范式的转换。

一、21 世纪初到 2015 年：英国技能人才培养培训政策的渐进主义变迁

在 21 世纪第一个 10 年的工党执政时期，布莱尔政府在"第三条道路"执政思想指导下，从增强国家技能基础、提高生产力的角度于 2013 年发布了第一个综合性的技能人才培养培训政策《21 世纪的技能》，从这一战略到 2007 年的《世界一流技能》和 2009 年的《国家技能战略》，虽然在具体目标的表述上有了调整，但英国技能人才培养培训政策的总体目标都是加强国家的技能基础，提升公民的总体技能水平。可以看出，总体的政策目标没有变化。但是，从政策工具和设置来看，布莱尔政府奠定了地方合作治理模式的基础，布朗政府作出了调整；在技能关注的层次上，布莱尔政府主要关注提升全体国民的技能基础，构建了面向全民的技能培训框架，布朗政府逐步将关注点提升到了更高层级技能水平，并提出了发展"世界一流技能"的目标；这一时期都采取的是加大政府投资的模式促进技能人才培养培训。因此，本研究把这一阶段称为第一层级的渐进主义政策变迁。

2010—2015 年，卡梅伦领导的联合政府制定的《可持续增长技能战略》继承了布莱尔政府的"世界一流技能"政策改革目标，但在政策工具和配置上作出了重要调整。一是减少了对于培训机构的投资，强调弱化政府的"官僚体系"控制，将重点放在增强技能人才培养培训体系的响应性上，使培训机构可以灵活地满足雇主和学习者的需求。其基本方式仍然是以自愿的形式并以市场需求为基础，重点在于学习者可选择雇主看重的培训和资格，而它们是由多种具有自主权的培训机构提供的，这些机构依靠培训质量吸引学习者。这就把满足雇主和学习者需求的责任推到了培训机构身上。上述改革推行的主要工具是高度市场化的制度和治理安排，同时，政策和治理更加集权化，其主要标志是建立了一个独立负责所有教育阶段拨款的强有力的国家部门——教育标准办公室，并建立了新的学徒制学院，地方政府的权力日益式微。英国伦敦大学教育学院 Ken Spours 教授称这一趋势为学校本位的益格鲁-撒克逊模式，其造成的一个重要结果是，随着预算的减少以及惩罚性措施的实施，继续教育和技能培训机构不得不主要关注中央政策，主要服务于中央政府的需求，导致它把注意力远离了地方和雇主及社会合作伙伴的需求。

---

① 王春城. 公共政策过程的逻辑：倡导联盟框架解析、应用与发展［M］. 北京：中国社会科学出版社，2013：12.
② 陈振明. 公共政策学：政策分析的理论、方法与技术［M］. 北京：中国人民大学出版社，2018：340.

从上述分析可以看出，2010—2015年，在政策目标没有变化的情况下，对政策工具及其配置进行了较大幅度的调整，本研究把这一阶段归入彼得·霍尔的第二层级政策变迁。

二、2016年以来：精英主义导向的技术教育改革实现了政策范式转换

2016年，为实现重振制造业、提高劳动生产率的目标，英国政府通过近两年的评估审查，推出了以"高水平技术教育路径"为特征的《16岁后技能计划》，提出了建立与学术教育路径均等认可的、从低级到高级及不同教育类型之间灵活转换、以"共同核心"为基础的高质量技术教育体系的目标。计划强调通过雇主领导解决技能不均衡问题，其核心观点是创立新的技术教育路径。学生将在他们选择的技术教育路径上获得T水平证书，并获得一个新的技术资格。计划还提出建立学徒制学院，主要职能是对雇主小组进行协调，建立学徒制标准，学徒制学院还要负责与雇主合作，制定技术教育路径需要的、共同的、可转换的工作场所技能。计划还提出创立国家学院，开展高水平技术技能培训，开发高铁、数字、创意和文化等高需求行业技能。此外，为了发展高层次STEM技能，学徒制学院还将负责对STEM领域的高层次技术教育进行协调，相关领域涉及高等教育、继续教育和私立机构及相关行业，在学徒制学院和国家学院学习4~6级资格的学生可以获得基于收入的高级学习贷款，与高等教育的学生享受同等待遇。

为促进《16岁后技能计划》的有效实施，2017—2018年开展的主要改革集中在三方面：一是在政策目标上，把发展高层次技术教育作为核心追求；二是在政策工具上，通过引进雇主导向的学徒制标准和学徒制税，实现了由激励性和诱导性政策工具向强制性政策工具的变化；三是在政策实施上，减少继续教育学院数量，建立了新的学徒制学院，主要用于制定学徒制标准，创建高级技术技能培训学院，即国家学院，用于开发高需求领域的技能，同时，建立技术学院，引进并协调高层次技术教育。上述政策工具及其配置都是之前改革中没有的。总体来看，这一时期技能人才培养培训政策的改革在理念、核心关注点及实施等方面都提出了新的思路。基于此，本研究认为，2016年的改革实现了彼得·霍尔提出的第三层级的政策范式变革。

笔者对英国伦敦大学教育学院Ken Spours教授进行了访谈，他认为，21世纪以来英国对于技能人才培养培训方面最重要的改革就是保守党政府实施的T级改革、新的标准和学位本位的学徒制，以及以区域评估为基础的继续教育机构的重组。这一改革的范式转型意义包括三个方面：T级改革和4级、5级技能人才培养的强化，高水平学徒制，以及将继续教育学院与高等教育机构进行整合的技术教育学院的设立。这创建了一个精英主义导向的技术和职业教育与培训体系，如果改革被有效实施，可以从根本上提升职业教育和技能人才培养培训的社会地位。然而，他对于保守党政府弱化地方治理方面的自由主义政策却持批评态度，认为这不利于地方政府协同性的技能开发路径。

三、未来走向：通过重建技术教育体系解决职业教育弱势的问题

根据特雷莎·梅政府的要求，从2020年开始，将全面实施关于T级技术教育的改革

计划。这一计划出台后,从英国社会内部的声音来看,对这一政策普遍持赞同态度。但是这一改革计划能否如期实施,值得期待。Ken Spours 教授认为,由于该改革计划从基础到高层次都要求比较高,是一种精英主义导向的改革,因此,从推行的角度来说,这一政策变革有可能会产生一个相对较小的技术和职业教育与培训体系,在当前对于技术技能人才需求较大的背景下,这是值得怀疑的。另外,英国目前由于脱欧造成的相对较为复杂的政治局面也都为技术教育改革的实施带来了疑问。

研究普遍认为,目前的保守党政府非常重视技术和职业教育与培训,将其视为产业战略及生产力转型升级的重要驱动因素。英国脱欧的决定只会增加这一领域的重要性,因为人们担心,当英国脱离欧盟后,熟练和非熟练劳动力将出现短缺。正如早些时候所指出的,最近的三项重要政策倡议可被视为这种新趋势出现的征兆:推行由雇主主导的学徒制新标准及学徒制税;基于新的学徒标准及技术资格认证(T 等级认证),以及重点发展 15 条高新技术方向的技术教育路径,并在 2020 年首次实施。如果这些新政策与市政府联席会以及大伦敦区政府关于成人教育预算的下放政策、地方伙伴合作关系的强化和合理化、引入本地产业策略和本地协议的计划一起同步实施的话,对趋于更加协调合作化的地方和区域的经济和技术教育发展是一个机会,这将凸显技术技能人才培养的核心地位。通过《生涯战略》,还可以看到有必要提供高质量的职业教育信息咨询和生涯指导,以确保青少年和成年人找到在工作和继续教育或者高等教育中恰当的上升渠道[①]。

从历史和国际比较的角度来说,由于人文主义和贵族主义的文化传统,职业教育与培训在英国的社会地位较低、在教育体系和经济社会中不受重视一直是英国技能人才培养培训面临的核心问题。因此,21 世纪以来,英国政府改变一直以来对职业教育的自由主义态度,持续从国家战略高度推进技能人才培养培训政策变革,其核心目标之一就是提升技能人才培养培训的社会地位和重要性。特蕾莎·梅政府建立精英性技术教育体系的根本目标就是从根本上改变职业教育和技能人才培养培训的弱势地位。

第二节 政策特征:努力实现基于大职业教育观的、经济社会发展驱动的技能人才培养培训体系变革

一、价值选择:把技能人才作为经济发展和社会公平的核心杠杆

21 世纪以来的近 20 年间,从布莱尔政府的《21 世纪的技能》到特蕾莎·梅政府的《16 岁后技能计划》,由于不同时期需要解决的关键问题不同,以及执政思想的差异,不同时期技能人才培养培训政策在经济发展与社会公平、规模与效率等价值间的选择上是有差异的。这可以从不同时期对于基本理念及核心目标的表述表现出来,如表 6-1 所示。

---

① HODGSON A, SPOURS K. Further education in England: At the crossroads between a national, competitive sector and a locally collaborative system?[J]. Journal of Education and Work, 2019.

从 2003 年到 2010 年，技能人才培养培训政策的目标表述从"强大的国家技能基础"到"世界一流的技能基础"，表现出一脉相承的目标定位，也表现出英国 21 世纪以来从"教育优先"走向"技能优先"战略的基本追求。可以看出，21 世纪英国技能人才培养培训政策发展和实施的一个重要理论基础就是把技能提升作为实现高水平就业、提高生产力和实现经济繁荣的重要手段，可以称为"核心杠杆"。因此，技能人才培养培训政策变革的重心在于通过公共资助的投资增强技能供给，并把这一点作为提升经济竞争力和生产力，以及社会包容和流动性的基本路径。

表 6-1 21 世纪不同阶段英国技能人才培养培训政策对于改革目标的表述

阶段	时间	政策名称	基本理念	目标表述
工党：布莱尔	2003 年	21 世纪的技能：实现英国的潜能	国民技能是国家的重要资产	建立强大的国家技能基础，保证全国雇主都能具备支撑商业和组织成功的合适技能，保障每个人都能具备就业和自身发展所需的必要技能
工党：布朗	2007 年	世界一流技能：英国实施理查德技能评论	技能对经济和社会公平发挥着重要作用	建立一个世界一流的技能基础，保证国家在全新的全球经济形势下繁荣昌盛和社会公平。到 2020 年，英国的每个技能水平进入世界前 8 名，挤进 OCED 的前 4 名
工党：布朗	2009 年	为了增长的技能：国家技能战略	国家的未来建立在接受良好教育、具有进取精神和充分技能的公民基础上	使学习者在各个阶段，都有更多更灵活地接受技能培训的机会，更注重现代工作所需要的技能
联合政府及保守党政府：卡梅伦	2010 年	可持续增长技能战略	技能提升和改进是实现可持续增长、扩大社会包容、增强社会流动性及建设"大社会"的基础	发展一个更加自由、用户导向的继续教育和技能体系，促进实现经济复苏，为英国建立一个世界级的技能基础
保守党政府：特蕾莎·梅	2016 年	16 岁后技能计划	受过良好培训的高技能人才是经济增长和生产力提高、国家繁荣和个人生活稳定的基础	支持青少年和成年人获得有持续性技能的终身就业能力，以满足日益增长和迅速变化的经济需求，建立一个易于理解、由雇主主导、优质而稳定的技术教育体系，使学生最终能达到与学术选择等同的最高水平

英国国内研究者提出，最近 25 年，教育和培训政策已从原先的次等重要地位变成政府活动的基本领域，技能已成为决策者的首选手段，因为技能已被当作在新自由主义范式

下具有意识形态中立性且不会威胁既得利益者的少数政府干预手段之一[①]。这种转变体现在人们认为技能可以解决的问题越来越多,包括反社会行为、福利依赖性、低水平代际社会流动性、贫困、收入不平等扩大、企业创新不足、某些地区经济表现相对较差、对国际竞争方面可感知劣势的担忧以及生产率提升速度相对较慢等方面。《里奇技能报告》提供的"技能是经济繁荣和社会公平的重要驱动因素",是对这一追求的最佳诠释。

总体来看,自21世纪以来,英国将技能人才培养培训置于人口变化、劳动力市场转型、科技进步等经济社会发展的综合背景下,把其作为经济社会长期发展战略的关键因素,并将技能人才培养培训政策与积极的劳动力市场、健康和社会福利、行业发展政策结合起来,旨在从整体上促进整个社会终身学习、创新性、可持续发展及公民幸福的实现[②]。

二、利益分配:构建终身学习、服务全民、需求驱动的技能人才培养培训体系

由于技能人才培养培训涉及的利益相关者众多,而又有众多复杂的因素影响培训机会、培训资源、培训内容及培训质量的发展及分配,因此,很难用简单的话语概括出21世纪英国技能人才培养培训政策在利益分配上的核心特征。因此,本研究通过抽取关键词的形式对21世纪英国技能人才培养培训的核心特点进行提取。本研究发现,终身学习、服务全民和需求驱动是21世纪英国技能人才培养培训政策的核心关键词,通过这些关键词可以总结出四点核心内容:一是强调以终身学习理念为基础,通过多种形式增加或稳定对于技能人才培养培训机构的投资,建设开放、包容、灵活、不同层次紧密衔接的技能人才培养培训体系,促进技能人才培养培训规模的发展及吸引力的增强;二是从行业企业需求的角度,重视发展完善的包括各种层次和类型技能人才在内的职业资格制度,满足各行业发展对技能人才的需求;三是从社会公平的角度,开发面向全民,特别是更多面向经济社会地位较低、失业人口、年轻人的培训机会,促进他们积极地融入社会[③];四是重视加强以提高质量、行业针对性为核心的技术技能人才培养模式及教学内容改革,积极发展、完善学徒制,平衡核心课程与专业课程之间的关系,发展针对学习者的生涯辅导和就业服务体系。

上述是对于核心特征的归纳,从各方面的具体发展来看,最有亮点的改革就是加强学徒制的改革发展。在英国技能人才培养培训政策近20年的改革中,英国政府始终努力把增加完成学徒制的人数作为重要目标,工党和联合政府始终都把改革和扩大学徒制作为技能人才培养培训政策的重要部分。第一,一个重要理念是向工作过渡的路径对于那些没有上大学的人是不明确的;第二,经济发展需要更多的技术技能人才:尽管有大量毕业生进入工作市场,但特定行业的雇主抱怨缺乏中等层次的技术技能人才;第三,雇主需要更多地参与到提升劳动力的技能与培训中去,这起源于雇主越来越依赖于国家资助和提供技能型劳动力,并抱怨提供的技能人才不能满足需求;第四,企业需要提高生产力,在

---

① KEEP E, MAYHEW K. Moving beyond skills as a social and economic panacea [J]. Work, Employment and Society, 2010, 24 (3): 565 – 577. DOI: 10.1177/0950017010371663.
② 李玉静. 国际职业教育发展战略和制度设计的趋势分析 [J]. 职业技术教育, 2011 (15): 62 – 65.
③ 李玉静. 国际职业教育发展战略和制度设计的趋势分析 [J]. 职业技术教育, 2011 (15): 62 – 65.

生产力方面，英国已经在许多方面落后于其他国家，提升技能被认为是企业提高其生产力和向价值链上端转移的重要方式。正是基于以上认识，21世纪以来，英国学徒制获得了前所未有的发展，2015年，英国有87.18万人参与学徒制，而2005年，这一数字只有17.5万人[①]。

三、权力运作：追求政府调控、企业主导、机构自主与个人选择的平衡

对于政府、行业企业、培训机构及个人等关键利益相关者在技能人才培养培训中的权责设置是21世纪英国技能人才培养培训政策发展的重要关注点，尽管不同执政政府之间的改革重心有所变化，但是在不同利益主体的权力观上，还是表现出共同的特征：努力实现政府调控、企业主导、机构自主与个人选择之间的平衡。

从政府的角度来说，集权化的趋势日益增长。2003年，布莱尔政府发布的《21世纪的技能》战略的一个重要举措是提出通过合作的方式进行战略实施。战略提出，各相关组织机构间的合作关系是决定本战略成功与否的最主要因素[②]。这方面有两个重要举措：一是创立了行业技能理事会，战略把理事会定位为一个新的社会技能合作机构——把与政府合作的主要伙伴团结起来，共同推进技能战略的实施；二是加强区域和地方合作伙伴，制定区域就业和技能行动框架。该框架是区域发展署及其主要合作伙伴经协商达成的，区域发展署及其主要合作伙伴主要包括当地的学习和技能理事会、就业服务中心、地方政府、政府办事处、工会代表大会及雇主代表。他们共同致力于满足区域雇主和雇员对技能和就业的需求。为保证框架的有效实施，区域发展署要与其主要伙伴达成协议，采用最优化的结构为实现区域经济战略目标提供技能支持。从政策实施的角度来说，21世纪以来，英国技能人才培养培训政策始终把行业企业及社会多元主体参与作为核心目标，将雇主的需求与学校、学院和大学的需求完全匹配，并平衡更广泛的教育目标，为人们提供可持续就业所需的特定技能，实现技能人才培养培训由供给驱动走向需求驱动，完成英国技能人才培养培训政策改革的重要目标。

2007年布朗政府发布的《世界一流技能》提出，"我们将与雇主、工会、学校、学院、大学、培训机构和个人共同努力，打破阻碍机遇发展的障碍，为每个人提供最佳机会，最大限度发挥他们的潜能。"[③] 其中提出的一个重要举措是建立英国就业和技能委员会，负责向国家决策者表达雇主对于职业教育与培训的观点，发出雇主对于职业教育与培训体系改革和实施的声音，其职责包括就英国技能和就业计划如何有效响应劳动力市场需求提出建议。而且，通过新颁证或重新颁证的行业技能理事会，雇主可以参与制定国家职业资格框架，并明确未来的技能需求。

对于技能人才培养培训中伙伴关系的落实，英国有研究者也提出了一些疑虑。虽然建立伙伴关系与合作是21世纪以来机构改革的一个核心特征，但是伙伴关系在现实中很难

---

① PULLEN C, CLIFTON J. England's apprenticeships assessment: The new system [R]. Institute for Public Policy Research, 2016.
② 鲁昕. 技能促进增长：英国国家技能战略 [M]. 北京：高等教育出版社，2010：78.
③ 鲁昕. 技能促进增长：英国国家技能战略 [M]. 北京：高等教育出版社，2010：123.

从理论落实到实践；因为英国不同合作方的资金来源不同，造成做同样的工作但基础却不同，而且各教育机构的时间表也不同，使得联合教学很难实现。地方政府通常支持教育机构自治、阻碍合作。最近成立的很多机构不属于地方教育当局的管辖范围，资金渠道和录取方式各不相同，从现实到理论都降低了地方合作的可能性[1]。

考虑到地方合作治理的弊端，基于保守党传统的市场化和自由主义执政理念，2010年，保守党和自由党联合政府在技能人才培养培训政策方面实现了重要变化。联合政府发布的《可持续增长技能战略》提出，技能人才培养培训政策是政府、雇主、个人共同的责任，要创建一个体系，让所有人都能参与到技能体系的投资中[2]。尽管联合政府也倡导技能在提升经济竞争力和社会包容方面发挥着重要作用，但与工党政府的技能人才培养培训政策强调自上而下的体系建设不同，联合政府更强调发挥市场在技能人才培养培训中的作用，把公平、自由和责任作为改革的基本原则。例如，2010年联合政府发布的《可持续增长技能战略》保留了《里奇技能报告》中提出的建立"世界一流技能体系"的目标，但强调弱化政府的"中央控制机器"角色，倡导自愿和市场本位的，让学习者自己选择企业需要和认可的培训和资格，并强调培训由一系列广泛的自治培训机构实施，并根据其提供的质量吸引学习者，承诺建立一个有效满足雇主及整个经济需求的简化的技能人才培养培训体系。主要措施是扩大成人学徒数量，加强具有3级资格的广泛雇员队伍建设。政府强调通过激励雇主和个体共同承担培训成本改善其学习和技能。正如《可持续增长技能战略》提出的，"要把学院和培训机构从国家中央和其他外部政府的控制中解放出来，使其开展地方需求导向的培训。其移除了所有的中央目标，简化了拨款制度，减少了一系列广泛的官僚程序和限制，旨在提升学院的办学灵活性、自主性和适应性。"[3] 为此，2013年，英国开始实施一个简化的、学习者导向的拨款体系。总体的趋势是，越来越多的教育与培训机构直接从中央政府拨款而不是地方教育当局获得拨款。私人资助的培训机构也在职业教育与培训体系内实施[4]。这在弱化地方政府权力的同时，又进一步增强了中央政府的权力。

从企业的角度来说，技能人才培养培训政策的另一个特点是认识到了企业对于技能需求的重要性，并确保技能用于实现生产效应的最大化，实现技能供给、需求和运用的有效结合。近年来，在认识到供给驱动不足的基础上，相关政策开始把重心放在促进雇主对于技能的需求上。从历史的角度来说，由于一系列历史因素，包括历史文化、重复性的政府供给导向以及小企业本位的技能创新，英国雇主在参与教育与培训方面一直比较消极。21世纪以来，英国技能人才培养培训政策始终追求的一个核心目标是：让雇主更积极主动地参与到技能人才培养培训中来，并从治理到机构，再到实施设计了一系列制度框架。从布莱尔政府的行业技能联盟、"技能协议"到布朗政府的"技能承诺"行动，再到联合政府的"雇主所有权计划"，以及特蕾莎·梅政府的雇主上缴"学徒制税"，对于行业企业参

---

[1] 克拉克，温奇. 职业教育：国际策略、发展与制度 [M]. 翟海魂，译. 北京：外语教学与研究出版社，2011：143.
[2] Department for Business, Innovation and Skills. Skills for sustainable growth：Strategy document [R]. 2010.
[3] Department for Business, Innovation and Skills. Skills for sustainable growth：Strategy document [R]. 2010.
[4] CEDEFOP. Vocational education and training in Europe：United Kingdom [R]. VET in Europe Reports, 2018.

与技能人才培养培训的要求逐步提高,行业企业参与职业教育从自愿到强制,在此期间也成立了诸多相关机构,专门加强行业企业参与。这一政策取得了一定成效,雇主对于工作场所培训的拨款呈现增加趋势,特别是企业内培训和学习。2017年引进的学徒制税,开始为学徒制创建一个长期、可持续的投资模式。

但是,在英国国内,关于行业企业参与技能人才培养培训的批评还是非常激烈,批评的根源在于政府的强势性。英国国内的研究提出,"政府正在追求一种变化,由此雇主将资源在政府设定的框架内为贯彻公共政策目标而做更多事情。政府认为自己应是教育与培训体系的唯一设计师,并指导其他利益相关者的行动,这一思想还没有转变。"[①] 而政府对于自己的定位恰恰降低了企业的积极性,造成了自己的困境:不得不做得更多,使得其他人在教育与培训体系内发挥更积极作用和提高担当有利伙伴能力的机会和动机越来越少。

从个体学习者的角度来看,不同执政政府的改革呈现出趋同性的特征。其核心特点是不断增强学习者的选择权,为学习者提供更充分的培训信息和生涯指导,使学习者作出正确的生涯选择。2018年,保守党政府《生涯战略》的出台把这一目标推向高潮。

总体来看,充分发挥政府、企业、机构、个人在技能人才培养培训中的主导作用,提高技能人才培养培训的社会适应性是21世纪英国技能人才培养培训政策的基本特征。英国技能人才培养培训政策提倡建立一种国家领导的合作伙伴关系,强调一系列广泛政府部门及不同层级政府部门间的协调、合作及参与,从而加强技能人才培养培训政策与就业、经济发展等政策间的协调与密切联系,通过技能人才培养培训实现经济社会发展、提高整个国家经济活力、促进就业及社会包容的核心目标。这表现在两个方面:一是技能人才培养培训政策普遍强调技能开发是每个个体和机构的事业,通过政府、个人和雇主共同承担培训成本的形式,开发所有人的技能,尤其重视社会弱势群体、处境不利者的技能开发,激发劳动力市场的技能供给,特别是增强劳动力市场不利群体的社会融合,提高教育与培训的质量和公平性。二是技能人才培养培训政策强调有效的技能开发体系建立在关键利益相关者有效的伙伴关系基础上,加强包括雇主、劳动、教育与技能提供者和学生等所有利益相关者的参与,特别是行业企业等利益相关者对技能人才培养培训体系的深度参与,明确谁、什么时候、应在哪做什么及承担什么,使雇主参与课程设计及教育项目实施,开展雇主参与的需求导向学习,从而开发适应企业和劳动力市场需要的技能,形成一种可持续的技能人才培养培训路径。

第三节 政策成效:经济社会成效明显,但改革仍然任重道远

从上面的分析可见,自进入21世纪以来,英国无论从理念、战略还是具体举措等方

---

① 克拉克,温奇. 职业教育:国际策略、发展与制度 [M]. 翟海魂,译. 北京:外语教学与研究出版社,2011:186.

面对于技能人才培养培训的改革都是不遗余力的，出台了一系列政策。然而，改革是否实现了预期目标或成效？这是作为研究者和政策制定者都最为关注的问题。在关于公共政策的研究中，政策评估是重要一环。韦唐从政府干预的实质结果入手，按照组织者的不同将评估模式分为三大类：效果模式、经济模式和职业化模式①。近20年来英国持续从国家战略高度推进技能人才培养培训模式改革是否实现了其一直强调的目标？本研究专门就这一问题对英国伦敦大学教育学院的 Ken Spours 教授进行了访谈。他指出，很难对英国技能人才培养培训政策的成效作出客观评价。本研究借鉴了2019年年初英国发布的技能人才培养培训体系评估指标框架，利用欧盟、OECD 及英国相关数据库的数据，从生产力、就业和公民技能水平提升三个角度对21世纪英国技能人才培养培训政策的实施成效进行了评价，并把其称为经济维度、社会维度和教育维度。

一、获得职业资格及学徒制人数持续增长，但技能供需不匹配明显

如图 6-1 所示，2005—2015 年，英国 16~18 岁人口参与教育与培训比例获得了显著增长，这主要是参与全日制教育人数的增长，特别是学习3级资格人数增加引起的；同时，既不参加教育也不参加就业或培训的 16~18 岁人口持续下降；到2015年年底，英国 3/4 的 16~18 岁人口参加了全日制或非全日制教育，而接近 1/5 的人从事学徒制、其他培训或就业。如图 6-2 所示，19 岁以上人口参与继续教育的比例出现了下降。

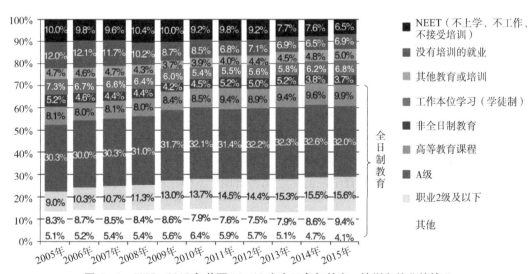

图 6-1 2005—2015 年英国 16~18 岁人口参与教育、培训和就业的情况

资料来源：HOGARTH T，BAXTER L. VET in higher education：Country case studies - case study focusing on United Kingdom（England）[R]. Prepared for CEDEFOP - European Centre for the Development of Vocational Training，2018.

---

① 陈振明. 公共政策学：政策分析的理论、方法与技术 [M]. 北京：中国人民大学出版社，2018：293.

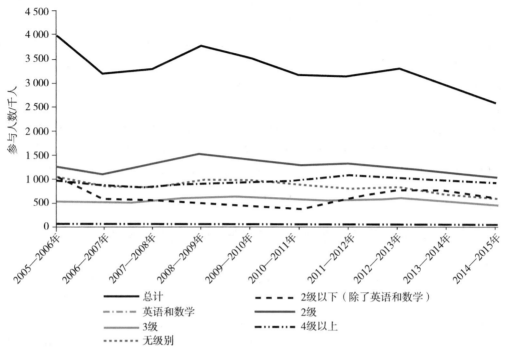

图 6-2　2005—2015 年获得资助的 19 岁以上人口参与继续教育情况

资料来源：Department for Business, Innovation and Skills, Department for Education. Technical education reform: The case for change [R]. 2016.

18 岁人口中获得 3 级资格的人口比例持续增长，从 2010 年的 53.9% 增长到 2015 年的 60.3%。其中，通过学习 A/AS Levels 学习①获得这一资格的比例增长了 2.4%，而通过职业资格或高级学徒制获得这一资格的比例增长了 4.1%。从一个更长的时间来看，18 岁人口获得 3 级资格更多是由参与职业资格学习或学徒制，自 2005 年开始，18 岁人口通过职业资格学习获得 3 级资格的比例从 7.2% 增长到 19.8%，而通过 A/AS Levels 学习获得 3 级资格的比例仅仅从 38.5% 增长到 40.5%（如图 6-3~图 6-5 所示）。近年来，英国 16~18 岁人口参与普通继续教育学院的学生比例出现了下降，而且成人教育参与比例也出现了明显下降。

从图 6-5 可以看出，从欧盟的视角来看，关于技能人才培养培训的总体发展情况方面，在培训机会、技能开发和劳动力市场相关性、总体趋势和就业趋势三个维度上，英国有 19 个指标等于或高于欧盟平均水平、12 个指标低于欧盟平均水平、4 个指标没有相关数据。从总体来看，英国技能人才培养培训的水平还是处于欧洲国家前列，这表明，21 世纪英国的技能人才培养培训政策确实取得了成效。

---

① AS Levels（Advanced Subsidiary Levels）和 A Levels（Advanced Levels；有时称为 GCE Advanced Levels）是大学普遍认可的资格证书。AS Levels 和 A levels 的课程约有 80 门。学生可以选择的课程范围很大，可以是学术性的课程，也可以是一些应用性（工作相关）的课程。

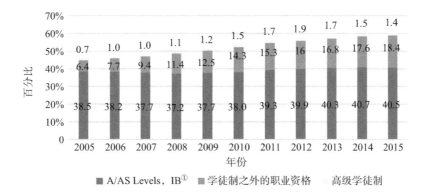

图 6-3 2005—2015 年英国人在 18 岁获得 3 级资格的教育类型

资料来源：Department for Business, Innovation and Skills, Department for Education. Technical education reform: The case for change [R]. 2016.

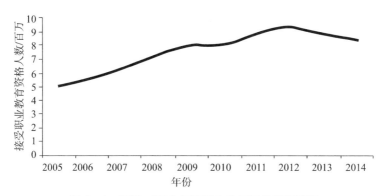

图 6-4 2005—2015 年英国人参与职业教育情况

资料来源：Department for Business, Innovation and Skills, Department for Education. Technical education reform: The case for change [R]. 2016.

二、技能在经济周期不同阶段对生产力增长发挥持续促进作用，但仍有很大提升空间

从 21 世纪以来英国技能人才培养培训政策的发展来看，虽然不同时期的政策几经变迁，但在基本价值取向上，始终把技能人才培养培训体系的改革作为生产力提升的核心路径。正如英国行业技能理事会主席所提出的"技能是推动生产力增长最简单、最有效、最直接的方式"[2]。2006 年教育和技能部发布的白皮书《继续教育：提升技能、改善生活机

---

① IB 课程即国际文凭组织 IBO（International Baccalaureate Organization）为全球学生开设的从幼儿园到大学预科的课程，它为 3~19 岁的学生提供智力、情感、个人发展、社会技能等方面的教育，使其获得学习、工作以及生存于世的各项能力。IBO 成立于 1968 年，迄今为止遍布 138 个国家，与 2 815 个学校合作，学生数量超过 77 万。它与 A levels、VCE 等课程并称全球四大高中课程体系。

② KEEP E, MAYHEW K, PAYNE J. From skills revolution to productivity miracle: Not as easy as it sounds? [J]. Oxford Review of Economic Policy, 2006, 22 (4): 539-599.

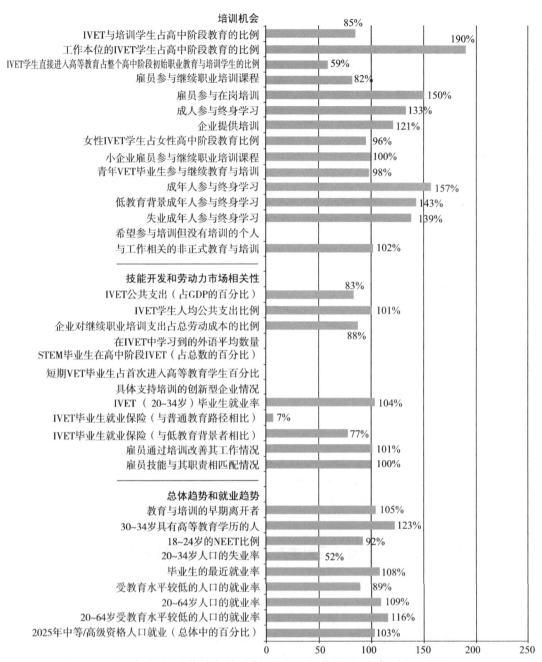

图 6-5 2017 年英国职业教育与培训发展指标（与欧盟平均值相对比，欧盟=100）

资料来源：CEDEFOP. On the way to 2020: Data for vocational education and training policies country statistical overviews—2017 update [R]. 2018.

会》也提出："我们未来的经济依赖于国家的生产力，而这需要与此相匹配的具有最好技能的劳动力。"可以说，这是英国 21 世纪技能政策改革的核心目标。经过将近 20 年的改革，英国是否实现了预期目标？对此本研究采用 OECD 发布的数据作为基本衡量指标。

从图 6-6 可以看出，自 1995 年以来，与 OECD 和欧盟相比，虽然英国在 2007—2011

年受到经济危机的严重影响,经济增长速度降到了最低,但英国GDP有两个较快的增长期,一是从2002—2004年,二是从2012—2015年,尤其是自2012年以来,英国的GDP增速显著超过了OECD和欧盟的平均水平。劳动生产率是与劳动力的技能及其在工作场所分配最密切相关的一个要素,如图6-7所示,自2007年以来,英国的劳动生产率一直处于接近危机前的低迷时期,并低于OECD平均水平,这可能与英国本国内部巨大的地区差异有关。

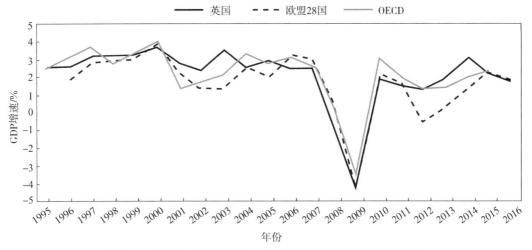

图6-6 1995—2016年英国、欧盟及OECD的GDP增速比较

资料来源:Getting skills right:United Kingdom [R]. OECD, 2017.

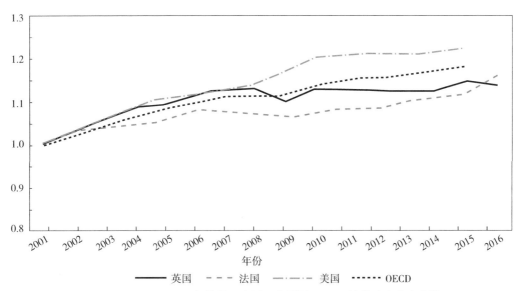

图6-7 2001—2016年英国、法国、美国及OECD的劳动生产率比较

注:每小时工作获得的GDP,2001=1

资料来源:KUCZERA M, FIELD S, WINDISCH H C. Building skills for all: A review of England [R]. OECD, 2016.

从国际视野来看,如图6-8所示,自2000年以来,与其他OECD成员国相比,英国比其他国家更多地参与了全球价值链，接近 OECD 的平均水平。英国很多行业的工作由外国直接需求支撑。英国在一些先进技术领域的专业化特别强，尤其是在一些复杂的企业服务领域，但是，英国的总体技能状况并不支持这种专业化模式。这表现在其人口的技能并没有与这些行业的技能需求紧密联系起来，这使这些行业未来的精深发展和提升竞争力面临挑战①。而且从图 6-8 可以看出，英国的技能情况在支撑生产力维度上的表现较差，接近后 25% 的水平。2015 年，英国商业、创新与技能部从国际比较的视角，对技能在生产力和经济发展中的作用进行了研究。研究认为，技能在经济周期不同阶段对生产力增长发挥持续促进作用。在过去 20 年中，大部分国家都经历了教育和技能基础的扩张。从 20 世纪 90 年代末到 21 世纪早期，英国劳动力技能的改善对年度劳动生产率增长的贡献水平是 1/5；在扩张时期，具有较高学术学历的英国雇员数量比其他国家增长迅速。金融危机以来，不同类型资格的贡献存在差异。高技能雇员对劳动生产率提升的贡献最大，并且这一趋势还在增长②。技能人才对于解决英国的生产力问题发挥着核心作用③。

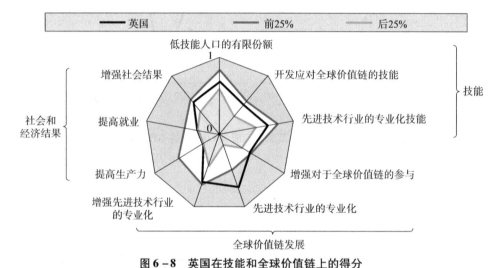

图 6-8　英国在技能和全球价值链上的得分

资料来源：Skills outlook 2007：Skills and global value chain：How does the United Kingdom Compare？[R/OL]. http://dx.doi.org/10.1787/9789264273351-en.

三、技能人才培养培训显著促进了就业率的提升和失业率的降低

促进就业率提升和失业率下降是英国技能人才培养培训政策的一个重要目标。从图 6-9 可以看出，自进入 21 世纪以来，受经济危机影响，虽然英国在 2009—2014 年也周期性地出现了失业率上升的现象，但与 1974—2000 年相比，英国总体的失业率呈

---

① Skills outlook 2007：Skills and global value chain：How does the United Kingdom compare？[R/OL]. http://dx.doi.org/10.1787/9789264273351-en.
② ANA R A，JOHN F，GEOFF M，et al. UK Skills and productivity in an international context [R]. Department for Business，Innovation and Skills，2015.
③ Department for Business，Innovation and Skills，Department for Education. Technical education reform：The case for change [R]. 2016.

现下降趋势。如图6-10和图6-11所示,从国际的视野来看,与G7、OECD、欧盟28国相比,自2005年以来,英国的就业率一直处于一个相对较高的发展态势。尤其是金融危机结束后,2012年以来,15~64岁工作年龄人口就业率一直处于上升趋势,这一比例在2016年第一季度为70%以上,显著高于OECD 66.8%的平均水平。另一个表示英国比较成功的指标是英国在激活技能方面的指标——青年失业率,即15~24岁人口失业率从22.2%的峰值下降到了2015年第四季度的13.4%。与此同时,英国的失业率持续下降,2015年下降到了5%的最低水平,这也是自2005年以来的最低值,而根据英国银行的预测,5%的失业率将一直维持到2019年[①]。

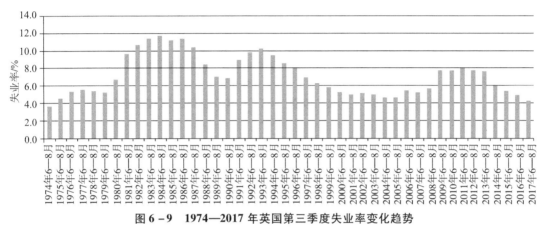

图6-9 1974—2017年英国第三季度失业率变化趋势

资料来源:ABUSLAND, T. Vocational education and training in Europe:United Kingdom [R]. CEDEFOP ReferNet VET in Europe Reports 2018—2019. http://libserver.cedefop.europa.eu/vetelib/2019/Vocational_Education_Training_Europe_United_Kingdom_2018_CEDEFOP_ReferNet_pdf.

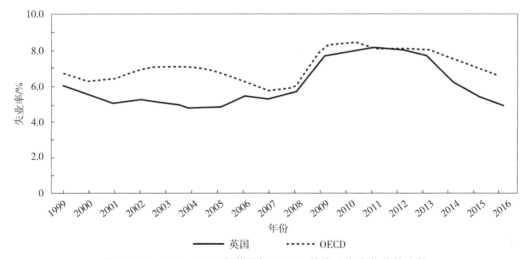

图6-10 1999—2016年英国与OECD的失业率变化趋势比较

资料来源:Getting skills right:United Kingdom [R]. OECD, 2017.

① Forging our future industry strategy:The story so far [EB/OL]. [2019-05-26]. http://www.gov.uk/beis.

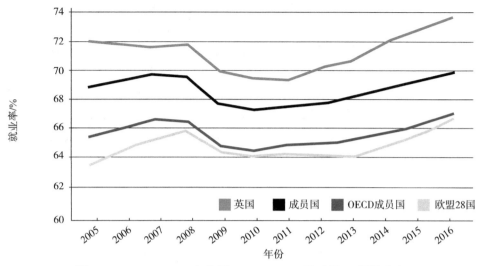

图 6-11 2005—2016 年英国、G7、OECD 及欧盟 28 国就业率

资料来源：Industrial strategy: Building a Britain fit for the future [R]. Presented to Parliament by the Secretary of State for Business, Energy and Industrial Strategy by Command of Her Majesty, 2017.

第四节 政策动因：对于 21 世纪英国为什么持续从国家战略高度推进技能人才培养培训的回答

对于"为什么"的追问是比较教育研究中最核心和重要的问题。通过对 21 世纪英国技能人才培养培训政策发展过程及其内容特征的分析，我们把目光转到研究的起点上，即作为一个自由主义传统的国家，为什么英国会持续从国家战略高度推动技术技能人才培养培训政策的变革，到底什么因素是推动 21 世纪英国技能人才培养政策变革的主要力量？

而如果我们把这一问题放到更广泛的国际视野下，已经有证据表明，"英国教育与培训的中央集权化趋势与欧洲其他国家的趋势正好相反。自 20 世纪 90 年代以来，在许多其他的欧洲国家如荷兰、意大利、瑞典和芬兰，教育与培训政策已交由地方社会合作伙伴处理，其中政府的职责由选出的地方当局或市政当局承担。"① 可以看出，英国技术技能人才培养的战略及其政策体系有着独特的民族特性。在这一背景下，对于"为什么"的追问与解释更有价值，这也为本研究提出了更大的挑战。目前，无论在经济、政治还是教育领域本身，关于"为什么是英国"的追问已经有很多。本研究力图从政策动力学的视角，对 21 世纪英国技能人才培养培训政策发展变化的动因作出解释。

关于政策变迁动力的研究是政策变迁的核心问题。从政策动力学的角度来说，目前解释政策变迁动力的理论有很多，比较有影响的理论包括：一是将国家作为焦点的政策

---

① 基普. 关于政府权力在英国教育与培训体系中的若干悖论 [M]//克拉克，温奇. 职业教育：国际策略、发展与制度. 翟海魂，译. 北京：外语教学与研究出版社，2011：176.

变迁动力学,这一理论强调从国家机构、政党政治等角度解释政策变迁的动力因素。二是将环境,尤其是社会结构作为焦点的政策变迁动力学,这一角度坚持认为公共政策是由国家所承受的一系列压力组成的矢量图,公共政策按照其中最强大的社会力量所推动的方向前进①。根据这一解释,政策是社会互动的产物,应从社会互动结构中去寻找政策变迁的来源②。也有研究提出,政策制定的环境决定了政策整合的结果:政治、组织和分析能力③。政治能力是政府在社会中拥有的政治支持,组织和分析能力包括判断和理解社会问题的能力。三是将政策学习作为引致政策变迁的基本机制。根据这一理论的倡导者休·赫克罗的解释,"政治不仅从权力而且从不确定性(人们集体性地对如何行动感到茫然)中找到它自身的来源……政府不仅行使权力……而且困惑。政策制定是以社会名义表现出来的一种集体困惑的形式……许多政治互动形成了通过政策表达出来的社会学习过程"④。本部分将上述理论与多源流理论相结合,对 21 世纪以来英国持续从国家战略高度推进技能人才培养培训进行总结分析。

一、问题源流:21 世纪英国技能人才培养培训政策是应对经济社会压力、实现经济社会发展愿景的主动选择

从外部环境的角度来说,英国的技能人才培养培训政策也是对社会及经济压力积极反应的过程。建立反应性的技能人才培养培训体系也是其历次改革的重要目标。布莱尔政府发布的《21 世纪的技能》战略一方面旨在提升生产力,另一方面旨在促进积极的社会包容性。布朗政府发布的《国家技能战略》和卡梅伦政府发布的《可持续增长技能》战略都是积极应对国际金融危机产生的失业问题。特蕾莎·梅政府的《16 岁后技能计划》旨在从整体上实现自身的"再工业化"和制造业振兴,以应对新工业革命的挑战。

英国本土学者安迪·格林撰写的《教育与国家形成:英、法、美教育体系起源之比较》认为,有三种因素影响国民教育体系的发展。这三种因素包括:一是外国军事威胁或领土冲突的存在,这种因素往往会刺激受害国作出全民族范围的反应,促使他们竭尽全力加强国家机器的实力;二是国家内部重大变革的发生;三是某些国家未来摆脱相对的经济落后境况而发起的由国家领导的改革计划。一般而言,如果一个国家的经济明显落后于其他竞争对手,它的落后状况不可能通过各企业的自发努力而扭转。自由经济政策对于落后国家没有太多益处,它更适用于发达国家。那些成功扭转经济落后局面的国家之所以取得成功,要么得益于其他强国的扶持,要么就是借助于一些有针对性的、由国家直接领导的改革计划⑤。

---

① 霍尔. 政策范式、社会学习和国家:以英国经济政策的制定为例 [M]//岳经纶,郭魏青. 中国公共政策评论:第 1 卷,上海:上海人民出版社,2008:5.
② 王春城. 公共政策过程的逻辑:倡导联盟框架解析、应用与发展 [M]. 北京:中国社会科学出版社,2013:9.
③ 吴逊,饶墨仕,豪利特,等. 公共政策过程:制定、实施与管理 [M]. 叶林,等译. 上海:上海人民出版社,2016:172.
④ ROSE R. What is lesson-drawing? [J]. Journal of Public Policy, 1991 (11): 3-30.
⑤ 格林. 教育与国家形成:英、法、美教育体系起源之比较 [M]. 北京:教育科学出版社,2004:337-338.

从某种角度来说，21世纪英国技能人才培养培训政策变革是对于其20世纪生产力低下"英国病"的反思。从根本上提升英国的生产力，重现往日的大国辉煌，布莱尔政府提出的"建设一个年轻国家"和布朗政府提出的"建设世界一流技能基础"把这一目标推向顶峰。"教育的改革肯定与生产有关，这一点是很明显的"。联合政府《可持续增长战略》和《产业战略：建设一个更加适应未来的英国》的出台也都成为其技能人才培养培训改革的契机与窗口。

总体来看，21世纪以来，英国政府在技能人才培养培训改革方面一直积极作为，并把技能人才培养培训作为经济发展的重要基础，从加强技能供给、建立需求驱动技能体系的角度，围绕"技能"这一关键词制定了一系列重要政策。一方面，这是英国政府对其长期以来职业教育发展薄弱、技术技能人才培养制度不完善，以及由此造成的20世纪生产力水平低下、国际竞争力下降反思的结果，希望能够通过提高技能水平实现国家竞争力和生产力的提升；另一方面，这也是在新的经济社会、科技发展背景下，对于国际教育改革趋势的一种适应和创新。可以说，21世纪英国对于技能人才培养培训政策的变革是其政治经济、历史传统、两党改革以及国际影响等共同推动的产物。正如斯蒂芬·鲍尔所提出的："教育政策充满了经济、政治和意识形态的矛盾冲突；不是所有问题都可以归结为生产的需要，也不能简单归结为政治意识形态运动。"

总体来看，21世纪英国技能人才培养培训政策的变革与其历史传统、经济社会背景、执政党变更以及政策咨询系统的强有力推动作用密切相关。执政13年的工党"第三条道路"的延续及其影响、世界经济危机对经济的冲击、工党应对危机的持续作用、2010年大选后保守党与自由民主党组成的联合政府新政治经济及社会政策的影响[①]，以及目前由脱欧带来的政治不稳定等多方面因素，都对英国技能人才培养培训政策产生了深刻影响。

二、政策源流：21世纪英国技能人才培养培训政策是对自由主义传统的超越及国际政策学习的结晶

从历史的角度来说，自由主义和精英主义都是英国教育传统的基本特征。正是自由主义开放、民主的传统促进了英国第一次工业革命的成功，并使英国成为世界上最先进入现代化的国家。对于这一问题已经有了很多研究。我国学者刘为从英国政治发展的角度对于"为什么是英国创造了现代市场经济，并且首先建立了法治社会进行了追问"，他把这一切归因为英国拥有其他国家所不具备的绝对产权制和普通法及自由主义的传统。正如英国著名历史学家E.P.汤普森认为的：自由主义的传统一直是英国所骄傲的资本，英国贵族这一"古老的腐败"是非常有意思的，因为它"最大的力量源泉正好源于国家权力本身的弱；来自父权制、官僚制和保护主义权力的废置；来自它所具有的重商主义的农业资本主义和制造业资本主义中不断自我复制的能力；来自它所生长于其中的自由放任主义沃

---

① 王展鹏．英国发展报告（2010—2013）[M]．北京：社会科学文献出版社，2013：61.

土"①。从21世纪英国技能人才培养培训政策的发展和演变过程来看，有三个层面的政策学习是非常明显的。

第一，对于自由放任主义教育传统的深刻反思。根据政策学习理论，"吸取教训式学习"是政策学习的一种重要形式，这主要是政策制定者吸取过去政策教训的过程，其结果是根据获得的教训及新的政策信息而对政策作出调整，进而引发政策变迁②。从教育的角度来说，有为数众多的教育学家对于英国技术教育一直落后的原因也进行了解释，具有代表性的是安迪·格林，他将这一点归因于英国的自由主义遗产。他解释道，英国教育中自由放任主义传统的主要受害者之一就是科学和技术教育。据他描述，到19世纪中期，由国家组织的面向手工业者和工程师的职业学校在欧洲其他国家已经很普遍，但英国还没有这样的学校，英国人认为车间或作坊才是最适合学习手艺的地方。即使后来政府对该系统进行了一定的完善，但所起的也只是辅助性作用，其基本特征仍然没有改变。国家赞助的技术教育主要是业余注重实践经验的教育，从行政管理上看仍然被排斥在主流教育之外③。关于上述归因的分析已经被普遍认同。

第二，对于前期政策的继承与学习。从英国技能人才培养培训政策的变迁过程来看，英国技能人才培养培训政策呈现渐进主义变迁的特点。彼得·霍尔从政策学习的角度对1970—1989年英国宏观经济政策的制定进行了研究。他认为，英国宏观经济政策制定的环境是一个可以据此验证主流的社会学习概念及其对国家理论之影响的理想环境。一方面，英国经济政策的制定是一个知识密集的过程，长期与学习的概念联系在一起；另一方面，英国的经济政策制定深受国家理论研究者运用学习概念所做的卓越努力的影响④。总体来看，英国技能人才培养培训政策的设计和改革受到一系列评估报告的影响。例如卡梅伦政府的改革受到了《沃尔夫报告》《怀特海成人职业资格报告》及《理查德报告》的影响。2015年发布的《筑牢基础——英国政府生产力计划》旨在通过发展高技能劳动力，来提高生产力。最新的《16岁后技能计划》按照《技术教育独立小组报告》的建议，通过两年的继续教育学院课程或学徒培训，将英国的职业教育与培训精简为15条明确的路径，使学习者获得技能型就业的机会。对伦敦大学教育学院Ken Spours教授的访谈也证明，英国继续教育的发展很大程度上是政府政策影响的结果——其他地方所称"极端的盎格鲁－撒克逊教育模式"的结果。从国际比较的角度来说，"盎格鲁－撒克逊模式"的概念主要基于英国一系列独特教育体系的特征，其主要特征是：标准化课程和测验占主导；自上而下的责任举措；制度性的竞争和选择。正是这种独特的文化传统和政治制度，使英国的职业教育一直与其作为工业强国的地位不相称。

第三，对于德国等职业教育发达国家以及国际社会政策的学习和借鉴。从英国技能人才培养培训政策发展来看，从开放的国际视野角度出发，特别是从G8和OECD比较的角

---

① 刘为. 为什么是英国？有限政府的起源［M］. 杭州：浙江大学出版社，2019：93.
② 王春城. 公共政策过程的逻辑：倡导联盟框架解析、应用与发展［M］. 北京：中国社会科学出版社，2013：11.
③ 格林. 教育与国家形成：英、法、美教育体系起源之比较［M］. 北京：教育科学出版社，2004：318.
④ 霍尔. 政策范式、社会学习和国家：以英国经济政策的制定为例［M］//岳经纶，郭巍青. 中国公共政策评论：第1卷. 上海：上海人民出版社，2008：5.

度，提升自身技术技能人才培养水平，是其技能人才培养培训政策的重要出发点。20 世纪 90 年代末至 21 世纪初，借鉴德国的社会合作伙伴模式，发展高技能型经济已经成为英国学界的主流声音。英国公共政策研究所的研究提出，工党政府一直坚持的理念是，对于劳动力技能的投资将把英国转型为高技能的经济，并推动社会流动性的增强①。即使到了 2011 年，英国研究机构提出的政策建议仍然是"技能政策应处于经济政策的中心，广泛的经济政策在塑造雇主的行为和劳动力市场操作方面发挥着基础性作用。为提高生产力和国际竞争力，英国需要转向高技能、高价值的增长路径"。

三、政治源流：21 世纪英国技能人才培养培训政策是执政政府积极推动的结果

作为典型的两党制国家，英国教育与培训政策的发展深受党派更替及其执政思想的影响。从 21 世纪英国技能人才培养培训政策的发展过程来看，政党对于其技能人才培养培训政策的影响体现在两个方面。

第一，执政党的执政思想和理念是影响 21 世纪英国技能人才培养培训政策产生和发展的一个核心变量。英国国家技能战略起始于 2003 年的《21 世纪的技能》。可以说，在 21 世纪初技能人才培养培训政策的产生和发展过程中，布莱尔领导的工党"第三条道路"思想发挥着重要作用。从技能战略的起源来看，技能人才培养培训是其整个社会福利体系改革的一个核心环节。正如工党第二任首相戈登·布朗所强调的：

在太长的时间里，我们用税收和福利体制来补偿那些贫困的人，而不是做一些更为根本性的事情——解决贫困和不平等的根源问题……通向机会平等之路的起点不是税率，而是工作岗位、教育、福利国家改革以及对既有资源的有效和公平的改革②。

正是基于这一执政理念，在 2001 年第二次执政后，工党试图通过技能人才培养培训在教育与工作岗位之间建立更直接的联系。2010 年卡梅伦政府的"大社会"执政理念强调发挥个人的积极作用，在某种程度上也是继承了布莱尔政府和布朗政府的"第三条道路"思想。可以说，"第三条道路"的积极福利政策和社会投资理论奠定了 21 世纪英国技能人才培养培训政策的思想基石及其在经济社会发展中的核心战略地位。

第二，执政党及政府本身对于改革的追求。对于英国伦敦大学教育学院 Ken Spours 教授的访谈证明了这一点，他认为，英国的技能人才培养培训政策具有较强的政治导向性，技能政策与五年一轮的政府循环紧密相关。"教育部长们总是想让教育与培训体系打上他们的标记。"他认为，英国对于技能人才培养培训的这一政策行为使整个技能人才培养培训体系非常不稳定，这与以德国等为代表的社会伙伴关系模式形成了鲜明对比，后者的模式阻碍了来自上层的持续政策干预。英国学者尤尔特对于近年来英国政府持续干预教育与培训体系的解释也证明了这一点。他提出两个干预动力：一是政策制定者越来越相信集权化规划这一政治制度的效力；二是执政党坚持认为他们是制度规划的掌控者，他们渴望废

---

① LANNING T, LAWTON K. No train no gain: Beyond free-market and state-led skills policy [R]. Institute for Public Policy Research, 2012.

② 鲍威尔. 新工党，新福利国家？英国社会政策中的第三条道路 [M]. 林德山，李姿姿，吕楠，译. 重庆：重庆出版社，2010：19.

除教育与培训体系中原有的制度结构,转而以新的制度结构来替代,并相信中央政府有能力应对高度精细的、设计复杂的组织形式①。对于 21 世纪以来执政党过度追求对技能人才培养培训体系改革这一点,英国很多学者都提出了批评。2015 年,有研究者提出,在许多方面,教育、培训和技能已成为决策者化不可能为可能的手段,尤其是它们为决策者提供了通过相关举措在劳动力市场进行"非干预性干预",以及在社会和经济领域进行"无输家再分配"的机遇。这些政府方案在促进后义务教育和培训参与规模以及成年人劳动力实质性技能提升方面的作用相对有限,且费用巨大。遗憾的是,该方法注定导致教育和培训机构、教师和培训者走向失败,因为教育和培训政策的目标无法单纯通过教育和培训干预措施实现②。尤尔特的研究认为,英国技能政策的变更频繁、机构设立及废除较快,但很多改革都是"换汤不换药"。英国教育与培训政策在普遍实施中存在着高度的路径依赖性,这一政策轨道的主要趋势之一就是政府(以中央政府的形式)不断加强对教育与培训的设计、管理和资助的控制③。

---

① 基普. 关于政府权力在英国教育与培训体系中的若干悖论 [M]//克拉克,温奇. 职业教育:国际策略、发展与制度. 翟海魂,译. 北京:外语教学与研究出版社,2011:179.
② KEEP E, JAMES S. A Bermuda Triangle of Policy?"bad jobs", skills policy and incentives to learn at the bottom end of the labour market [J]. Journal of Education Policy, 2012, 27:2, 211-230. DOI: 10.1080/02680939.2011.595510.
③ 克拉克,克里斯托弗·温奇. 职业教育:国际策略、发展与制度 [M]. 翟海魂,译. 北京:外语教学与研究出版社,2011:185.

结语　借鉴与启示

比较教育学家康德尔认为，比较教育研究的目的有三个层次："报道—描述"的目的、"历史—功能"的目的以及"借鉴—改善"的目的①。可以看出，在"报道—描述"和"历史—功能"的基础上，实现"借鉴—改善"的目的，是比较教育研究的终极价值所在。在对21世纪英国技能人才培养培训政策"黑箱"的产生和发展逻辑及其内容进行深入分析后，值得我们进一步思考的是，对于技能人才培养培训这样一个既有国际普遍性又有深刻民族特殊性的问题，自21世纪以来英国持续从国家战略高度推进技能人才培养培训，对于我国技能人才培养培训政策发展的借鉴和启示。

第一节　技能人才培养培训是事关国家经济社会发展的战略问题

从发展过程、内容特征及实施等方面对21世纪英国技能人才培养培训政策的系统分析表明，从2001年布莱尔执政的工党政府开始，在近20年的发展历程中，英国一直把"技能人才培养培训"放在支撑国家经济社会发展的中心位置，并从这一角度制定了一系列重大的战略和政策。这一方面是长久以来英国对于技能培训缺乏重视和认可的历史和制度因素的纠正，这使英国技能人才培养培训政策的产生过程、政策内容和实践模式具有深刻的英国历史、文化、制度、政党烙印；同时，英国的技能人才培养培训政策更是英国对于国际教育发展趋势的一种积极适应和作为。如果我们以比较教育开放的视野放眼整个国际教育改革的浪潮，不仅仅在英国，制定综合性的技能人才培养培训政策已经成为国际教育发展的重要趋势。可以看出，在当今新工业革命的时代背景下，从国家战略的角度对技能人才培养培训进行规划和制度设计是经济社会发展的大势所趋。

---

① 马健生，饶舒琪. 探寻康德尔比较教育思想的根基与灵魂：康德尔自由教育思想的再发现 [J]. 比较教育研究，2015（4）：21-28.

第二节 技能人才培养培训是终身化、全民性、层次完整性的人才培养制度安排

从英国技能人才培养培训政策改革的核心关注点来看，虽然其不同时期有不同重心，但强调终身化、全民性、行业企业参与甚至主导一直是英国技能人才培养培训政策改革的基本追求。具体来说，英国从把技能作为人力资本内核的角度出发，始终从个体一生技能获得、发展、利用的角度来看待技能人才培养培训问题，即把终身化、全民性、行业相关性、层次完整性作为技能人才培养培训体系的基本特征。为实现这些改革理念，英国在历次改革中都努力构建一系列促进全体公民从终身学习视角参与技能人才培养培训的激励体系和制度框架，关键的制度设计包括：一是建立灵活的技能人才培养培训制度，使受训者能够随进随出；二是建立对全民进行技能人才培养培训激励制度等，鼓励低技能人员根据自己的需求接受技能培训，提高技能水平；三是提高教育与培训体系整体的运行效率和质量，重视关键能力培养，注重提升所有学习者的关键技能水平；四是关注弱势群体和社会重点领域的技能人才培养培训，制定针对行业企业的技能人才培养战略，增强技能人才在各个地区和整个国家发展中的作用；五是设计完整、衔接贯通的技能人才培养培训体系，使技能人才有成长和进步的空间[①]。经过近20年的改革，英国最终建构起了从低级到高级、层次完整的技能人才培养培训体系。

第三节 技能人才培养培训应采取利益相关者特别是行业企业广泛参与的治理机制

从英国技能人才培养培训政策的改革重心来看，建立行业企业参与技能人才培养培训的机制一直是政策改革的核心目标。总体来看，英国技能人才培养培训政策提倡建立一种国家领导的合作伙伴关系，强调一系列广泛及不同层级政府部门间的协调、合作及参与，以加强技能人才培养培训政策与就业、经济发展等政策间的协调与密切联系。从理论的角度来说，国家的技能形成体系受国民教育系统与生产系统的共同牵制，是国家政治经济和文化传统等体制因素合力作用的结果。技能形成体系可概括为由公共学校教育与业界职业培训两个系统内既定制度构成的结合体，二者间契合的程度与方式决定着技能形成体系的性质[②]。基于此，有效的技能开发体系建立在关键利益相关者有效的伙伴关系基础上，特别是包括雇主、教育与技能提供者和学生等所有利益相关者的参与，要特别从法律或制度层面强调行业企业等利益相关者对技能人才培养培训体系的深度参与，明确谁、什么时候、应在哪做什么及承担什么，使雇主参与培训设计、实施及相关标准制定，开展行业企

---

① 李玉静. 国际职业教育发展战略和制度设计的趋势分析[J]. 职业技术教育，2010（15）：62-65.
② 许竞. 试论国家的技能形成体系：政治经济学视角[J]. 清华大学教育研究，2010（4）：29-33.

业主导的需求导向性学习,从而开发适应企业和劳动力市场需要的技能,形成一种可持续的技能人才培养培训路径。

第四节 现代学徒制是技能人才培养培训的一种有效形式

从英国技能人才培养培训改革的实施效果来看,学徒制的改革成效最为显著,也在世界范围内产生了深远影响。自从2005年开始,包括工党、联合政府和保守党政府在内的各届政府都努力通过改革扩大学徒制规模,并从制定学徒制标准、提高学徒制层次方面努力提高学徒制培训质量,建构起了完整的学徒制培训体系,无论从参与人数还是实施成效来说,英国学徒制都取得了巨大发展。现代学徒制的改革是英国技能人才培养培训政策的一大亮点,这主要基于四个方面因素:一是为更多的人提供继续教育的机会;二是经济发展需要更多的技术技能;三是让雇主更多地参与到提升技能和劳动力培训中;四是提升英国劳动生产率的需要。虽然从各个方面对于英国技能人才培养培训的改革成效褒贬不一,但对于学徒制的改革都持肯定态度。英国的现代学徒制在提高职业教育吸引力、应对金融危机等方面确实起到了很大作用。英国研究者 Keep and James 指出,对于英国电信(British Telecom,BT)和 Rolls Royce 等大企业学徒培训名额的竞争激烈程度已经超越了对于牛津和剑桥大学入学机会的竞争[①]。因此,在关于技能人才培养培训的体系设计中,应重视发展企业深度参与的学徒制培训模式。

---

① JAMES S, MAYHEW K, LACZIK A, et al. Report on apprenticeships, employer engagement and vocational formation in England [R]. The British Council China, 2012.

中文参考文献

[1] 国际劳工局. 关于有利于提高生产率,推动就业增长和发展的技能的结论[R]. 国际劳工大会, 2008.

[2] 翟海魂. 规律与镜鉴:发达国家职业教育问题史[M]. 北京:北京大学出版社, 2019.

[3] 何伟强. 新工党执政时期英国教育战略研究[D]. 杭州:浙江大学, 2011.

[4] 易红郡. 英国教育的文化阐释[M]. 2版. 上海:华东师范大学出版社, 2012.

[5] 许建美. 教育政策与两党政治:英国中等教育综合化政策研究(1918—1979)[M]. 杭州:浙江大学出版社, 2014.

[6] 谷峪, 李玉静. 国际资格框架比较研究[J]. 职业技术教育, 2013(25):84-89.

[7] 陈振明. 公共政策学——政策分析的理论、方法与技术[M]. 北京:中国人民大学出版社, 2018.

[8] 曹浩文, 杜育红. 人力资本视角下的技能:定义、分类与测量[J]. 现代教育管理, 2015(3):55-61.

[9] 李小胜. 创新、人力资本与内生经济增长的理论与实证研究[M]. 北京:经济科学出版社, 2015:30.

[10] 联合国教育、科学及文化组织. 职业技术教育与培训的转型:培养工作和生活技能[R]. 上海:第三届国际职业技术教育与培训大会, 2012.

[11] 李玉静. 三大视角:职业教育政策考量框架[J]. 职业技术教育, 2012(16):1.

[12] 罗志如, 厉以宁. 二十世纪的英国经济:"英国病"研究[M]. 北京:商务印书馆, 2013.

[13] 吴文侃, 杨汉清. 比较教育学[M]. 北京:人民教育出版社, 1999.

[14] 侯衍社. "超越"的困境:"第三条道路"价值观述评[M]. 北京:人民出版社, 2010.

[15] 曾令发. 探寻政府合作之路:英国布莱尔政府改革研究(1997—2007)[M]. 北京:人民出版社, 2010.

[16] 布莱尔. 新英国:我对一个年轻国家的展望[M]. 北京:世界知识出版社, 1998.

[17] 鲁昕. 技能促进增长:英国国家技能战略[M]. 北京:高等教育出版社, 2010.

[18] 邓永标. 卡梅伦新传 [M]. 北京：中国编译出版社，2016：195.
[19] 许竞. 试论国家的技能形成体系：政治经济学视角 [J]. 清华大学教育研究，2010 (4)：29-33.
[20] 孙洁. 英国的政党政治与福利制度 [M]. 北京：商务印书馆，2008.
[21] 谢峰. 政治演进与制度变迁：英国政党与政党制度研究 [M]. 北京：北京大学出版社，2013.
[22] 布里格斯. 英国社会史 [M]. 陈淑平，陈小惠，刘幼勤，等译. 北京：商务印书馆，2011.
[23] 姜德福. 转型时期英国社会重构与社会关系调整研究 [M]. 北京：商务印书馆，2017.
[24] 朱镜人. 英国教育思想之演进 [M]. 北京：人民教育出版社，2014.
[25] 谷峪，李玉静，岑艺璇. 技能战略的理论与实践研究 [M]. 长春：东北师范大学出版社，2018.
[26] INBAR D E, HADDAD W D, DEMSKY T，等. 教育政策基础 [M]. 史明洁，许竞，尚超，等译. 北京：教育科学出版社，2003.
[27] 博克尔. 英国文化史 [M]. 胡肇椿，译. 上海：上海古籍出版社，2018.
[28] 翟海魂. 发达国家职业技术教育历史演进 [M]. 上海：上海教育出版社，2008.
[29] 徐德林. 重返伯明翰：英国文化研究的系谱学考察 [M]. 北京：北京大学出版社，2014.
[30] 科利. 英国人：国家的形成（1707—1837 年）[M]. 北京：商务印书馆，2009.
[31] 王举. 教育政策的价值基础：基于政治哲学的追寻 [M]. 北京：科学出版社，2016.
[32] 张振改. 教育政策的限度研究 [M]. 北京：人民出版社，2014.
[33] 梁淑红. 利益的博弈：战后英国高等教育政策制定过程研究 [M]. 北京：光明日报出版社，2012.
[34] 易红郡. 战后英国高等教育政策研究 [M]. 长沙：湖南师范大学出版社，2016.
[35] 王燕. G20 成员教育政策改革趋势 [M]. 北京：教育科学出版社，2015.
[36] 劳凯声，蒋建华. 教育政策与法律概论 [M]. 北京：北京师范大学出版社，2015.
[37] 斯特赖克. 伦理学与教育政策 [M]. 刘世清，李云星，译. 北京：北京大学出版社，2013.
[38] 吴立明，傅慧芳. 公共政策分析 [M]. 厦门：厦门大学出版社，2018.
[39] 中国教育科学研究院国际比较教育研究中心. 世界教育发展报告 [M]. 北京：教育科学出版社，2013.
[40] 邓旭. 教育政策执行研究：一种制度分析的范式 [M]. 北京：教育科学出版社，2010.
[41] 吴逊，饶墨仕，豪利特，等. 公共政策过程：制定、实施与管理 [M]. 叶林，等译. 上海：上海人民出版社，2016.
[41] 黄忠敬. 教育政策研究的多维视角 [M]. 北京：教育科学出版社，2016.

[42] 鲍尔．政治与教育政策制定：政策社会学探索［M］．王玉秋，孙益，译．上海：华东师范大学出版社，2003．

[43] 格林．教育与国家形成：英、法、美教育体系起源之比较［M］．北京：教育科学出版社，2004．

[44] 西伦．制度是如何演化的：德国、英国、美国和日本的技能政治经济学［M］．王星，译．上海：上海人民出版社，2010．

[45] 克拉克，温奇．职业教育：国际策略、发展与制度［M］．翟海魂，译．北京：外语教学与研究出版社，2011．

[46] 吴遵民．教育政策国际比较［M］．上海：上海教育出版社，2009．

[47] 谢峰．政治演进与制度变迁：英国政党与政治制度研究［M］．北京：北京大学出版社，2013．

[48] 金登．议程、备选方案与公共政策［M］．2版．丁煌，方兴，译．北京：中国人民大学出版社，2017．

[49] 王春城．公共政策过程的逻辑：倡导联盟框架解析、应用与发展［M］．北京：中国社会科学出版社，2013．

[50] 威尔逊，盖姆．英国地方政府［M］．张勇，胡建奇，王庆兵，译．北京：北京大学出版社，2009．

[51] 华锋，董金柱．英国工党理论与实践专题［M］．北京：人民出版社，2017．

[52] 霍尔．政策范式、社会学习和国家：以英国经济政策的制定为例［M］//岳经纶，郭巍青．中国公共政策评论：第1卷．上海：上海人民出版社，2008：5．

[53] 刘为．为什么是英国？有限政府的起源［M］．杭州：浙江大学出版社，2019：93．

[54] 沙夫里茨，莱恩，博里克．公共政策经典［M］．彭云望，译．北京：北京大学出版社，2008．

[55] 豪利特，拉米什．公共政策研究：政策循环与政策子系统［M］．庞诗，等译．北京：生活·读书·新知三联书店，2006．

[56] 朱亚鹏．公共政策过程研究：理论与实践［M］．北京：中央编译出版社，2013．

[57] 鲍威尔．新工党，新福利国家？英国社会政策中的第三条道路［M］．林德山，李姿姿，吕楠，译．重庆：重庆出版社，2010．

[58] 谢峰．政治演进与制度变迁：英国政党与政党制度研究［M］．北京：北京大学出版社，2013．

[58] 陈学飞．教育政策研究基础［M］．2版．北京：人民教育出版社，2018．

[60] 国家教育发展研究中心组，译．发达国家教育改革的动向和趋势：第七集［M］．北京：人民教育出版社，2004．

[61] 王展鹏．英国发展报告（2010—2013）［M］．北京：社会科学文献出版社，2013．

[62] 王展鹏．英国发展报告（2014—2015）［M］．北京：社会科学文献出版社，2015．

[63] 王展鹏．英国发展报告（2015—2016）［M］．北京：社会科学文献出版社，2016．

[64] 王展鹏．英国发展报告（2016—2017）［M］．北京：社会科学文献出版社，2017．

[65] 王展鹏．英国发展报告（2017—2018）［M］．北京：社会科学文献出版社，2018．

[66] 李小园．多元政治角逐与妥协：英国内生型政治演进模式［M］．上海：学林出版社，2014．

[67] 高奇琦．比较政治学前沿（第一辑）：比较政治的研究方法［J］．北京：中央编译出版社，2013．

[68] 考克瑟，罗宾斯，里奇．当代英国政治［M］．4版．孔新峰，蒋鲲，译．北京：北京大学出版社，2009．

[69] 赫克罗，威尔达夫斯基．公共资金的私人政府：美国政治中的共同体和政策［M］．2版．李颖，褚彩霞，译．上海：格致出版社，2008．

[70] 卡拉瑟斯．资本之城：英国金融革命中的政治与市场［M］．李栋飚，译．上海：上海财经大学出版社，2018．

[71] 张爽．英国政治经济与外交［M］．北京：知识产权出版社，2013．

[72] 弗里登．英国进步主义思想：社会改革的兴起［M］．曾一璇，译．北京：商务印书馆，2018．

[73] 北京师范大学国际与比较教育研究院．国际教育政策与发展趋势年度报告2013［M］．北京：北京师范大学出版集团，北京师范大学出版社，2014．

[74] 扎哈里亚迪斯．比较政治学：理论、案例与方法［M］．欧阳景根，译．北京：北京大学出版社，2008．

[75] 褚远辉．比较教育价值论［M］．北京：中国社会科学出版社，2019．

[76] 孙霄兵．推进教育优先发展政策与制度建设研究［M］．北京：教育科学出版社，2010．

[77] 亚当斯．缔造大英帝国：从史前时代到北美十三州独立［M］．张茂元，黄伟，译．广州：广西师范大学出版社，2019．

[78] 王桂．当代外国教育：教育改革的浪潮与趋势［M］．北京：人民教育出版社，1995．

[79] 景维民，张慧君，黄秋菊．经济转型深化中的国家治理模式重构［M］．北京：经济管理出版社，2013．

[80] 奥斯特罗姆．公共事物的治理之道：集体行动制度的逻辑［M］．余逊达，译．上海：上海译文出版社，2012．

[81] 王晓辉．全球教育治理：国际教育改革文献汇编［M］．北京：教育科学出版社，2008．

[82] 王晓辉．教育决策与治理［M］．北京：教育科学出版社，2010．

[83] 马斌．政府间关系：权力配置与地方治理［M］．杭州：浙江大学出版社，2009．

[84] 阿瑞吉，西尔弗．现代世界体系的混沌与治理［M］．王宇洁，译．北京：三联书店，2003．

[85] 王诗宗．治理理论及其中国适用性［M］．杭州：浙江大学出版社，2009．

[86] 王义桅．超越均势：全球治理与大国合作［M］．上海：上海三联书店，2008．

[87] 吴锦良，等．走向现代治理［M］．杭州：浙江大学出版社，2008．

[88] 许海清．国家治理体系和治理能力现代化［M］．北京：中共中央党校出版

社，2013.

[89] 俞可平．国家治理评估：中国与世界［M］．北京：中央编译出版社，2007．

[90] 俞可平．治理与善治［M］．北京：社会科学文献出版社，2000．

[91] 易承志．社会转型与治理成长［M］．北京：法律出版社，2009．

[92] 杨炜长．民办高校治理制度研究［M］．长沙：国防科技大学出版社，2006．

[93] 周世厚．利益集团与美国高等教育治理［M］．北京：中央编译出版社，2012．

[94] 张康之．社会治理的历史叙事［M］．北京：北京大学出版社，2006．

[95] 鲍尔．教育改革：批判和后结构主义的视角［M］．侯定凯，译．上海：华东师范大学出版社，2002．

[96] 霍丽娟．深化产教融合政策的多源流分析：匹配、耦合和发展［J］．职业技术教育，2018（4）：6-13．

[97] 贺武华．"第三条道路"框架下的布莱尔政府教育政策回顾［J］．井冈山大学学报（社会科学版），2010（2）：81-86．

[98] 王虹．"第三条道路"引导下的英国［J］．现代国际关系，1999（11）：30-33．

[99] 李薇．14~19岁青少年教育：21世纪初英国教育战略分析［J］．教育发展研究，2008（21）：84-87．

[100] 易红郡．20世纪影响英国中等教育政策的三大法案［J］．贵州师范大学学报（社会科学版），2003（6）：107-111．

[101] 赵金子，贾中海．布莱尔时期英国高等教育的改革及启示［J］．黑龙江高教研究，2014（4）：26-28．

[102] 王志强，赵中建．创新政策语境下的英国中等教育改革［J］．教育发展研究，2010（10）：64-68．

[103] 李耀辉．从Wolf报告看英国职业教育改革新进展［J］．宝鸡文理学院学报（社会科学版），2014（5）：123-124．

[104] 冯大鸣．从英国教育部的最新更名看英国教育视焦的调整［J］．全球教育展望，2002（1）：60-61．

[105] 俞文娴．当代英国14~19岁教育改革述评［J］．科教文汇，2007（1）：140．

[106] 胡瑞．"第三条道路"思潮与当代英国教育改革［J］．现代大学教育，2012（1）：36-40．

[107] 许杰．"第三条道路"的社会公平观与教育对策［J］．全球教育展望，2003（9）：61-65．

[108] 马忠虎．"第三条道路"对当前英国教育改革的影响［J］．比较教育研究，2001（7）：50-54．

[109] 王玉苗，谢勇旗，祝聿立．技术教育独立报告与英国的技术教育改革［J］．职业技术教育，2017（15）：60-65．

[110] 胡乐乐．教育、技能、经济：近期英国教育改革重点［J］．职业技术教育，2005（16）：65-68．

[111] 计秋枫．近代前期英国崛起的历史逻辑［J］．中国社会科学，2013（9）：180-204．

[112] 王璐, 李欣蕾. 让优质面向全体, 让卓越成就未来: 英国《卓越教育无处不在》白皮书评介 [J]. 比较教育研究, 2017 (6): 50-57.

[113] 李潇. 实现一流技能, 领跑世界经济: 英国白皮书 [J]. 成人教育, 2009 (12): 95-96.

[114] 上官罂. 英格兰青少年教育改革之探析: 以《14~19岁教育和技能白皮书》为研究蓝本 [J]. 江西教育: 管理版, 2018 (12A): 42-43.

[115] 张文军, 刘珍. 英国 2005—2015 年 14~19 岁教育发展战略 [J]. 教育发展研究, 2005 (5): 89-92.

[116] 徐建一, 周玲. 英国"技能立国"理念下的高技能人才开发新举措 [J]. 职教论坛, 2010 (1): 89-92.

[117] 刘育锋. 英国《16岁后技能计划》: 背景、内容及启示 [J]. 职教历史与比较研究, 2017 (6): 55-60.

[118] 张瑶瑶, 许明. 英国《16岁后技术教育改革——T级行动计划》述评 [J]. 职业技术教育, 2018 (21): 71-76.

[119] 张全雷. 英国成人教育发展的重大举措:《21世纪技能实现我们的潜能》白皮书简述 [J]. 首都师范大学学报: 社会科学版, 2004 (Z): 166-168.

[120] 何伟强. 英国福利国家现代化进程中的教育福利政策变革研究 [J]. 比较教育研究, 2016 (9): 66-72.

[121] 朱晓宏, 曹宇轩, 刘云聪, 等. 英国继续推动职业教育改革强化学校与雇主的伙伴关系 [J]. 世界教育信息, 2016 (5): 75.

[122] 何伟强. 英国卡梅伦政府化解社会治理困境之教育福利政策 [J]. 浙江外国语学院学报, 2016 (2): 93-98.

[123] 骆秉全. 英国新一轮高等教育改革的经验及启示 [J]. 国家教育行政学院学报, 2019 (2): 89-95.

[124] 王雁琳. 英国职业教育改革中市场和政府的角色变迁 [J]. 职业技术教育, 2013 (4): 84-89.

[125] 王影影. 布莱尔执政时期英国教育政策改革研究 [D]. 济南: 山东大学, 2016.

[126] 缪学超. 布朗执政时期英国教育政策研究 [D]. 长沙: 湖南师范大学, 2013.

[127] 戴少娟. 二战后英国高等职业教育改革与发展研究 [D]. 福州: 福建师范大学, 2016.

[128] 教育政策与两党政治: 英国中等教育综合化政策研究 [D]. 上海: 华东师范大学, 2004.

[129] 赵丹. 民主化的进程: 英国中等教育改革研究 [D]. 苏州: 苏州大学, 2017.

[130] 苏可. 英国两党教育政策比较研究 [D]. 北京: 北京外国语大学, 2016.

[131] 沈雕. 英国"普职融合"的资格证书框架体系研究 [D]. 重庆: 西南大学, 2017.

[132] 肖光恩. 继任者布朗, 只争朝夕 [J]. 南风窗, 2007 (7上): 73-75.

[133] 成万赎. 英国"另类"首相戈登·布朗 [J]. 观察, 2007 (6): 49.

[134] 钱乘旦. 评布莱尔执政 [J]. 北京大学学报: 哲学社会科学版, 2008 (3): 124-132.

英文参考文献

[1] HODGSON A, SPOURS K, WARING M, et al. FE and skills across the four countries of the UK new opportunities for Policy learning [R]. 2018.

[2] HODGSON A, SPOURS K. Furher education in England: At the crossroads between a national, competitive sector and a locally collaborative system? [J]. Journal of Education and Work, 2019: 1-4.

[3] GREEN A, SAKAMOTO A. Models of high skills in national competition strategies [R]. 2001.

[4] MCCOSHAN A. OECD review: Skills beyond school – background report for England: Briefing paper [R]. UK Commission for Employment Skills, 2013.

[5] WOLF A. Review of vocational education: The Wolf report [R]. 2011.

[6] LINES A, SIMS D, POWELL R, et al. Bigger Pictures, Broader Horizons: Widening access to adult learning in the arts and cultural sectors [R]. 2003.

[7] DICKERSON A, WILSON R, KIK G, et al. Developing occupational skills profiles for the UK: A feasibility study [R]. 2012.

[8] TINDLE A, LARGE A, SHURY J. Multi – national employers' perceptions of the UK workforce [R]. 2014.

[9] A Technical and vocational education and training strategy for UNESCO [R]. UNESCO, 2016.

[10] A dual mandate for adult vocational education [R]. 2015.

[11] MCCOSHAN A. OECD review: Skills beyond school background report for England [R]. 2013.

[12] BHUTORIA A. Economic returns to education in the United Kingdom [R]. 2016.

[13] British Council. The UK skills system: An introduction [R]. 2016.

[14] MAULDIN B. Apprenticeships in the health industry [R]. 2011.

[15] Ben Williams Tutor in Politics, University of Salford, UK. The evolution of conservative party social policy [M]. Palgrave Macmillan, 2015.

[16] CEDEFOP. 2018 European skills index technical report: European skills index (unedited

proof copy) [R]. 2018.

[17] City&Guilds Center for Skills Development. Training in economic downturns [R]. Series briefing note 18, 2009.

[18] PULLEN C, CLIFTON J. England's apprenticeships – assessment the new system [R]. Institute for Public Policy Research, 2016.

[19] BEDUWE C, PLANAS J. Educational expansion and labour market [R]. 2003.

[20] STASZ C. Rand corporation, governing education and training systems in England: Some lessons from the United States [R]. 2015.

[21] PULLEN C, DROMEY J. Earning & learning making: The apprenticeship system work for 16 – 18 year olds [R]. Institute for Public Policy Research, 2016.

[22] MACKINTOSHA C, LIDDLEB J. Emerging school sport development policy, practice gnd Governance in England: Big society, autonomy and decentralization [J]. Education 3 – 13, 2015, 43 (6), 601 –618. http://dx.doi.org/10.1080/03004279.2013.845237.

[23] CAMPBELL M. Skills for prosperity? A review of OECD and partner country skill strategies [R]. The Centre for Learning and Life Chances in Knowledge Economies and Societies, 2012.

[24] CEDEFOP (European Centre for the Development of Vocational Training). Exploring leadership in vocational education and training [R]. Working Paper No 13, Publications Office of the European Union, Luxembourg, 2011.

[25] CEDEFOP (European Centre for the Development of Vocational Training). Glossary: Quality in Education and Training [R]. Publications Office of the European Union, Luxembourg, 2011.

[26] CEDEFOP. Modernising vocational education and training: Fourth report on vocational education and training research in Europe: Synthesis report [R]. Luxembourg: Publications Office of the European Union, 2009.

[27] Center for Educational Research and Innovation. Working out change: Systematic innovation in vocational education and training [R]. 2009.

[28] JOHNSON C, HILLAGE J, MILLER L, et al. Evaluation of National Skills Academies [R]. Institute for Employment Studies, 2010.

[29] CALLAGHAN D. Conservative party education policies, 1976 – 1997: The influence of politics and personality [M]. Sussex Academic Press, 2006.

[30] Developing a national skills strategy and delivery plan: Progress report [R]. 2003.

[31] Department for Business, Innovation and Skills. A strategy for sustainable growth [R]. 2010.

[32] Department for Business, Innovation and Skills. Skills for sustainable growth: Consultation on the future direction of skills policy [R]. 2010.

[33] Department for Business, Innovation and Skills. Skills for sustainable growth: Summary of responses to a consultation on the future direction of skills strategy [R]. 2010.

[34] FINEGOLD D, University of Southern California. Creating self-sustaining high-skill ecosystem [J]. Article for Special Issue of Oxford Review of Economic Policy, 1999.

[35] Department of Education and Skills, Department of Work and Pensions, HM Treasury. 21st century skills: Realising our potential-individuals, employers, nation [R]. Presented to Parliament by the Secretary of State for Education and Skill by Command of Her Majesty, 2003.

[36] Department of Education and Skills. 14-19 education and skills [R]. Presented to Parliament by the Secretary of State for Education and Skills by Command of Her Majesty, 2005.

[37] Department of Education and Skills. Getting on in business, getting on at work [R]. Presented to Parliament by the Secretary of State for Education and Skills by Command of Her Majesty, 2005.

[38] Department of Education and Skills. Further education: Raising skills, improving life chances [R]. Presented to Parliament by the Secretary of State for Education and Skills by Command of Her Majesty, 2006.

[39] Department for Innovation, Universities & Skills. Innovation nation [R]. 2008.

[40] Department for Business, Education and Skills. Reviewing post-16 education and training institutions [EB/OL]. http://www.gov.uk/bis.

[41] Department for Education. Post-16 technical education reforms: T level action plan [R]. 2017.

[42] Department for Education. Careers strategy: Making the most of everyone's skills and talents [R]. 2017.

[43] Department for Business, Innovation and Skills. Skills for growth: The national skills strategy [R]. Presented to Parliament by the Secretary of State for Business, Innovation and Skills By Command of Her Majesty, 2009.

[44] Department for Business, Innovation and Skills. Skills for sustainable growth: Strategy document [R]. 2010.

[45] Department for Business, Education and Skills. The plan for growth [R]. 2011.

[46] Department for Business, Innovation and Skills. New challenges, new chances: Further education and skills system reform plan: Building a world class skills system [R]. 2011.

[47] Department for Education, Department of Business, Innovation and Skills. Rigour and responsiveness in Skills [R]. 2013.

[48] Department for Business, Innovation and Skills, Department for Education. Technical education reform: The case for change [R]. 2016.

[49] DEVROYE D, FREEMAN R. Does inequality in skills explain inequality of earnings across advanced countries? [R]. 2002.

[50] GLASER D J, RAHMAN A S. Human capital on the high seas-job mobility and returns to technical skill during industrialization [R]. 2014.

[51] Derek L. Bosworth. UK skill levels and international competitiveness 2013 [R]. 2014.

[52] Derek L. Bosworth. UK skill levels and international competitiveness [R]. 2012.

[53] RECHARD D. Richard review: Apprenticeship [R]. 2012.

[54] KNOTT D, MUERS S, ALDRIDGE S. Achieving culture change: A policy framework – a discussion paper by the strategy unit [R]. 2008.

[55] Department for Children, Schools and Families, Department for Innovation, Universities and Skills. World – class Apprenticeships: Unlocking talent, building skills for all [R]. 2008.

[56] Department for Education. Area reviews of post – 16 education and training institutions – additional guidance for local enterprise partnerships, combined authorities and local authorities [R]. 2016.

[57] Department for Business, Innovation and Skills. Skills investment strategy [R]. 2009.

[58] European Commission. Communication from the commission to the European Parliament, the Council, the European economic and social committee and the Committee of the Regions – rethinking education: Investing in skills for better socio – economic outcomes [R]. Strasbourg, 2012.

[59] KEEP E, JAMES S. A Bermuda Triangle of Policy? "bad jobs", skills policy and incentives to learn at the bottom end of the labour market [J]. Journal of Education Policy, 2012, 27 (2): 211 – 230. DOI: 10.1080/02680939.2011.595510.

[60] Education and skills bill [Z]. Bill 12 of 2007 – 08.

[61] KEEP E, MAYHEW K, PAYNE J. From skills revolution to productivity miracle: Not as easy as it sounds? [J]. Oxford Review of Economic Policy, 2006, 22 (4): 539 – 599.

[62] English apprenticeships: Our 2020 vision [R]. 2015.

[63] European Commission. Communication from the commision to the European Parliament, the Council, the European economic and social committee and the committee of the regions: A new skills agenda for Europe – working together to strengthen human capital, employability and competitiveness [R]. Brussels, 2016.

[64] FINEGOLD D, SOSKICE D. Britain's failure to train: Analysis and prescription [M]// GLEESON D. Training and Its Alternatives. Open University Press: Buckingham, 1990.

[65] Future of skills and lifelong learning [EB/OL]. (2016 – 05 – 11) [2017 – 11 – 27]. https://www.gov.uk/government/collections/future – of – skills – and – lifelong – learning.

[66] GREEN F. Skills demand, training and skills mismatch: A review of key concepts, theory and evidence [R]. Government Office for Science, 2016.

[67] Forging our future industrial strategy: The story so far [EB/OL]. http://www.gov.uk/beis.

[68] BLAU F D, KAHN L M. Immigration and the distribution of incomes [R]. 2012.

[69] Further education and skills inspections and outcomes [R]. 2018.

[70] Getting skills right: United Kingdom [R]. OECD, 2017.

[71] QUINTINI G, VENN D. Back to work: Reemployment, earnings and skill use after job displacement [R]. 2013.

[72] CONLON G, PATRIGNANI P. A disaggregated analysis of the long run impact of vocational qualifications [R]. 2013.

[73] WALFORD G. British public schools: Policy and practice [M]. The Falmer Press, London and Philadelphia, 1984.

[74] HM Treasury. Fixing the foundations: Creating a more prosperous nation [R]. Presented to Parliament by the Chancellor of the Exchequer by Command of Her Majesty, 2015.

[75] HM Government. The Shared society: prime minister's speech at the charity commission annual meeting [EB/OL]. [2017-02-03]. https://www.gov.uk/government/speeches/the-shared-society-prime-ministers-speechat-the-charity-commission-annual-meeting.

[76] HM Government. New opportunities: Fair chances for the Future [R]. Presented to Parliament by the Minister for the Cabinet Office by Command of Her Majesty, 2009.

[77] HM Government. Building Britain's future [R]. Presented to Parliament by the Minister for the Cabinet Office by Command of Her Majesty, 2009.

[78] HM Government. The future of apprenticeships in England: Implementation plan [R]. 2013.

[79] Industrial strategy: Building a Britain fit for the future [R]. Presented to Parliament by the Secretary of State for Business, Energy and Industrial Strategy by Command of Her Majesty, 2017.

[80] Implementing the further education and skills reform programme [R]. 2016.

[81] Institute for Apprenticeship. Driving the quality of apprenticeships in England response to the consultation [R]. 2017.

[82] DROMEY J, MCNEIL C, ROBERTS C. Another lost decade? building a skills system for the economy of the 2030s [R]. Institute for Public Policy Research, 2007.

[83] LINDLEY J, MCINTOSH S. Growing within-graduate wage inequality and the role of subject of degree [R]. 2013.

[84] BELLE J. Techniques and practical skills in scenery, set dressing and decorating for live-action film and television [R]. 2010.

[85] SHAWCROSS J K, RIDGMAN T W. Two week, industrial placements for Masters students, what do they, and should they, do? [R]. 2013.

[86] CALLEJA J J. Macroeconomic benefits of vocational education and training [R]. 2014.

[87] DROMEY J, MCNEIL C. Skills 2030: Why the adult skills system is falling to build an economy that works for everyone [M]. Institute for Public Policy Research, 2017.

[88] BATES J. Education policy, practice and the professional [M]. London, Continuum, 2011.

[89] HAYES J, LOUGHTON T, GRAYLING H C. Building engagement, building futures:

Our strategy to maximise participation of 16 ~ 24 year olds in education, training and work [R]. 2011.

[90] HOECKEL K, CULLY M, FIELD S, et al. OECD reviews of vocational education and training: A learning for jobs review of England and Wales [R]. 2009.

[91] DUCKWORTH K, DUNCAN G J, KOKKO K, et al. The relative importance of adolescent skills and behaviors for adult earnings: A cross – national study [R]. 2012.

[92] KING K, ABUSLAND T. Guidance and outreach for inactive and unemployed [R]. 2018.

[93] EVANS K. 'Big society' in the UK: A policy review [J]. Children & Society, 2011 (25): 164 – 171. DOI: 10.1111/j.1099 – 0860.2010.00351.x.

[94] MAYER K U, SOLGA H. Skill formation: Interdisciplinary and cross – national perspectives [M]. Cambridge University Press, 2008.

[95] GAMBIN L, HOGARTH T. External factors influencing VET—Understanding the national policy dimension: Country case studies – case study focusing on England [R]. Prepared for CEDEFOP – European Centre for the Development of Vocational Training, 2018.

[96] BASSI L, MCMURRER D. Human capital benchmarking in further education preliminary findings [R]. 2006.

[97] KUCZERA M, FIELD S. OECD Reviews of vocational education and training apprenticeship in England, United Kingdom [R]. OECD, 2018.

[98] KUCZERA M, FIELD S, WINDISCH H C. Building skills for all: A review of England [R]. OECD, 2016.

[99] SERVOZ M. Drawing up a comprehensive skills strategy [J]. Social Agenda, the Skills Imperative, 2015.

[100] CAMPBELL M, GILES L. High performance working: Case studies analytical report [R]. 2010.

[101] LILLY M. The future of Australian apprenticeships [R]. 2016.

[102] Ministerial foreword, getting the job done: The government's reform plan for vocational qualification [R]. 2014.

[103] BURGESS M, RODGER J. Qualifications strategy research [R]. 2010.

[104] National employers skills survey 2003: Key findings [R]. 2004.

[105] OECD. Education at a glance 2014: OECD indicators [R/OL]. OECD Publishing, 2015. http://dx.doi.org/10.1787/eag – 2015 – en.

[106] OECD. Better skills, better jobs, better lives: A strategic approach to skills policies [EB/OL]. OECD, 2012. http://dx.doi.org/10.1787/9789264177338 – en.

[107] OECD. Skills summit 2016: Skills strategies for productivity, innovation and inclusion [R]. 2016.

[108] OECD Reviews on Local Job Creation. Employment and skills strategies in England, United Kingdom [R]. OECD, 2015.

[109] OECD. Governing complex education system: Framework for case studies [Z]. OECD,

2010.

[110] OECD/CERI Study of Systematic Innovation in VET. Systematic innovation in the German VET system country case study report [EB/OL]. OECD, 2008. http://www.oecd.org/edu/ceri.

[111] OECD/CERI Study of Systematic Innovation in VET. Systematic innovation in the Swiss VET system country case study report [EB/OL]. OECD, 2008. http://www.oecd.org/edu/ceri.

[112] MUSSET P, FIELD S. OECD reviews of vocational education and training: A skills beyond school review of England [R]. OECD, 2013.

[113] Prosperity for all in the global economy: World-class skills [R]. 2006.

[114] MAROPE P T M, CHAKROUN B, HOLMES K P. Unleashing the potential: Transforming technical and vocational education and training [M]. UNESCO, 2015.

[115] CARNEIRO P, CRAWFORD C, GOODMAN A. Which skills matter? [R]. 2006.

[116] PATRIGNANI P, CONLON G. The long term effect of vocational qualifications on labour market outcomes [R]. 2011.

[117] Progression through apprenticeships: The final report of the skills commission's inquiry into apprenticeship [R]. 2009.

[118] GORDEN P, et al. Education and policy in England in the twentieth century [M]. London: The Wobum Press, 1991.

[119] MAROPE P T M, CHAKROUN B, HOLMES K P. Unleashing the potential transforming technical and vocational education and training [M]. UNESCO, 2015: 174.

[120] ROSE R. What is lesson-drawing? [J]. Journal of Public Policy, 1991 (11): 3-30.

[121] LUPTON R, UNWIN L, THOMSON S. The Coalition's record on further and higher education and skills: Policy, spending and outcomes 2010-2015 [R]. 2015.

[122] Review of the balance of Competences between the United Kingdom and the European Union [R]. 2014.

[123] Raising expectations: Staying in education and training post-16 [Z]. Presented to Parliament by the Secretary of State for Education and Skills by Command of Her Majesty, Department for Education and Skills, 2007.

[124] Report of the independent panel on technical education [R/OL]. http://www.gov.uk/government/publications.

[125] BURY R. Accelerated apprenticeship delivery programs [R]. 2012.

[126] MITCHELL R. Education and training for boatbuilders in New Zealand, United States of America and United Kingdom [R]. 2006.

[127] JACKMAN R, LAYARD R, MANACORDA M, et al. European versus US Unemployment: Different response to increased demand for skills? [R]. 1997.

[128] JACKSON S, LENNOX R, NEAL C, et al. Engaging communities in the "big society": What impact is the Localism Agenda having on community archaeology? [J]. The Historic

Environment: Policy & Practice, 2014, 5 (1): 74-88, DOI: 10.1179/1756750513Z.00000000043.

[129] Skills for life: The national strategy for improving adult literacy and numeracy skills – delivering the vision 2001-2004 [R]. Department of Education and Skills, 2004.

[130] Success for all – reforming further education and training – final report: Analysis of responses to the consultation document [EB/OL]. Consultation Unit Department for Education and Skills Castle View House Runcorn Cheshire, WA7 2GJ, 2002-11-19.

[131] Skills outlook 2007: Skills and global value chain – how does the United Kingdom Compare? [R/OL]. http://dx.doi.org/10.1787/9789264273351-en.

[132] JOHNSON S, SAWICKI S, PEARSON C, et al. Employee demand for skills: A review of evidence & policy [R]. 2009.

[133] DENCH S, PERRYMAN S, KODZ J. Trading skills for sales assistents [R]. 1997.

[134] SIMS S. What happens when you pay shortage – subject teachers more money? Simulating the effect of early–Career salary supplements on teacher supply in England [R]. 2017.

[135] MILLS S, WAITE C. From big society to shared society? geographies of social cohesion and encounter in the UK's national citizen service [J]. Geografiska Annaler: Series B, Human Geography, 2018, 100 (2): 131-148.

[136] Society at a glance 2016: A spotlight on youth: How does the United Kingdom compare? [R]. OECD Social Policy Division, Directorate for Employment, Labour and Social Affairs, 2016.

[137] LANNING T, LAWTON K. No train, no gain: Beyond free–market and state–led skills policy [R]. Institute for Public Policy Research, 2012.

[138] HOGARTH T, BAXTER L. VET in higher education: Country case studies focusing on United Kingdom (England) [R]. Prepared for CEDEFOP – European Centre for the Development of Vocational Training, 2018.

[139] DOLPHIN T, NASH D. All change: Will there be a revolution in economic thinking in the next few years? [R]. 2011.

[140] Technical and further education act 2017 [R]. An Act to Make Provision about Technical and Further Education, 2017.

[141] KORPI I. Important skills: Migrating policy, generic skills and earnings among immigrants in Australia, Europe and North America [R]. 2012.

[142] The innovation code: Ensuring local decisions for skills meet the needs of learners and employers [R]. 2012.

[143] The Wolf report: Recommendations final progress report [R]. 2015.

[144] UK Commission for Employment and Skills. The labour market story: An overview [R]. 2014.

[145] UK Commission for Employment and Skills. The labour market story: Skills for the future [R]. 2014.

[146] UK Commission for Employment and Skills. The labour market story: Skills use at work [R]. 2014.

[147] UK Commission for Employment and Skills. The labour market story: The state of UK skills [R]. 2014.

[148] UK Commission for Employment and Skills. The labour market story: The UK following recession [R]. 2014.

[149] The UK Commission for Employment and Skills. Towards ambition 2020: Skills, jobs, growth – expert advice from the UK commission for employment and skills [R]. 2009.

[150] DOLPHIN T, LANNING T. Rethinking apprenticeships [R]. Institute for Public Policy Research, 2011.

[151] United Kingdom: VET in Europe – Country Report [R/OL]. http://www.cedefop.europa.eu/EN/Information – services/browse – national – vet – systems.aspx

[152] UK Commission for Employment and Skills. Ambition 2020: World class skills and jobs for the UK [R]. 2009.

[153] UK Commission for Employment and Skills. Employer ownership of skills: Securing a sustainable partnership for the long – term [R]. 2011.

[154] Universities UK, UKCES. Forging futures: Building higher level skills through university and employer collaboration [R]. 2014.

[155] UK Commission for Employment and Skills. Evaluation of UK futures programme final report on productivity challenge 4: Skills for innovation in manufacturing: Briefing paper [EB/OL]. 2016.

[156] Unleashing potential: The final report of the panal on fair access to the professions [R]. 2009.

[157] LOWNDES V, PRATCHETT L. Local governance under the coalition government: Austerity, localism and the "big society" [J]. 2012, 38 (1): 21 – 40, DOI: 10.1080/03003930.2011.642949.

[158] World class skills: Implementing the Leitch review of skills in England [R]. Presented to Parliament by the Secretary of State for Innovation, Universities and Skills by Command of Her Majesty, 2007.

[159] Wolf – Dietrich Greinert. Mass vocational education and training in Europe [R]. 2005.

[160] Wolf recommendations progress report [R]. 2013.

[161] Wolf review of vocational education government response [R]. 2011.

[162] SCHWALJE W. A conceptual model of national skills formation for knowledge – based economic development [R]. Working Paper of London School of Economics, Version 1.0 2011.

[163] Youth and skills: Putting education to work – EFA global monitoring report 2012 [R]. United Nations Educational, Scientific and Cultural Organization, 2012.

附　录

21 世纪英国政府颁布的技能人才培养培训政策列表

时间	政策、战略或报告名称	颁发部门
2001 年	《变革世界中的教育：创业、技能和创新》（Opportunity for All in a World of Change：Enterprise，Skills and Innovation）	教育和技能部
2001 年	《为了生活的技能——提升成人读写技能国家战略》（Skills for Life – The National Strategy for Improving Adult Literacy and Numeracy Skills）	教育和技能部
2003 年	《21 世纪的技能：实现英国的潜能》（21st Century Skills：Realising Our Potential）	教育和技能部、贸易和工业部、财政部、就业和养老金部
2005 年	《技能：在企业中进步，在工作中提高》（Skills：Getting on in Business，Getting on at Work）	教育和技能部、财政部、就业和养老金部
2005 年	《14~19 岁教育与技能》（14 – 19 Education and Skills）	教育和技能部
2006 年	《继续教育：提升技能，改善生活机会》（Further Education：Raising Skills，Improving Life Chances）	教育和技能部
2006 年	《全球经济中为了所有人的繁荣——世界一流技能》（Prosperity for All in the Global Economy – World – Class Skills）	财政部资助的咨询报告
2007 年	《世界一流技能：英国实施理查德技能评论》（World Class Skills：Implementing the Leitch Review of Skills in England）	创新、大学与技能部
2007 年	《提高期望：16 岁后留在教育与培训》（Raising Expectations：Staying in Education and Training Post – 16）	教育和技能部
2007 年	《提高期望：16 岁后留在教育与培训——从政策到立法》（Raising Expectations：Staying in Education and Training Post – 16）	儿童、学校和家庭部
2007 年	《教育与技能法案》（Education and Skills Bill）	议会
2008 年	《2020 愿景：发展世界一流技能和工作——2008 报告》（Ambition 2020：World – Class Skills and Jobs for the UK）	就业和技能委员会

续表

时间	政策、战略或报告名称	颁发部门
2008 年	《创新国家》(Innovation Nation)	创新、大学与技能部
2008 年	《世界一流学徒制：释放潜能、建构面向全民的技能——英国政府学徒制未来战略》(World-class Apprenticeships: Unlocking Talent, Building Skills for All)	创新、大学与技能部，儿童、学校与家庭部
2009 年	《实现 2020 愿景：技能、工作和增长》(Towards Ambition 2020: Skills, Jobs, Growth)	就业和技能委员会
2009 年	《技能投资战略》(Skills Investment Strategy)	创新、大学与技能部
2009 年	《学徒制、技能、儿童和学习法案》(Apprenticeship, Skills, Children and Learning Act)	议会
2009 年	《为了增长的技能：国家技能战略》(Skills for Growth: The National Skills Strategy)	企业、创新与技能部
2009 年	《2020 愿景：英国的世界一流技能和工作——2009 报告》(Ambition 2020: World Class Skills and Jobs for the UK)	就业和技能委员会
2010 年	《2010 报告：2020 愿景：英国的世界一流技能和工作》(Ambition 2020: World Class Skills and Jobs for the UK)	就业和技能委员会
2010 年	《为了可持续增长的技能：战略文本》(Skills for Sustainable Growth)	企业、创新与技能部
2010 年	《为了可持续增长的技能：关于未来技能政策方向的咨询》(Skills For Sustainable Growth: Consultation on the Future Direction of Skills Policy)	企业、创新与技能部
2010 年	《为了可持续增长的技能：公平性影响评估》(Skills for Sustainable Growth and Investment in Skills for Sustainable Growth: Equality Impact Assessment)	企业、创新与技能部
2010 年	《为了可持续增长的技能：对于未来技能战略发展方向咨询的回复总结》(Skills for Sustainable Growth: Summary of Responses to a Consultation on the Future Direction of Skills Strategy)	企业、创新与技能部
2010 年	《为了可持续增长的技能：技能战略的未来发展方向》(Skills for Sustainable Growth: Future Direction of Skills Policy)	企业、创新与技能部
2011 年	《教育法案》(Education ACT)	议会
2011 年	《职业教育评论：沃尔夫报告》(Review of Vocational Education: The Wolf Report)	财政部资助的咨询报告
2011 年	《新挑战、新机会：继续教育和技能体系改革计划——建设世界一流技能体系》(New Challenges, New Chances, Further Education and Skills System Reform Plan: Building a World Class Skills System)	商业、创新与技能部

续表

时间	政策、战略或报告名称	颁发部门
2011年	《新挑战、新机会：继续教育改革项目下一步骤》(New Challenges, New Chances: Next Steps in Implementing the Further Education Reform Programme)	商业、创新与技能部
2012年	《理查德学徒制报告》(Rechard Review: Apprenticeship)	政府委托咨询报告
2012年	《雇主的技能所有权：保障实现长期可持续的合作伙伴》(Employer Ownership of Skills: Securing a Sustainable Partnership for the Long-term)	就业和技能委员会
2013年	《技能体系的严格性和响应性》(Rigour and Responsiveness in Skills)	商业、创新与技能部，教育部
2013年	《英国学徒制的未来：实施计划》(The Future of Apprenticeships in England: Implementation Plan)	政府
2014年	《打造未来：通过大学与雇主合作建构高层次技能》(Forging Futures: Building Higher Level Skills through University and Employer Collaboration)	就业和技能委员会
2015年	《筑牢基础：创造更加繁荣的未来》(Fixing the Foundations: Creating a More Prosperous Nation)	政府提交议会白皮书
2015年	《英国学徒制：我们的2020年愿景》(English Apprenticeships: Our 2020 Vision)	商业、创新与技能部
2015年	《16岁以后教育与培训机构评估》(Reviewing Post-16 Education and Training Institutions)	商业、创新与技能部
2016年	《独立小组技术教育报告》(Report of the Independent Panel on Technical Education)	商业、创新与技能部，教育部
2016年	《技术教育改革：变化的事实》(Technical Education Reform: The Case for Change)	商业、创新与技能部，教育部
2016年	《技术教育改革：公平性评估报告》(Technical Education Reform: Assessment of Equalities Impacts)	商业、创新与技能部，教育部
2016年	《16岁后技能计划》(Post-16 Skills Plan)	商业、创新与技能部，教育部
2016年	《企业法案》(Enterprise Act)	议会
2016年	《学徒制税法案》(Apprenticeship Levy Financial Bill)	议会
2017年	《技术和继续教育法案》(Technical and Further Education Act 2017)	议会
2017年	《16岁后技术教育改革——T水平行动方案》(Post-16 Technical Education Reforms - T Level Action Plan)	教育部
2017年	《产业战略：建设适应未来的英国》(Industrial Strategy: Building a Britain Fit for the Future)	首相提交议会白皮书
2017年	《生涯战略：充分开发每个人的技能和潜能》(Careers Strategy: Making the Most of Everyone's Skills and Talents)	教育部